中国科协高端科技创新智库产品

万物互联时代

智能科技与产业研究课题组　主编

中国科学技术出版社
·北　京·

图书在版编目（CIP）数据

万物互联时代 / 智能科技与产业研究课题组主编 .
— 北京：中国科学技术出版社，2016.11
ISBN 978-7-5046-7283-4

Ⅰ. ①万… Ⅱ. ①智… Ⅲ. ①互联网络－应用－研究报告－中国 ②智能技术－应用－研究报告－中国 Ⅳ. ① TP393.4 ② TP18

中国版本图书馆 CIP 数据核字 (2016) 第 265678 号

策划编辑	许　慧
责任编辑	王　菡　高立波
装帧设计	中文天地
责任校对	刘洪岩
责任印制	张建农

出　　版	中国科学技术出版社
发　　行	中国科学技术出版社发行部
地　　址	北京市海淀区中关村南大街16号
邮　　编	100081
发行电话	010-62173865
传　　真	010-62179148
网　　址	http：//www.cspbooks.com.cn

开　　本	889mm × 1092mm　1/16
字　　数	300千字
印　　张	14
版　　次	2016年12月第1版
印　　次	2016年12月第1次印刷
印　　刷	北京市凯鑫彩色印刷有限公司
书　　号	ISBN 978-7-5046-7283-4 / PP · 401
定　　价	52.00元

《中国科协高端科技创新智库产品》编委会

《中国科协高端科技创新智库产品》研究组名单

目录
CONTENTS

一　解析物联网

当今最时尚、最热门的应当属于“物联网”了，随着2010年物联网被写入政府工作报告，便被定义成为“十二五”期间的战略性新兴产业，物联网由单纯的经济和技术活动又沾上了文件的边。

物联网的技术、产业、应用、标准等，令还没从信息化中回过神的人们，又被物联网给团团围住了。

物联网技术、人才、资源的竞争已经开始。在信息化领域已经取得绝对控制权的发达国家，已经把目标锁定到物联网上了。

到底什么是物联网？物联网的应用在哪里？物联网的竞争主要体现在哪些方面？

（一）圈地

物联网，作为具有最大市场空间的中国的战略性新兴产业，其诱惑力足以使全球任何相关一家企业垂涎。

作为最新型的物联网领域，如何能抢占先机，成为能否成功进军中国物联网的核心。

圈地，这种古老的垄断性竞争方式，再次被引入到了物联网竞争当中，只不过，这次物联网领域的圈地是从概念开始的。

1. 五霸争雄

自春秋时代，就有五霸争雄纷争中国版图的局面。

面对中国巨大的物联网市场资源，物联网领域也正在形成五霸争雄的竞争局面。

当然，这五霸争雄物联网，都是从定义物联网到垄断资源和市场开始的。

（1）国际电联挟天子以令诸侯

2005年11月17日，在突尼斯举行的信息社会世界峰会（WSIS）上，国际电信联盟（ITU）发布了《ITU 互联网报告 2005：物联网》，正式提出了“物联网”的概念。

报告指出，无所不在的“物联网”通信时代即将来临，世界上所有的物体从轮胎到牙刷、从房屋到纸巾都可以通过互联网主动进行交换。射频识别技术（RFID）、传感器技术、纳米技术、智能嵌入技术将到更加广泛的应用。根据 ITU 的描述，在物联网时代，通过在各种各样的日常用品上嵌入一种短距离的移动收发器，人类在信息与通信世界里将获得一个新的沟通维度，从任何时间任何地点的人与人之间的沟通连接扩展到人与物和物与物之间的沟通连接。

根据国际电联的框架，目前比较流行且能够被各方所接受的定义为：物联网就是通过射频识别（RFID）、红外感应器、全球定位系统、激光扫描器等信息传感设备，按约定的协议，把任何物品与互联网连接起来，进行信息交换和通信，以实现智能化识别、定位、跟踪、监控和管理的一种网络。目的是让所有的物品都与网络连接在一起，方便识别和管理。其核心是将互联网扩展应用于我们所生活的各个领域。

2010 年，我国的政府工作报告所附的注释中对物联网有如下说明：物联网是通过传感设备按照约定的协议，把各种网络连接起来，进行信息交换和通信，以实现智能化识别、定位、跟踪、监控和管理的一种网络。我们认为，这里的传感设备包括 RFID 读写设备和传感器节点设备，这个定义也基本上采用了国际电联的物联网定义框架。

而这个框架有两层意思：第一，物联网的核心和基础仍然是互联网，是在互联网基础上的延伸和扩展的网络；第二，其用户端延伸和扩展到了任何物品与物品之间，进行信息交换和通信。

互联网是国际电联所关注的核心领域之一，众多的国际电联成员都是互联网领域的巨头，将物联网说成是互联网的延伸和延续，正好能够满足这些在互联网时代已经能够获得巨大利益的巨头们继续在物联网领域获取利益。

互联网已经在人们心中根深蒂固了，况且物联网和互联网也有着千丝万缕的联系，将物联网说成是互联网的延伸，正好能够满足人们进入物联网领域的便捷思维。

国际电联的互联网就是物联网的概念，其本意就是欲携互联网来统领物联网，大有挟天子以令诸侯之势。

（2）IBM 携神兵问鼎神州

2009 年 1 月 28 日，奥巴马就任美国总统后，与美国工商业领袖举行了一次“圆桌会议”，作为仅有的两名代表之一，IBM 首席执行官彭明盛首次提出“智慧地球”这一概念，建议新政府投资新一代的智慧型基础设施。

“物联网”概念的问世，打破了之前的传统思维。过去的思路一直是将物理基础设施和 IT 基础设施分开：一方面是机场、公路、建筑物；另一方面是数据中心，个人电脑、宽带等。而在“物联网”时代，钢筋混凝土、电缆将与芯片、宽带整合为统一的基础设施，在此意义上，基础设施更像是一块新的地球工地，世界的运转就在它上面进行，其中包括经济管理、生产运行、社会管理乃至个人生活。

IBM 认为，IT 产业下一阶段的任务是把新一代 IT 技术充分运用在各行各业之中。具体地说，就是把各类感应器嵌入和装备到电网、铁路、桥梁、隧道、公路、建筑、供水系统、大坝、油气管道等各种重要基础设施中，并将这些重要的基础设施通过网络链接起来，通过对这些重要的基础设施进行智能化的管理，使这些重要的基础设施更具备“智慧”，这就是 IBM 基于智慧地球的物联网的概念。

2009 年 2 月 24 日消息，IBM 大中华区首席执行官钱大群在 2009IBM 论坛上公布了名为“智慧的地球”的最新策略，同时，IBM 的“智慧地球、赢在中国”的口号响彻中国物联网的各个领域。

拥有绝对领先技术优势的 IBM，以“智慧地球”为神兵利器，力图“赢在中国”。

（3）EPC 得地利先入为主

在“物联网”的构想中，RFID 标签中存储着规范而具有互用性的信息，通过无线数据通信网络把它们自动采集到中央信息系统，实现物品（商品）的识别，进而通过开放性的计算机网络实现信息交换和共享，实现对物品的“透明”管理。

物联网中非常重要的技术是射频识别技术。RFID 是 20 世纪 90 年代开始兴起的一种自动识别技术，是目前比较先进的一种非接触识别技术。以简单 RFID 系统为基础，结合已有的网络技术、数据库技术、中间件技术等，构筑一个由大量联网的阅读器和无数移动的标签组成的物联网，成为 RFID 技术应用的最普遍模式。

RFID 技术以其唯一标识、自动读取、智能防伪、安全可靠，成为目前被公认的构建物联网最成功、最普遍的技术。

RFID 和物联网具备天然的不可分割性，成为在物联网领域最早应用的技术。

而作为 RFID 最强大的标准化组织 EPC，就直接将物联网和 RFID 等同起来，EPC 标准化组织认为：物联网的其实质是利用射频自动识别技术，通过计算机、互联网等信息技术，实现物品（商品）的自动识别和信息的互联与共享。

将 RFID 和物联网等同起来，其核心就是要以发展物联网为依托，大力发展 RFID 技术和推广 RFID 相关产品的应用。

RFID 产品被广泛应用的同时，最强的标准化组织 EPC 的利益就理所成章地获得了。

EPC 正式意图利用 RFID 在物联网领域的“地利”优势，先入为主，欲图物联网领域的霸主。

（4）中科院依“天时”抢占先机

我国推进物联网战略是基于“感知中国”理念提出的。而感知中国的概念是基于中国科学院传感网的基础上提出的。并直接写入了政府工作报告，成为我国七大战略性新兴产业的重要组成部分。

中科院依据传感网的概念在我国物联网领域占有据对的“天时”优势。

中科院的传感网即无联网认为：物联网就是由分布的集成的传感器、数据处理单元和通信单元的微小节点，以感知为目的，实现人与人、人与物、物与物全面互联的网络。其突出特征是通过传感器等方式获取物理世界的各种信息，结合互联网、移动通信网等网络进行信息的传送与交互，采用智能计算技术对信息进行分析处理，从而提升对物质世界的感知能力，实现智能化的决策和控制①。

传感网就是物联网的定义，为中科院的传感网技术和产品研发提供了广阔的发展空间和发展机会。同时也直接为相关的研究部门带来利益。

（5）电信业赖“人和”无孔不入

在推进物联网应用的过程中，电信运营商利用已经具备的传输网络基础设施，依赖广大的客户资源的“人和”优势，力图争霸物联网先机。

电信运营商认为：物联网就是通过无处不在的网络，利用 RFID、传感器等技术获取物体的信息，实现对物体的感知和管理的功能。

电信运营商认为，无处不在的网络和众多的应用客户是在我国发展物联网的前提和机遇，更强调的是基于网络的增值服务，其根本的目的是想借助于我国发展物联网战略的机遇，利用电信运营商已有客户资源，大力发展基于电信网络的增值服务。

2. 指鹿为马与瞎子摸象

物联网领域一开始就风起云涌，五霸争雄，鹿死谁手？

对物联网不同的解释，能够带来物联网不同发展方向，也就必定能够为相关的团体带来直接的利益。

于是，有些利益集团故意歪曲物联网的内涵，指鹿为马，混淆视听，甚至把已经发展非常成熟的工业自动化包装成物联网项目，试图得到国家的支持，把传统的信息化项目换个名称说成是物联网项目。

当然，众多的人不知道物联网的正确含义，凭借着对物联网的一知半解，或感知、或标识、或网络来诠释物联网的全貌，大有瞎子摸象之势。

---

① 该概念出自工信部和江苏省联合向国务院上报的《关于支持无锡建设国家传感网创新示范区（国家传感信息中心）情况的报告》，并已获得国务院的正式批复。

对物联网的正确理解，不仅是大力正确的推广物联网应用的前提，也是我国物联网关键技术研发体系确定的前提和方向。

本来在物联网领域，我国和世界发达国家的差距不大，基本处于同一起跑线上，如果我们对物联网内涵和发展方向理解出现偏差，那么我们就又将在物联网领域失去先机。

互联网的教训有可能在物联网时代重现。

瞎子摸象还有情可原，到指鹿为马将会误国殃民。要想真正的理解物联网，我们还得从头说起。

（二）二元世界

和互联网不同的是物联网是面向物理世界的，不是直接面向人的。在这一点上，所有人的意见是一致的。

如果我们把没有经过人类活动的影响的物理世界定义为一元物理世界（表示物理世界全部是自然形成）的话，那么经过人类影响、改造或构建的物理世界就为二元物理世界了。

人类曾经面向一个一元化的物理世界。人类在其成长的蒙昧时期，所面临的外部物理系统或者物理世界曾经是一元的，是一个以原生态的物质和能力组成的世界。

在人类没有对这个自然界形成干扰、破坏、影响之前，这样一个一元的物理世界处于持之以恒动态的自我平衡状态，叫作天衡以久，地衡以久，物衡以久。

在无限的时空纬度当中，自然界生生不息、周而复始，表现出了极强的自我修复和平衡的能力，处于一种自然而然的和谐境遇，所以天法自然。

这个自然的物理世界充满了生机和活力，趋向于人类所无法希夷的永恒。对于这样一个物理世界，人类只需对它进行探索、研究，永不停息的适应，便可取之不尽、用之不竭。

但是随着人类自身文明的进展和人类的繁荣昌盛，人类自己逐渐造就了一个物理世界，这就是人造物理世界。

它是通过人类的努力将自然物理世界当中各种原生态的物质和能量加工、改造、融合、提取、处理，而转变成了人造的物质和能量，比如说工厂、城市、公路、公园、人造森林、汽车、飞机、各类消费品，从能量来说包括水电、火电、核电、工业品、农业产品以至于文化艺术品等，都成为人造物理世界的元素。这些人造的物质与能量构成了一个日益膨胀壮大，而且并不断侵蚀、压缩、挤占，甚至破坏自然物理世界的人造物理世界。

从此，人类面对的外部世界就变成了二元化的物理世界。

但是人类自己造就的物理世界问题太多，潜伏着基因缺陷，充满着不可预知的风险，它完全不能自我平衡。

哪怕我们现在所谓的智能交通，根本没有办法自我平衡，不能自我修复，更多的处于内部的冲突和矛盾之中，人类生活当中有大量的时间在协调自造的物理世界的内部冲突。

而且它还与自然物理世界争斗抗衡，它没有客观规律可遵循，因为它是人类按主观意愿而打造的，所以它不会有自己的客观规律。它除了人的欲望之外，没有永恒的动力和自身生命的源泉，不像自然物理世界那样。

自然物理世界有自身的动力和生命的源泉，我们人造的物理世界便没有，必须依靠人类不断的维持和修补、提升和延续、扩展其生命，它随时都有可能在与自然物理世界的冲突中轰然坍塌而毁灭。

一直以来，人类都以战战兢兢的方式，维持着它的发展。它比自然物理世界更需要人类去感知、看护、监督和协调，稍不注意，就会发生自我冲突而祸及人类。

还有一个有意思的问题，在人类面临物理世界的过程当中，人类自身也发生着重大的变化。

伴随着一元物理世界变成二元物理世界的还有人类自身的变化。

由于人类与自然物理世界息息相关，交融一体的自然人，逐步的变成了与之分离异处的社会人，然后朝着自造人的方向迈进。

比如说从义齿、假肢的使用，一直到克隆技术的发展，人类从自然人变成社会人，现在朝着自造人的方向发展，这个发展是和两个物理世界的出现互相演变密切关联的。

人造物理世界与自然物理世界是不断在发生冲突的。因为人造物理世界本来是源于自然物理世界，但是在人的非理性、非科学的欲望物欲推动下，表现出吞噬和毁灭自然物理世界的灾难性趋势，随着越来越多的原生态物质与能量被转化为人造的物质与能量，人造物理世界日益扩展，自然物理世界日渐萎缩，问题是当人造的物理世界发展到挖掉和毁灭自己那一成长的根和源泉的时候，人类还能够持续的繁荣昌盛，甚至还能生存吗？

于是迁居到其他星球的悲壮而又伟大设想就产生了，国际上很多人还在研究这个问题，这是以两个物理世界对抗对立，而最终将导致自然物理世界的消亡和毁灭这种悲观的假设为前提的一种“解决方案”。

我们认为，人类对“人造物理世界”已经难以感知和掌控了，这个人造物理世界发展到我们自己没办法很好的感知和掌控它了。

随着人造物理世界日益扩大膨胀，人们就逐渐发现，就像当年打开潘多拉盒子放出魔鬼一样，这个人造物理世界越来越难以掌控，越来越不好伺候，越来越不好琢磨，甚至越来越无法感知。

人类就把这样一支达摩斯的剑悬在了自己的头上，要消除其风险，人类就必须努力地去感知它，优化它和改造它，使它和另一个物理世界和谐的对接相融，而不是共同的造福于人类，这也是人类目前所面临的自救选择。

于是，物联网出现了。

深入的研究表明，物联网的需求更多的来自人造物理世界，不是来自自然物理世界。也就是说，物联网首先和主要面向的是人造物理世界，现在我们还不能为每一粒沙尘，每一棵自然生长的小树建立起对话，物联网第一目标和首要目标面向的是人造物理世界。

所以创造一个新的感知体系的任务摆在了人类面前，成为物联网的首要目标。

而通过信息虚拟世界来把握掌控物理实体世界，又成为物联网的终极目标。

（三）又是一个初级阶段

物联网这个概念从酝酿到启动不到10年的时间，因为它成为当今大国的国家意志，如果美国、中国不把物联网创新作为国家意志予以支持的话，它也不可能狂飙突起，所以形成全世界的信息科技浪潮，就造成全球关注、国人热议。

但是大潮起伏以后泡沫的飞灭，狂热之后冷静的深思，人们惊讶地发现，到底什么是物联网？它该如何定义？它的科学内涵是什么？它的系统边界在哪里？它的核心价值几何？

这样一些最基础、最根本、最关键的问题竟然无人道得明，无人说得清。

难道人类要再一次重复互联网创新的历史模式吗？

物联网难道还要再造一个没有顶层设计，没有系统框架，没有安全保障，充满基因缺陷的边用边建、边用边改、满身补丁的网络体系？

物联网真的是未来覆盖全球的巨大网络？

物联网这一全人类从信息文明迈向智慧文明而从事的创新活动远未成熟，只是刚刚完成了创意表达，目前所有对物联网的说法只是一种创意的表达，根本还没有能够进入概念设计的深化阶段，还处于科学定义的探索和凝练之中。

我们对科学应有敬畏的心态，而不是狂躁的心态，回到物联网概念设计的深化环节，重新冷静的思考、感悟、探索物联网的问题。

（四）生命的二重性

谈到构建物联网，我们就不得不说明生命的二重性——物理生命状态和信息生命状态。

物的物理生命形态是用人的感官就能够感知的，这里有一个杯子，我马上就感知到了它的外形，它的物理结构，它的制造过程，它的烧结温度等等，它今天就放在这里，我们感知到了，我们摸得到，看得见，用我们的感官就能够直接感知，这是物的物理生命形态，就是我们现在看到的物理生命形态。

物还有第二个形态，叫作信息生命形态，这个生命形态只能在信息纬度上去感知。

物的信息生命状态体现的是物的运动状态，是描述物的状态和运动的信息的总和。

但是它不是在物体内部，而是在物体之外，物联网和核心就是对这个信息生命的感知、处理和反馈。

物的信息生命形态虽然来源于物理生命形态，依存它而运动发展，但是它却能够游离于它之外获得永生，所以它能以人类的社会整体记忆的方式而长存。

（五）虚拟现实和现实虚拟

镜像，就是像照镜子一样，将现实世界对应的映射到虚拟世界中。

基于光学的镜像世界是和物理世界的形态一一对应的，并可通过光的形式被感知。

但在，在网络空间也同样存在镜像世界，我们可以称之为电子镜像世界。但在电子镜像世界里，有由于和物理世界的对应程度分为“虚拟电子镜像世界”，又称之为“虚拟现实”和“物理电子镜像世界”，又称之为“现实虚拟”。

1. 虚拟电子镜像世界

（1）虚拟电子镜像（虚拟现实 Virtual Reality）

虚拟现实简称 VR，又译作（灵境、幻真）是近年来出现的高新技术，也称灵境技术或人工环境。虚拟现实是利用电脑模拟产生一个三维空间的虚拟世界，提供使用者关于视觉、听觉、触觉等感官的模拟，让使用者如同身历其境一般，可以及时、没有限制地观察三度空间内的事物。网络游戏就是虚拟现实最具代表性的应用。

虚拟现实是指用计算机生成的一种特殊环境，人可以通过使用各种特殊装置将自己“投射”到这个环境中，并操作、控制环境，实现特殊的目的，即人是这种环境的主宰。

（2）虚拟现实的基本特征

多感知性：所谓多感知是指除了一般计算机技术所具有的视觉感知之外，还有听觉感知、力觉感知、触觉感知、运动感知，甚至包括味觉感知、嗅觉感知等。理想的虚拟现实技术应该具有一切人所具有的感知功能。

浸没感：又称临场感，指用户感到作为主角存在于模拟环境中的真实程度。理想的模拟环境应该使用户难以分辨真假，使用户全身心地投入到计算机创建的三维虚拟环境中，该环境中的一切看上去是真的，听上去是真的，动起来是真的，甚至闻起来、尝起来等一切感觉都是真的，如同在现实世界中的感觉一样。

交互性：指用户对模拟环境内物体的可操作程度和从环境得到反馈的自然程度（包括实时性）。例如，用户可以用手去直接抓取模拟环境中虚拟的物体，这时手有握着东西的感觉，并可以感觉物体的重量，视野中被抓的物体也能立刻随着手的移动而移动。

构想性：强调虚拟现实技术应具有广阔的可想象空间，可拓宽人类认知范围，不仅可再现真实存在的环境，也可以随意构想客观不存在的甚至是不可能发生的环境。

由于浸没感、交互性和构想性三个特性的英文单词的第一个字母均为 I，所以这三个特性又通常被统称为 3I 特性。

一般来说，一个完整的虚拟现实系统由虚拟环境、以高性能计算机为核心的虚拟环境处理器、以头盔显示器为核心的视觉系统、以语音识别、声音合成与声音定位为核心的听觉系统、以方位跟踪器、数据手套和数据衣为主体的身体方位姿态跟踪设备，以及味觉、嗅觉、触觉与力觉反馈系统等功能单元构成。

2. 物理电子镜像世界

（1）物理电子镜像（现实虚拟 Reality Virtual）

现实虚拟简称 RV，是物联网的核心技术，现实虚拟利用识别、感知等技术，将现实空间物可利用的运动信息自动采集下来，按照现实的空间位置和逻辑关系，形成物的电子镜像。将众多物的电子镜像按照现实世界的物理关系，在网络空间建立的镜像世界，我们称之为物理镜像世界，也称之为现实虚拟。

电子镜像是揭示、展现和表达物的信息生命形态的主要技术手段。现实虚拟将物连起来，实际上是把物的电子镜像连接了起来，物的电子镜像是区别于物的标识或者是表现为单一内容的数据，物的电子镜像具有唯一性。

在现实虚拟中，基于物所发生的事件都是由运行于镜像型虚拟世界中的物的信息生命（活动？）触发的，这个信息生命表现为电子镜像，是自动触发的，而不是由人工介入去替代启动或者链接而成的。

在基于物联网的现实虚拟中，基于物的所有事件应该由物的信息生命形态自动触发，而不是靠人工介入去启动这个事件，或者我们事后连接这个事件，这叫作基于物联网的现实虚拟。如果是人工启动、介入、事后链接这就是自动工业化控制和一般的信息系统。

（2）现实虚拟的基本特征

现实虚拟处理具备虚拟现实的3I特性外还具备：现实对应性和虚拟现实的构想性不同，现实虚拟是现实物理世界的电子镜像的反映，是以现实是物理世界物的运动特征为唯一基础的，是现实世界的物自动触发的，不能够由人的意志随意构想。

3. 物联网的融合

物联网基础是现实虚拟技术，也就是物的电子镜像技术。

在物联网研究和应用的初级阶段，物理电子镜像世界可以是逻辑上的镜像电子镜像世界，对于物的运动状态和空间的描述可以通过说明或者标记的形式来实现。

但是，随着物联网应用的普及和物联网构架的复杂性的增加，逻辑的描述对于复杂的物联网应用表现出极度的不方便。

例如：我们应用物联网技术去体验一个商场，并通过电子商务方式采购商品，我们需要去了解商场环境、货架布置、商品特征等，这些物理镜像世界用逻辑关系或者是文字的描述就十分不方便。此时，我们需要一个像真实环境一样的一个虚拟商场，这就需要虚拟现实技术了。

所以，未来的物联网就是现实虚拟和虚拟现实的融合。

（六）真正的物联网

和互联网不同，物联网的核心是什么呢？

1. 镜像型虚拟世界

通过上面的描述，我们认为，物联网的目的是人类试图利用网络空间来实现对现实物理世界进行感知、管理和控制。于是：

物联网首先要保证网络空间对现实物理世界的电子镜像；其次，要能够实现网络空间对现实物理世界信息生命的智能管理；第三，要能够实现通过网络空间来控制现实物理世界的能力。

从以上三个步骤我们可以看出，物联网应当是以物为核心的网络。

在从事物联网创新活动当中，我们逐步地感悟和深化了对物联网这一个客观本体的认知，甚至它该不该叫物联网我们觉得还应该讨论，你承认它也在，不承认它也在，我们主要从五个方面来认知这个物联网，或者将来要形成的物联网。

第一，物联网是人类在信息纬度上全面感知物的网络，是从信息纬度而不是物理纬度去全面感知物的网络，物联网首先是一个物的感知网，是从信息纬度上对物进行感知的一个巨大的网络。

第二，物联网是动态的连接物的信息生命形态网络，或者说物联网是将物的信息生命形态连接起来的网络。

第三，物联网是一个以物为中心，满足人的需求的、超级的、动态的镜像信息虚拟世界。我们认为它是以物为中心，按照人的需求而构建的一个超级的、动态的、镜像型的信息虚拟世界。

第四，物联网是一个沟通、连接物的镜像型虚拟世界和物理实体世界的技术平台。不光是连了起来，它还是一个技术平台，这个技术平台把物的镜像型虚拟世界，也就是信息虚拟世界和物的物理实体世界连接了起来。

第五，物联网的创新和建设核心价值在于它使人类第一次获得了依托物的信息虚拟世界，而全面感知并且科学理性的掌控、支配物理实体世界的能力。它的核心价值在于使人类第一次获得了这么一种能力，是通过物的信息虚拟世界全面感知和理性掌控、支配物理实体世界的能力，这个能力是从信息革命一开始，工业革命后期一直在追求，当然这当中有深刻的原因。

把这五个方面结合在一起，才好像就感知到了物联网的一些内涵。

所以，我们又可以从以下六个方面去说明物联网：

第一，物联网是以物的信息生命为研究对象网络。

第二，物联网是一个人类在信息维度上全面感知“物”的网络。在这个意义上讲，物联网是一个物的感知网。

第三，物联网是动态地链接物的信息生命形态的网络。或者说，物联网是一个将物的信息生命形态动态连接起来的网络。

第四，物联网是一个以物为中心的、超级的镜像动态虚拟世界。

第五，物联网是一个沟通、联结“物”的镜像型虚拟世界和物理实体世界的技术平台。

第六，物联网的创建和建设，会使人类第一次获得依托“物”的虚拟世界而全面感知并科学理性地掌握、支配其物理实体世界的能力。

互联网是用物理的方式，将海量的终端用电缆连接起来，真真实实的把信息终端实体连起来。

物联网是一个将物的信息生命形态动态的连起来的网络，是在信息纬度上完成对物的连接。

实现连接物的信息生命的技术就是构造物联网的技术。

所以，实现物联网第一步是现实虚拟，也就是物理电子镜像世界的构建。第二步是镜像型虚拟世界的构建。

利用现实虚拟和虚拟现实技术，构建出基于以物为核心的，完全按照现实物理世界的场景，构建出网络空间的“镜像型虚拟世界”。

2. 物联网的大脑

如果说镜像型虚拟世界是物联网构建的基础，那么镜像型虚拟世界也只是物联网的躯干，是现实物理世界在网络空间的虚拟和体验，是现实物理世界物的信息生命空间。

但如何洞察、分析、理解和管理这些物的信息生命形态，才是物联网的价值所在。

所以我们说对物的信息生命的智慧化处理，才是物联网的大脑。

物联网能够被广泛利用的基础，就是能够对庞大的物的信息生命进行智慧化的有序处理，并能够智慧化的得到众多物的信息生命之间逻辑关系和最佳的集成组合。

对于大型的物联网应用，面对由物自动触发的、向物联网空间自动提供的、爆炸式的、庞大的物的信息生命形态（简称我的信息）体系，并需要对这些物的信息进行快速的智慧处理，传统的计算机将无法承担如此巨大的信息处理任务。

于是，云计算出现了。

云计算技术成就了物联网空间对物的信息的处理需求，成为未来物联网的核心技术体系。

云计算中心也就成为物联网的大脑。

3. 重在轮回

当镜像型的虚拟世界构建完成以后，物联网的原型就基本完成了。当物联网的智慧处理能力构建完成以后，物联网有了大脑，具备了灵魂。但物联网的价值还是没有体现出来。因为感知物的信息生命不是人类建设物联网的最终目的，人类构建物联网的最终目的是要增强人类感知现实物理世界和改造现实物理世界的能力。

有了镜像型的虚拟世界，物联网有了躯干；有了信息智慧处理中心，物联网有了大脑。

但要想使物联网“活起来”，就必须使经过物联网大脑处理的信息，能够反馈到镜像型的物理世界，并直接反馈到现实物理世界中去。

物联网的核心价值就在于“镜像型虚拟世界能够直接反馈和控制现实的物理世界的能力”。

4. 真正的物联网

什么是物联网。基于上述的描述，我们认为：

物联网就是能够将实体物理空间的运动信息，镜像的映射到网络虚拟空间，通过虚拟空间的智能处理，实现网络虚拟空间和实体物理空间动态互反馈的网络叫物联网。相应的技术和产业称之为物联网技术和物联网产业。

因为物的运动是绝对，所以我们将实体物理空间的物的所有状态信息统称为“实体物理空间的运动信息”。

“镜像的映射到网络虚拟空间”是一系列的过程。镜像的过程包括：如何去区分物的唯一性的问题；如何去感知物的运动信息；如何去采集被感知的信息，采集来的信息如何完整的传输到物联网信息处理中心来；如何进行镜像处理等。

“虚拟空间的智能处理”——这是物联网的大脑，是物联网信息处理中心，它可以是单台计算机、服务器，也可以是云计算中心。

“实现网络虚拟空间和实体物理空间动态互反馈的网络”是物联网的核心价值所在。也是人类能够通过物联网，实现超时空感知和改造物理世界的能力。

这个概念，从物联网的形态和核心价值体系出发，参考了现有物联网的概念和各类应用，基本上包含了现有的各类物联网概念的内涵，并结合物联网和社会的技术和应用发展趋势，进行了高度的抽象和概括，真正体现出了物联网的基本形态、构建过程和核心价值。

5. 不可少的七要素

构成完整的物联网所需要的技术体系和功能模块非常复杂，但如下七种要素必不可少：

第一，必须有特定的实体物理世界，这个物理世界可以是一个物体，也可以是一个物理环境，在这里我们称之为“物体”，或者简称为“物”。物联网的核心是对“物”的信息生命进行处理的网络，所以物联网具备现实对应性，不可随意构想。在物联网里，物事主人、是核心，无“物”不能称之为物联网。

第二，必须能够对“物”进行区分，即必须能够对“物”的唯一性进行区别，并且这个唯一性标示的信息是可以动获取和终身一致的。唯一性的作用在于实现物理世界的网络虚拟镜像，镜像型虚拟世界必须要求有唯一性的标识，否则就不能形成镜像。对应到现有技术层面，我们首先想到的是射频电子标签，当然RFID确实是唯一标识的最理想的技术，但并不是唯一的技术，RFID对于移动物体唯一身份标识非常便捷，但对于固定的物的唯一性标识，应用其他的技术和手段也能够实现唯一的标识功能。

第三，“物”的全生命运动信息必须是能被感知，并且是能够被获取的。这是物联网最底层的、对物信息生命的感知和采集的需求。被感知的含义是必须在现有技术条件下，物的运动信息能够被自动的感知。被获取的含义是在现有技术条件下，被感知的信息能够自动的、以电子信息的形式被获取，或者说是可以被读取和识别。

第四，必须有通信网络的支撑。这种通信网络是广义的，是指能够传递“物”的全生命运动信息的任何承载网络。物的信息生命形态要通过这些网络传递到物联网的智慧处理中心，并将智慧处理中心形成的指令反馈给现实空间的物。这些信息通信的支撑网络连接成的物联网的形态。之所以称之为物联网，与这些承载网络的物理形态分不开的，网的概念就是从这里来的。

第五，必须有足够的计算处理能力，用以智慧地处理“物”的全生命运动信息。足够的计算处理能力是物联网的大脑和核心。包括系统的计算速度，相关的智慧支撑平台，足够的知识库，良好的物与物、物与人的信息交流界面，物联网应用领域所涉及的流程和流程再造，物联网运行模型等智慧的信息处理系统的总和，如云计算中心等。物联网的核心价值就体现在这个层面上，人类和现实物理世界的交流也是在这个层面上实现的。足够的计算能力要针对不同的物联网应用和需要处理的信息量不同而不同，不要一味地追求更高、更先进的计算处理能力。

第六，必须具备能够完执行虚拟空间对现实实体“物”负反馈的能力。物联网最精彩的部分就是能够实现人类通过虚拟空间来改造现实物理世界的能力，这些负反馈就是通过智能处理的信息，再反馈作用到现实物理世界的功能。当然，这些负反馈能力可以是直接的、自动化的反馈能力，如工业控制系统中的反馈控制。也可以是间接地、滞后的，可以是一种管理思想和管理模式的改变，通过管理方式的改变来反馈到现实物理世界中。例如，在应用RFID技术进行物流物流管理中，对物流中物的反馈能力可以是直接的分拣和包装，也可以是制定出针对现状更合理的物流方案等。

第七，足够是软件和数据空间的支撑。物联网用以镜像映射“物”的全生命运动信息所需要的网络空间是比较大的，所以应当具备足够的网络空间，用以存储足够的物联网信息。同时，物联网的应用又是可以时时扩展的，所以要有足够的应用软件作支撑。例如，在物流管理中，不仅要有针对物流的进销存软件，好要有和供应链上合作企业之间的协同应用软件、定额软件、仓库的温湿度控制软件等。足够的应用软件支撑，是物联网发挥最大效果的基础和保证，有许多物联网的应用是建立在应用软件技术推动的基础上的。

6. 闭环与开环

用好物联网，必须处理好闭环与开环的关系。

什么是闭环呢？我们从单个物联网应用系统的角度，来看待信息流，应当是闭环的。一个成功的物联网应用系统，必须有一个以物为核心的、闭环的物联网信息流。如图 1-1 所示。

闭环的信息流说明以物为核心的物联网，从感知物的信息生命到可以超时空智能控制物的全过程。

信息流每经过一次的闭环的循环，就完成了一次人通过网络空间对物进行感知和改造的过程。经过无数次这样的过程，实现人类通过物联网改造物理世界的目的。

但物联网又是开环的。基于开环的物联网的开放式架构，使得物联网的应用更广泛、更有效果。

物联网的开环表现在物联网的信息是可以在不同应用系统之间进行交流和共享。

只有不同物联网应用系统之间的信息可以交流和共享，才能够使得物联网的信息资源得到最大限度的开发和利用，才能够有利于物联网的运营和物联网运营产业的发展，才能够实现物联网的本地处理和异地交换。

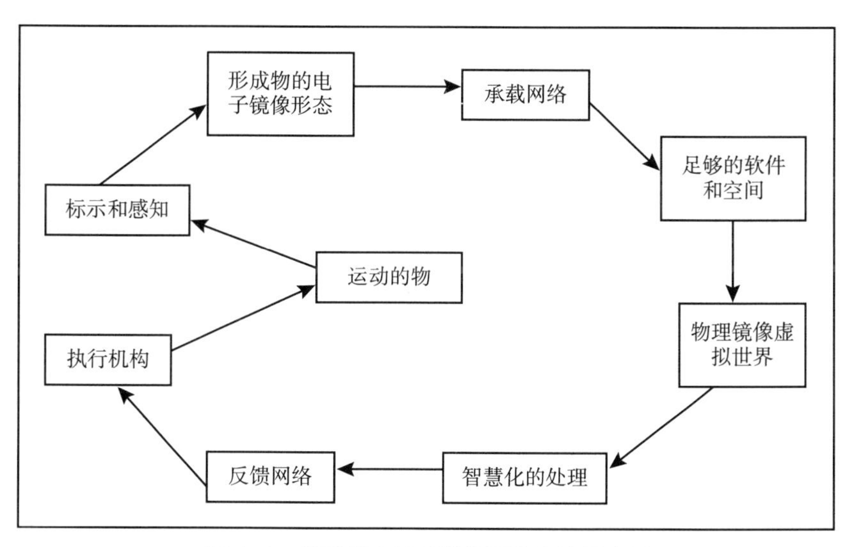

图 1-1　物联网应用系统闭环信息流示意图

7. 本地处理和异地交换

一个复杂的物联网应用系统，所涉及的现实物理世界非常广泛，对应整个物理世界的镜像描述一定十分复杂，物联网应用系统中要感知、传输处理和反馈的信息量将随着进入到物联网应用系统的物的量增加成指数级别激增。

大量的信息交流和处理，必定使得物联网的运行速度和运行效率降低，当系统足够大时，物联网就会由于系统堵塞而瘫痪。

于是，我们陷入困惑，复杂的物联网系统就真的不能实现了吗?

但是，我们从人体身上得到启示。

人体是最复杂的只能处理系统，同样存在感知、智能处理和反馈的功能。同时，人体每时每刻要处理海量的信息，但并不是所有的信息都是通过大脑处理的。例如人类的部分条件反射功能就是在脊髓神经完成的，运动信息的处理大部分在小脑完成。

我们再来分析复杂的物联网应用系统，在一个复杂的物联网应用系统中，并不是所有的物与物之间都要产生直接的联系。

我们将能够完成复杂物联网应用系统内部某一部分相对独立功能的系统称之为子系统。

在这个子系统内部，相关物的信息只与本子系统的物的信息发生关联，而与离本系统较远的物或者子系统之间不发生直接的关联。

那么，这个子系统内部的信息感知、传递、只能处理和反馈就完全可以在本子系统内部完成。

这样，即实现了物联网的功能，又使整个系统信息得到了分散处理，这种就进进行信息处理的方式就叫作本地处理。

但是，作为复杂物联网应用系统本身又是一个整体，所以，子系统之间又要进行有机的协调与协作，各子系统的信息又是在上一级子系统的综合协调下进行有序的信息交流，这就叫作异地交换。

8. 物联网积木

开放的物联网架构认为，任何的物联网应用系统都是由具备不同独立功能的子系统组成，同时又可以是一个更大的物联网应用系统的子系统。

同时，基于本地处理和异地交换的开放物联网架构体系认为，各子系统内部可以自成体系，其硬件系统、网络架构、数据格式、功能要求、传输标准、处理能力和反馈模式等都可以自成体系，完成本子系统的功能。

各子系统之间按照上一级物联网应用系统的标准进行信息交流。任何一个子系统的运行与否，都不会影响到另一个子系统的正常运行。

于是，这种开放式的物联网结构就构成的一个积木式物联网的结构体系。

任何一个物联网应用系统，都可以看成是由多个异构（同构是特例）的子系统，按照一定的协议（或标准）组合而成的。同时，组成任何物联网复杂系统的子系统都可以随时随地的接入和断开，而这个复杂的物联网应用系统又可以和其他的物联网应用系统进行组合，形成更复杂的物联网应用系统。

这就是积木物联网。

积木物联网结构使得物联网应用不是一蹴而就，也不用求大求全，而是要面向需求，逐步完善物联网应用领域和功能。积木式物联网构架为各领域推进物联网应用提供了途径。

同时，积木物联网要求建立广泛的物联网信息资源共享机制，充分利用信息的一次采集，重复利用的高效利用模式，降低物联网非运行成本。

智能交通就是积木物联网最完整的体现。

以我国的智能交通为例，全国性的智能功能交通网络是有个地区的智能交通网络组合而成的，各地的智能交通物联网应用系统可有不同的构建模式，只要能够满足智能交通的需求即可。本地的智能交通的信息处理就在本地完成，而不同地区的智能交通信息，按照统一的标准，实现资源共享。不同地区智能交通的建设速度和建设模式不同，建成一个，接入一个，逐步形成全国范围内的智能交通体系。

在全国的智能交通体系中，任何一个地区的智能交通系统出现问题，都可以随时断开和主系统的链接，对主系统不会产生任何影响。

同时，各地区的智能交通系统又是由更小的物联网应用系统所组成。

按照积木式物联网结构，任何的物联网应用系统都可以进行信息交流，物联网的信息资源能够在更广域的范围内达到充分的利用和增值，积木式物联网真正体现了智慧型物联网的开放式架构，实现了物联网效率的最大化。

9. 是网非网

说到网，大家首先想到的是一张有形的网，就如同电信网、电视网和互联网一样，一定会有数不清的电线电缆。

但是，物联网是这样的吗？

首先，我们来看，负责传输物联网信息的网络可以是任何现有的承载网络，可以是电信网、电视网和互联网，也可以是其他的网络。因此，物联网不必要另外建立一个只是用来传递物的信息生命的网络。

我们也一直没有把承担物联网信息传输的网络作为构建物联网的主要内容。物联网是物信息生命的活动空间，而物联网的构建在于“全面感知、可靠传递、现实虚拟、智能处理、有效反馈”。

因此，物联网是网，是说在物联网的底层，对物信息生命感知过程中是需要有明确边界的感知网络的存在，而网的形式更主要的也是体现在这一部分。

我们说，物联网不是网，物联网是物信息生命活动的网络空间的统称，物联网更重要的是应用，是对现实物理世界的镜像、处理和反馈，因此说，与其说物联网是网络，不如说它是业务和应用。在推进物联网应用过程中，没有必要在人们的头上重新建设另一张有形的大网。

10. 重在应用

到此，物联网的大致形状我们应该清楚了：

第一，物联网是以物的信息生命运动规律为核心的现实虚拟场景，即“现实世界的镜像虚拟世界”。

第二，物联网的目的是增强人类认识世界和改造世界的能力。

第三，是网非网。

其中场景的构建是技术问题，是网非网是物联网的表现形态，而增强人来认识世界和改造世界的能力是构建物联网的核心和根本。

所以，物联网的核心是构建基于不同场景的各类应用，人们只有通过不同场景的应用才能实现认识世界和改造世界的目的。

物联网重在应用，构建物联网的出发点也是要基于应用。

（七）纠缠体系架构

在概念角逐的同时，在物联网体系架构上争夺也难解难分。

厮杀，又开始了……

1. 别人说的

（1）三层架构

我国学者将物联网分为三个层次，从下到上依次是感知层、传送层和应用层。如果拿人来比喻的话，感知层就像皮肤和五官，用来识别物体，采集信息，传送层则是神

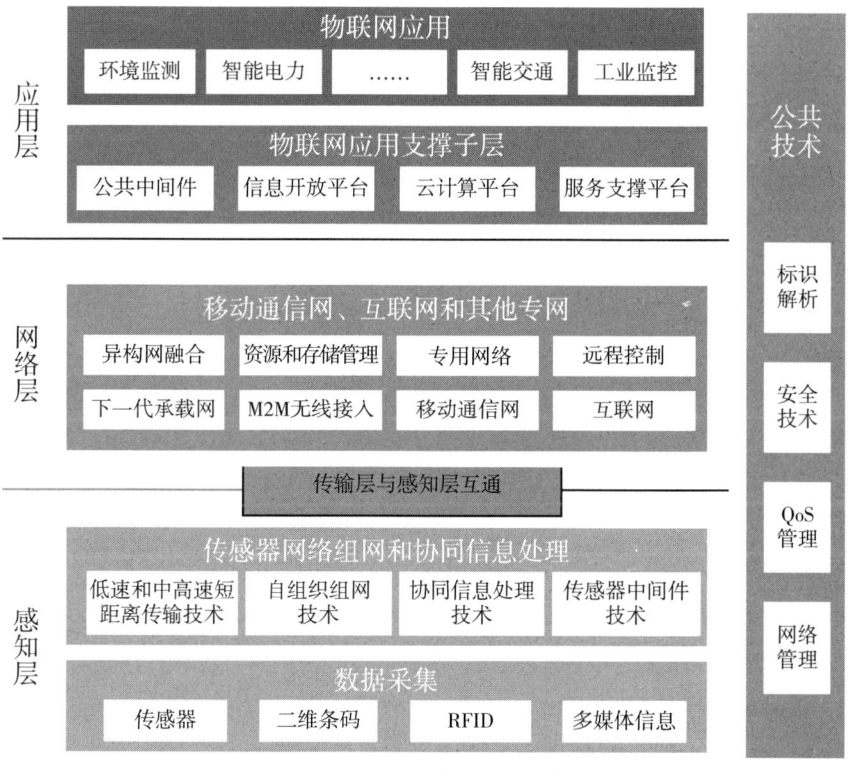

图 1-2　三层物联网架构示意图

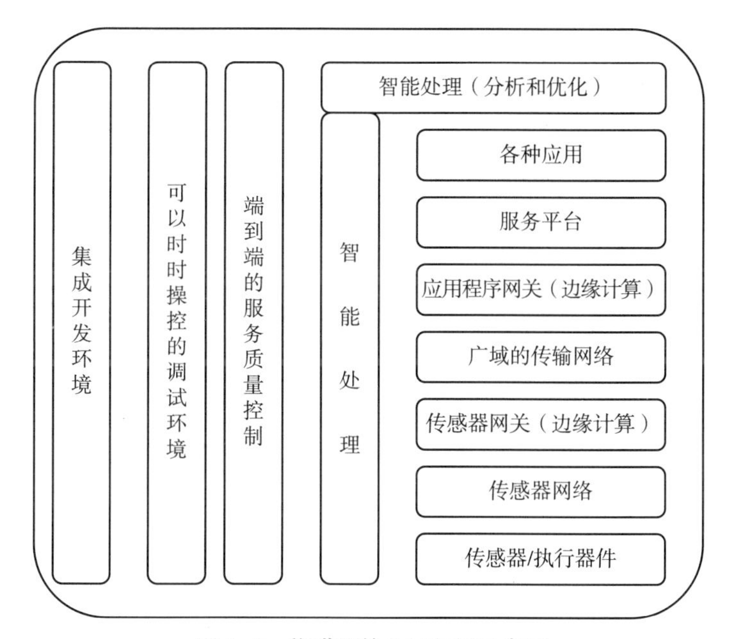

图 1-3　物联网的八层架构示意图

经系统，将信息传递到大脑进行处理，人能从事各种复杂的事情，这就是各种不同的应用。

感知层：感知层包括传感器等数据采集设备以及数据接入到网关之前的传感器网络。例如 RFID 标签和用来识别 RFID 信息的扫描仪、视频采集的摄像头、各种传感器以及由短距离传输技术组成的无线传感网。感知层是物联网发展和应用的基础，RFID 技术、传感和控制技术、短距离无线通信技术是感知层涉及的主要技术，其中又包括芯片研发、通信协议研究、RFID 材料、智能节点供电等细分领域。

传送层：传送层是在现有通信网和互联网的基础上建立起来的，综合使用 2G/3G、有线宽带、PSTN、WiFi 通信技术，实现有线与无线的结合、宽带与窄带的结合、感知网与通信网的结合。传送层中的感知数据管理与处理技术是实现以数据为中心的物联网的核心技术。感知数据管理与处理技术包括传感网数据的存储、查询、分析、挖掘、理解以及基于感知数据决策和行为的理论和技术。云计算平台作为海量感知数据的存储、分析平台，将是物联网传送层的重要组成部分，也是应用层众多应用的基础。

应用层：物联网应用层利用经过分析处理的感知数据，为用户提供丰富的特定服务。物联网的应用可分为监控型（物流监控、污染监控）、查询型（智能检索、远程抄表）、控制型（智能交通、智能家居、路灯控制）、扫描型（手机钱包、高速公路不停车收费）等。应用层是物联网发展的目的，软件开发、智能控制技术将会为用户提供丰富多彩的物联网应用。各种行业和家庭应用的开发将会推动物联网的普及，也将给整个物联网产业链带来利润。

三层物联网架构体系可以表述为图 1–2 所示。

此架构的来源还是国际电联对于物联网的定义，还是在表述：物联网的核心和基础仍然是互联网，是在互联网基础上的延伸和扩展的网络；其用户端延伸和扩展到了任何物品与物品之间，进行信息交换和通信。

（2）八层架构

IBM 中国研究院基于“智慧地球”的应用，提出了物联网的八层架构，并逐步被业界认可。如图 1–3 所示。

IBM 的八层物联网架构，将物联网的产业链更明晰化，确实是比三层架构更能够体现出了开放、合作与共赢的理念。为构建物联网和发展物联网产业提供了较好的基础支撑作用。

2. 从“物为核心”说起

虽然三层物联网架构和八层物联网架构都有其特点，但多不能够完整的体现出物联网的真实全貌。从以物为核心的角度，我们认为不应当将物联网按照互联网的模式进行按层分级。物联网本身具有的是网非网特性、积木特性和重在应用的特性，都不能够用“网”的特性和层级来描述。

整体的物联网本身就是一个应用的系统，积木式结构使物联网具备了“物”的信息生命一次采集，广泛应用的特性。如果按照物的信息生命运动的流程来看，物联网的构架体系应当是封闭式的星形构架。

因此，我们不建议将物联网构架进行分层级，我们认为物联网是一个封闭的体系，物联网应当存在各个环节，而各个环节之间不存在上下级的关系，物的信息生命也不存在先后的次序关系，一次循环的结束正好是下次循环的开始（如图 1–4）。

分析物联网应当从物联网的信息流向入手，任何一个节点都有可能是上级，也有可能是下一级。

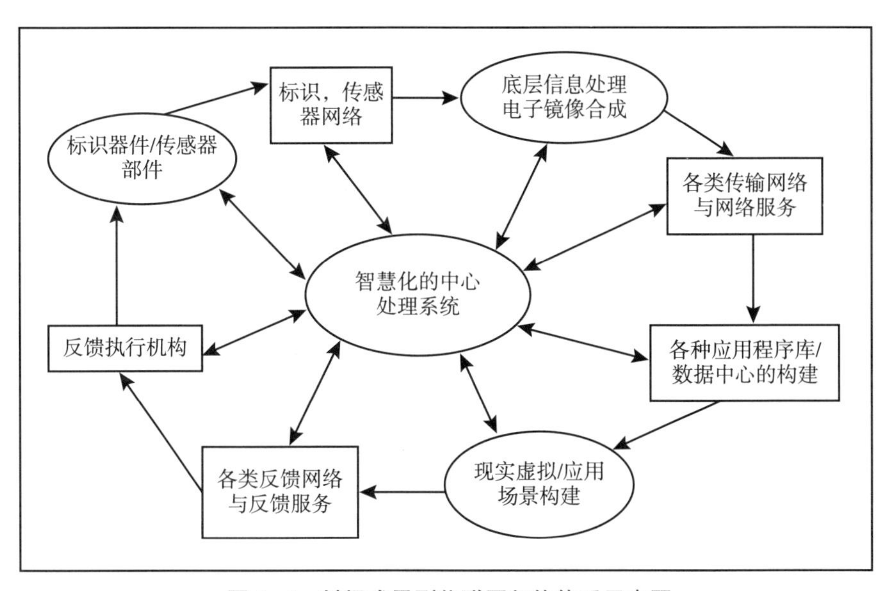

图 1–4　封闭式星型物联网架构体系示意图

3. 被曲解的物联网

我们返回来再说物联网的一些困惑。物联网概念来源于英文的“Internet of Things”，国内外普遍公认的是 MIT Auto–ID 中心，1999 年 Ashton 教授在研究 RFID 时最早提出来的。现在说到物联网，大家还是在用这个概念，但仔细推敲起来，就感觉有些不对了。首先“Internet of Things”翻译成物联网本身就有些不正确。“Internet of Things”应当是基于物的互联网。其重点在于互联网的“网”上。所以，我们在沿用“Internet of Things”解释物联网时，就不由自主地将物联网的重心关注到了“网”上面了。

而随着物联网的定义和范围已经发生了变化，覆盖范围有了较大的拓展，不再只是指基于 RFID 技术的物联网。

（八）物联网与智能社会

在未来的信息社会，劳动者以脑力劳动为主，特别是从事信息工作的智力劳动者，主要使用智能工具从事生产，信息资源成为重要的劳动对象。

在信息社会，多数劳动者通过物联网使用智能工具，进行物质和精神产品生产。信息社会最核心的劳动是在物联网上进行的，劳动对象是用“比特”来衡量的数字化信息。物联网应用将无处不在，基于物联网的智能工具的普遍使用，使物联网成为人类改造世界的基本工具。

1. 脑力劳动者成为劳动者主体

劳动者是生产力中最活跃要素，在人类社会的不同发展阶段，劳动者的生产活动特征、劳动者的结构及劳动者与自然的关系等方面都发生了根本的变化。

在农业社会，从石器、铜器到铁器，人们创造出了各种劳动工具，学会了使用牛、马等畜力，发明了水碓、风车，以替代繁重的人力，但是从总体上来讲，人类通过繁重的体力劳动对土地资源进行有限开发来解决生存问题，人类的劳动还是以体力劳动为主。

在工业社会，机器的出现把劳动者从繁重的体力劳动中解放出来，人们的劳动强度降低了。工业的生产集中到了城市的工厂中，农业生产实现了机械化和集约化。在这一时期，在工厂中的体力劳动者仍是社会的主体，但脑力劳动已开始出现，工业社会的劳动者出现了分层。

信息社会是工业化后期出现的新社会形态。进入信息社会的重要标志之一是从事信息活动的人数超过从事物质生产活动的人数。美国的学者约翰·奈斯比特认为，美国从 1956 年开始进入信息社会，这一年美国历史上第一次出现了从事技术、管理和服务工作的白领工人超过蓝领工人，美国的大多数人已经从事信息生产活动，而不是生产物质。根据这个判断，信息社会的劳动者仍分为脑力劳动和体力劳动，但脑力劳动者已占多数，智力劳动者尤其是信息工作者成为劳动者的主体。这是智能社会区别于农业社会和工业社会的本质特征之一。

2. 智能工具成为标志性劳动工具

人类社会的发展过程是不断使用新的工具来弥补人类自身局限的过程。在不同的历史时期，人类社会通过使用不同功能的工具，来扩展和增强人类自身的功能，而这些工具本身也成为区分人类社会形态的重要标志。马克思曾经指出："各种经济时代的区别，不在于生产什么，而在于怎样生产，用什么劳动资料生产。劳动资料不仅是人类劳动力发展的测量器，而且是劳动借以进行的生产关系的指示器。"[①] 因此，劳动资料或生产工具是划分社会形态的基本标准之一，生产工具也是生产力在社会形态这个集合上投影的集中代表。

在农业社会漫长的发展过程中，人类最重要的劳动工具是用以开发土地资源的各种简单的手工工具，是对人类体力劳动有限的缓解，它并没有从根本上把人类的生产活动从繁重的体力劳动中解放出来。

在工业社会，蒸汽机的发明和使用，机器代替手工工具，这标志着人类工业社会的开始。正如马克思所说"手推磨产生的是封建社会，蒸汽磨产生的是工业资本家的社会"。与农业社会的手工工具相比，工业社会的机器是能源力驱动的工具。这种工具革命的核心技术就是人们发现了能量之间转换原理并用于制造劳动工具。蒸汽机是利用了能量转换原理的工具，是把热能转换为机械能，继蒸汽机之后，水力涡轮机、内燃涡轮机、汽油涡轮机、电动机的发明更进一步强化了人类使用能量转换工具的能力。因此，工业社会的劳动工具是能量转换的工具。能量转换工具使人类的体力劳动得到了一次又一次的解放，大大地提高了人类改造自然的能力，使人类社会步入一个新的发展阶段。因此，能量转换工具是工业社会区别于农业社会的本质特征之一。

20 世纪后期，随着微电子技术和软件技术的发展，人类社会改造自然的工具也开始发生革命性的变化，其中最重要的标志是数字技术使劳动工具智能化。工业社会以能量转换为特征的工具被智能化的工具所驱动，形成了信息社会典型的生产工具：智能工具。智能工具是指具有对信息进行采集、传输、处理、执行能力的工具。如果说工业社会解决了人的四肢有效延伸的问题，而信息社会则解决了人脑延伸的问题，是一场增强和扩展人类智力功能、解放人类智力劳动的革命。智能工具的使用极大地节约了物流、资金流的成本，再次解放了生产力。

综上所述，农业社会的标志性生产工具是简单的手工工具，工业社会的标志性生产工具是能量转换工具，而智能社会的标志性生产工具是智能工具。

3. 数据成为重要的劳动对象

人类社会的发展过程是人类不断改造自然的过程，在每一个社会的发展阶段都有影

① 《马克思恩格斯全集》第4卷，第23页。

响整个社会发展最核心的资源，这一核心资源也是整个社会发展过程中的劳动对象。在每一个社会形态中，核心资源将是每个社会形态中各种社会资源最集中的表现形式，社会主要经济社会活动主要围绕着核心资源或它的衍生物展开。一个国家或地区经济社会发展的水平、阶段、特征和趋势主要取决于一个国家或地区对核心资源的获取、占有、控制、分配和使用的能力。

在农业社会，土地是农业社会的主要资源，包括人类生存需要的粮食种植用地、森林用地、畜牧用地等。在当时人类较低的生产力水平条件下，人类的生存和发展主要依赖于对土地的耕作，土地是人类社会生产和再生产最重要的资源。土地作为当时最重要的资源也成为一个国家、地区和居民最重要的财富，对土地的争夺和占有也成为国家、地区、居民各种社会矛盾最集中的体现。

以蒸汽机的发明和使用为标志，人类社会开始从农业社会步入工业社会。社会化大生产成为工业社会的基本生产方式，社会分工进一步细化，作为一般等价物的货币在社会中的地位越来越重要。劳动对象被抽象为资本，资本成为工业社会最主要的资源。

在智能社会，多数劳动者通过使用智能工具，进行物质和精神产品生产。因此，信息社会最核心的劳动对象是用“比特”来衡量的数字化信息，即信息资源。数字化信息将无处不在，人类用以改造自然的生产工具、劳动产品以及我们人类本身都将被数字化的信息所武装，整个经济和社会运转被数字化的信息所控制，信息资源作为生产要素、无形资产和社会财富，与能源、材料资源同等重要，在经济社会资源结构中具有不可替代的地位，人类社会的生产和社会活动将围绕着数字化信息而展开。对数据资源的获取、占有、控制、分配和使用的能力成为信息社会中一个国家和地区经济发展水平和社会阶段的重要标志。

综上所述，我们可以从生产力构成要素的劳动者、劳动工具和劳动对象的角度来分析三个社会形态的本质区别：农业社会的劳动者以体力劳动为主，用手工工具在土地上进行耕作，创造社会财富；工业社会的劳动者由从事体力劳动和脑力劳动两部分组成，体力劳动占多数，主要是用能量驱动的工具进行社会化大生产，劳动对象抽象为资本；智能社会的劳动者以脑力劳动为主，特别是从事智能工作的智力劳动者，主要使用智能工具从事生产，数据资源成为重要的劳动对象。

二　辨析物联网

在第一章中，我们详细地讨论了物联网的概念和内涵，但是在政府、企业和学术界，关于物联网的问题一直没有搞清楚，甚至由此产生了很多的困惑。

什么是真正的物联网，什么是真正物联网产业，一时间众说纷纭。

在以概念圈地的同时，各类的“物联网”项目和“物联网”产业粉饰登场，大有“全民一起搞物联”之势。

但是，困惑也开始了……

（一）规划的困惑

物联网在我国快速升温，由“感知中国”的提出到“新兴战略性产业”的确立用了不到 6 个月的时间。

物联网，在中国已经成为经济和政治共同关注的焦点。

为了能够在推进物联网应用和产业发展发展中占到先机，各地从 2009 年年底开始，纷纷制定物联网规划。

1. 听雷盼雨

有关专家预测，10 年内物联网就可能大规模普及，将广泛运用于智能交通、环境保护、政府工作、公共安全、平安家居、智能消防、工业监测、老人护理、个人健康等多个领域。如果物联网全部构成，其产业至少要比互联网大 30 倍，物联网将会成为下一个万亿级的新兴产业。

这是“一个万亿级”的新兴产业，至于多少万亿，一时还是很难说的，但“其产业至少要比互联网大 30 倍”，你可以想象这个产业规模有多大吗？

一些信息产业较为发达的地区，急于能够在物联网时代继续占领优势地位，欲图携现阶段信息领域技术的产业的发展优势，更多的争夺万亿级物联网产业的市场份额。

听雷盼雨。于是，就更早地开始了物联网发展规划的编制工作。

2. 新瓶装旧酒

但是，规划本身应当有一个稿子，有一个 15000 ~ 20000 字的文本稿件。于是，从 2010 年 3 月，部分地区的物联网发展规划的初稿就出来了。

物联网发展规划的重点内容大致有：

首先，重点推进的物联网应用项目中，大部分包含了：物流信息化、智能交通、智能政务、企业信息化等项目。

其次，重点发展的“万亿级”物联网产业基本就是：芯片产业、电子信息产品制造业、软件产业、工业自动化产业、传感器制造业等。

第三，网络基础设施的建设。

这些重点推进的物联网应用项目，除了部分的 RFID 项目之外，都是“十一五”期间的信息化应用项目。只不过加上的“智慧”、“传感”和“物联网”。的名头罢了，内容基本没有什么大的变化。

再看物联网产业，这不就是“信息产业、工业自动化”等现有产业的重新合并吗？

到底物联网是不是新兴战略性产业？为什么不能找到新的应用和新的产业增量呢？

万亿的产业增量从哪里找？如何通过发展物联网来带动本地产业规模的增加？

看着规划的初稿，这些地区的相关领导开始困惑了……

（二）物联网辨析

1. 物联网与信息化

（1）带你认识信息化

信息化的概念起源于 20 世纪 60 年代的日本，首先是由一位日本学者提出来的，而后被译成英文传播到西方，西方社会普遍使用“信息社会”和“信息化”的概念是 70 年代后期才开始的。

关于信息化的表述，在中国学术界和政府内部作过较长时向的研讨。如有的认为，信息化就是计算机、通信和网络技术的现代化；有的认为，信息化就是从物质生产占主导地位的社会向信息产业占主导地位社会转变的发展过程；有的认为，信息化就是从工业社会向信息社会演进的过程，如此等等。

1997 年召开的首届全国信息化工作会议，对信息化和国家信息化定义为："信息化是指培育、发展以智能化工具为代表的新的生产力并使之造福于社会的历史过程。国家信息化就是在国家统一规划和组织下，在农业、工业、科学技术、国防及社会生活各个方面应用现代信息技术，深入开发广泛利用信息资源，加速实现国家现代化进程。"实现信息化就要构筑和完善 6 个要素（开发利用信息资源，建设国家信息网络，推进信息技术应用，发展信息技术和产业，培育信息化人才，制定和完善信息化政策）的国家信息化体系。

根据 2006—2020 年国家信息化发展战略，信息化是充分利用信息技术，开发利用信息资源，促进信息交流和知识共享，提高经济增长质量，推动经济社会发展转型的历史进程。在 1997 年六要素的基础上增加"信息安全"为七要素。

信息化代表了一种信息技术被高度应用，信息资源被高度共享，从而使得人的智能潜力以及社会物质资源潜力被充分发挥，个人行为、组织决策和社会运行趋于合理化的理想状态。同时信息化也是 IT 产业发展与 IT 在社会经济各部门扩散的基础之上的，不断运用 IT 改造传统的经济、社会结构从而通往如前所述的理想状态的一个持续的过程。

（2）你认识的企业信息化

企业信息化是生产力和生产关系的技术进步。自 1946 年世界上第一台计算机诞生以来，电子信息技术高速发展，其普及应用和广泛渗透为企业的产品设计、制造、办公和管理提供了工具。同时，职能管理层、经营决策层和电子商务层的信息化改变了传统企业的组织关系。企业信息化在管理、经营上的变化和时空上的拓展，特别是互联网的出现，为电子商务提供了基础条件，电子商务为企业信息化增添新的内涵。企业信息化大大拓宽了企业活动的时空范围，在时间上，企业信息化以客户需求为中心实施敏捷制造和集成制造；在空间上，企业信息化以虚拟形态将全球聚合在一起。具体而言，企业信息化的内涵包含五个方面的内容：

产品信息化。产品信息化要使用好两个技术，一是应用数字技术，增加传统产品的功能，提高产品的附加值。比如，以往的模拟手机同现在的数字手机在保密性和性能方面无法同日而语，数字控制技术对机床的增值产生了数倍的影响；二是应用网络技术，网络冰箱通过网络管理中心进行控制，可以向用户通报何时需要添置新的食品，从而产生了新的附加值。产品的质量改变不大，最大的差别在于通过服务提高了产品的附加值；

设计信息化。即产品设计、工艺设计方面的信息化。目前应用较为普遍的是计算机辅助设计（CAD）系统，设计信息化还包括计算机辅助工艺规程设计（CAPP）系统应用、计算机辅助装配工艺设计（CAAP）系统应用、计算机辅助工程分析（CAE）系统应用、计算机辅助测试系统应用、网络化计算机辅助开发环境、面向产品全生命周期活动的设计（DFX）系统二次开发与应用与产品建模、模型库管理与模型效验系统开发与应用；

生产过程信息化。即自动化技术在生产过程中的应用，用自动化、智能化手段解决加工过程中的复杂问题，提高生产的质量、精度和规模制造水平。其中主要应用包括数控设备的应用、计算机生产过程自动控制系统应用、生产数据自动收集、生产设备自动控制、产品自动化检测及生产自动化覆盖等；

企业管理信息化。企业通过管理信息系统的集成，提高决策管理水平。主要应用层面包括企业资源规划（ERP）系统、供应链管理（SCM）系统、客户关系管理（CRM）系统和辅助决策支持（DSS）系统；

市场经营信息化。通过实施电子商务，可以大大节约经营成本，提高产品的市场竞争能力，提高经济效益。

（3）泛信息化不科学

所谓信息化，首先是一个"化"字，是指一个过程。就是人们在一个系统中推动信息技术应用，和依此信息技术推动信息资源的传播整合和再创造的过程；就是在经济、科技和社会各个领域，广泛应用现代信息技术，有效开发利用信息资源，建设先进的信息基础设施，发展信息技术和产业，不断提高综合实力和竞争力，加速现代化进程，使信息产业在国民经济中的比重逐步上升的过程。

从工具论的角度看，所谓信息化是充分利用信息技术，开发利用信息资源，促进信息交流和知识共享，提高工业化质量，加快现代化发展步伐的历史过程。从社会演进论的角度看，所谓信息化是人类社会发展的一个高级进程，其核心是要通过全体社会成员的共同努力，在经济和社会各个领域充分应用现代信息技术的先进社会生产工具，创新信息时代社会生产力，推动社会生产关系和上层建筑的改革，使国家的综合实力、社会的文明素质和人民的生活质量全面达到现代化水平①。

泛信息化的概念是从企业信息化中产生的。是从企业信息化中的产品和装备实现数字化延伸过来的，将信息化的内环扩大到了生产过程的自动化过程。

泛信息化认为：“凡是信息技术的应用，都属于信息化的内涵”。将信息化的内涵无限夸大化，这是一个误区。

这种说法是有偏见的，对我国发展和推进信息化进程将会产生不良的影响。

首先：工业领域的工业自动化、传感技术等有几十年的发展历史，而信息化的提出国际上也不过几十年。

---

① 吕新奎，中国信息化，电子工业出版社，2002，2-3。

其次，从我国的信息化管理体制上来讲，从国务院信息化工作办公室、信息产业部信息化推进司，到现在的工业与信息化部的信息化推进司，其工作的实质内容都是在推进“与计算机相关的信息技术”在各个领域的应用。关于工业自动化、传感网、嵌入式技术等物联网相关的其他内容，有专业的部门和机构负责。

第三，有重点地推进“与计算机相关的信息技术”在各领域的重点应用，的确推进了我国信息化的进程和发展。

如果将信息化的内涵无限夸大，不但信息化抓不到重点，还会导致部门之间职能和权利的冲突，影响我国信息化的推进进程。

（4）交集

从上述的分析我们可以明白了：

我国公认的信息化基本上是指的“计算机化”，是以“人”为核心的。一般指的是“人”对“计算机技术、网络技术、通信技术、基础设施、信息资源”开发利用等内容。

而信息化的推进过程按照不同的分类大致有：电子商务，电子政务，企业信息化，领域信息化、区域信息化和社会信息化等不同的内容。

区域信息化水平是构建物联网的重要环境基础。很难想象一个信息化水平很低的区域能够构建出一个高效的物联网，同样也很难想象一个信息化水平和低的企业能够很好地利用物联网技术。

物联网使得信息化的内容更加丰富。物联网的构建和物联网技术的广泛应用，促进了“物”与“物”和“物”与“人”的直接对话和交流，必将更大范围的应用到网络技术和计算机技术，从而有效地促进信息化的发展。

可以说，没有信息化发展到一定程度的技术和背景支持，物联网也不可能有所发展。

物联网的发展和物联网技术的广泛应用，必将会应用到大量的信息技术，但物联网的内涵远超出传统的信息化的内涵。

物联网的发展已经突破的传统的信息技术的内容，将会涉及材料、声、光、电、磁学、传感、嵌入、微系统等现有科学技术的各个领域。

所以，我们说：推进信息化是发展物联网的重要的环境基础和必要的技术支撑。

2. 物联网与 RFID

（1）被热捧的 RFID

每个 RFID 标签具有唯一的电子编码，附着在物体上标识目标对象，俗称电子标签。

RFID 以其能够自动识别物品并获取相关数据而被广泛应用于商业标签、生产过程监控、交通运输、物流控制、国际贸易、安全识别、身份识别、物品防伪等方面，未来市场需求巨大，各国正在通过推进标准来推进 RFID 的广泛应用。

由于 RFID 技术与互联网、通信等信息技术相结合可以实现全球范围内物品跟踪与信息共享，将对我国经济和军事安全产生重大影响，所以备受国家重视。

根据工作方式，RFID 可分为主动式（有源）和被动式（无源）两大类。

被动式 RFID 标签由标签芯片和标签天线或线圈组成，利用电感耦合或电磁反向散射耦合原理实现与读写器之间的通信。

有源电子标签又称主动标签，标签的工作电源完全由内部电池供给，同时标签电池的能量供应也部分地转换为电子标签与阅读器通讯所需的射频能量。

RFID 标签中存储一个唯一编码，通常为 64Bits、96Bits 甚至更高，其地址空间大大高于条码所能提供的空间，因此可以实现单品级的物品编码。

当 RFID 标签进入读写器的作用区域，就可以根据电感耦合原理（近场作用范围内）或电磁反向散射耦合原理（远场作用范围内）在标签天线两端产生感应电势差，并在标签芯片通路中形成微弱电流，如果这个电流强度超过一个阈值，就将激活 RFID 标签芯片电路工作，从而对标签芯片中的存储器进行读 / 写操作，微控制器还可以进一步加入诸如密码或防碰撞算法等复杂功能。

RFID 标签芯片的内部结构主要包括射频前端、模拟前端、数字基带处理单元和 EEPROM 存储单元四部分。

读写器也称阅读器、询问器（reader，interrogator），是对 RFID 标签进行读 / 写操作的设备，主要包括射频模块和数字信号处理单元两部分。

读写器是 RFID 系统中最重要的基础设施，一方面，RFID 标签返回的微弱电磁信号通过天线进入读写器的射频模块中转换为数字信号，再经过读写器的数字信号处理单元对其进行必要的加工整形，最后从中解调出返回的信息，完成对 RFID 标签的识别或读 / 写操作；

另一方面，上层中间件及应用软件与读写器进行交互，实现操作指令的执行和数据汇总上传。

在上传数据时，读写器会对 RFID 标签原子事件进行去重过滤或简单的条件过滤，将其加工为读写器事件后再上传，以减少与中间件及应用软件之间数据交换的流量，因此在很多读写器中还集成了微处理器和嵌入式系统，实现一部分中间件的功能，如信号状态控制、奇偶位错误校验与修正等。

未来的读写器呈现出智能化、小型化和集成化趋势，还将具备更加强大的前端控制功能，例如直接与工业现场的其他设备进行交互甚至是作为控制器进行在线调度。

在物联网中，读写器将成为同时具有通信、控制和计算功能的 C3 核心设备。

天线（antenna）是 RFID 标签和读写器之间实现射频信号空间传播和建立无线通信连接的设备。

RFID 系统中包括两类天线，一类是 RFID 标签上的天线，由于它已经和 RFID 标签集成为一体，因此不再单独讨论，另一类是读写器天线，既可以内置于读写器中，也可以通过同轴电缆与读写器的射频输出端口相连。

中间件（middleware）是一种面向消息的、可以接受应用软件端发出的请求、对指定的一个或者多个读写器发起操作并接收、处理后向应用软件返回结果数据的特殊化软件。

中间件在 RFID 应用中除了可以屏蔽底层硬件带来的多种业务场景、硬件接口、适用标准造成的可靠性和稳定性问题，还可以为上层应用软件提供多层、分布式、异构的信息环境下业务信息和管理信息的协同。

中间件的内存数据库还可以根据一个或多个读写器的读写器事件进行过滤、聚合和计算，抽象出对应用软件有意义的业务逻辑信息构成业务事件，以满足来自多个客户端的检索、发布 / 订阅和控制请求。

应用软件（application software）是直接面向 RFID 应用最终用户的人机交互界面，协助使用者完成对读写器的指令操作以及对中间件的逻辑设置，逐级将 RFID 原子事件转化为使用者可以理解的业务事件，并使用可视化界面进行展示。由于应用软件需要根据不同应用领域的不同企业进行专门制定，因此很难具有通用性。从应用评价标准来说，使用者在应用软件端的用户体验是判断一个 RFID 应用案例成功与否的决定性因素之一。

（2）非常重要的资源型应用

RFID 的基本价值在于其具备“自动识别”功能而成为被标识物信息的自动采集工具，作为工具型应用的 RFID 技术在完成被标识物的自动识别之后其价值就已经体现完毕。

长期以来，RFID 标签成本相对较高，制约 RFID 广泛应用。随着要求被标识物价值的逐步降低，对 RFID 的价格敏感度在逐步上升，RFID 标签成本问题越来越成为其应用的瓶颈。为了加速 RFID 应用进程，不仅需要降低 RFID 的成本，也需要进一步提升 RFID 应用的价值，以增加 RFID 应用经济效益。

目前，人们只重视了 RFID 的工具型应用，忽视了对 RFID 自动采集来的信息资源的深度开发和利用；只重视了应用 RFID 标签成本的增加，忽视了 RFID 应用创造的产业链的整体价值提升；只重视了 RFID 信息的闭环应用，忽视了 RFID 信息资源的开环利用，导致了 RFID 应用的经济效益不明显。

为了提升 RFID 应用的价值，需要推动 RFID 工具型应用向资源型应用转变，深度开发 RFID 采集来的信息资源，发展增值服务，提升 RFID 的应用过程产业链的整体价值。

（3）RFID 是怎样被当成物联网的

最早把 RFID 当成物联网的 EPC GLOBLE。

1999 年美国麻省理工学院一位天才的教授提出了 EPC（Electronic Product Code，产品电子代码）开放网络（物联网）构想，在国际条码组织（EAN.UCC）、宝洁公司（P&G）、吉列公司（Gillette Company）、可口可乐、沃尔玛、联邦快递、雀巢、英国电信、SAP、SUN、PHILIPS、IBM 等全球 83 家跨国公司的支持下，开始发展这个计划。并在 2003 年完成了技术体系的规模场地使用测试，于 2003 年 10 月成立国际上成立 EPC GLOBLE 全球组织推广 EPC 和物联网的应用。

EPC 系统意图在计算机互联网的基础上，利用 RFID、无线数据通信等技术，构造

EPC 所说的物联网

EPC 和物联网，可能是目前全球最时髦的两个名词了，因为它们即将大大改变我们的生活——当有那么一天，你会发现在超市里选定物品之后不用再排队等候结账，而只需推着满车商品走出大卖场就行了，因为商品上的电子标签会将商品信息自动登录到商场的计价系统，货款也就自动从你消费者的信用卡上扣除了。

在这同时，每件商品的信息在这个过程中又被精确的记录下来，通过一个称为“物联网”的系统，在全球高速传输，于是，分布于世界各地的产品生产厂商，每时每刻都可以准确的获得自己产品的销售和使用情况，从而及时调整生产和供应。而这些单个商品的信息同时还将被更大的物联网络覆盖，当您从冰箱中取出一罐可乐饮用时，冰箱会就自动读取这罐可乐的物品信息，即刻通过物联网传输到配送中心和生产厂。于是第二天你就会从配送员的手中得到补充的商品。到那时我们和我们的商品都将真正生活在全球的网络中。

这是因为 EPC 电子代码革命性地解决了单个商品的识别与跟踪问题，它为每一个单个商品建立了全球性的、开放性的标识标准，因此，以 EPC 软硬件技术构成的“EPC 物联网”，就能够使所有商品的生产、仓储、采购、运输、销售及消费的全过程，发生根本性的变化，实现全都可以跟踪查询，从而大大提高全球供应链的性能。

有人说 EPC 系统是未来 e 时代的转折点，也有人说是供应链管理的革命，将给人类社会生活带来巨大的变革，还有人说 EPC 系统是引发互联网二次革命的导火索，还有人说进入 E 时代的桥梁，也有人说这是世界上万事万物的实物互联网……我们暂且不讨论哪种说法更为准确，但是 EPC 系统是当前 E 时代的新发展、新趋势却是不争的事实。

的一个覆盖世界上万事万物的实物互联网（Internet of Things）——物联网。

EPC GLOBLE 以 RFID 为依托，率先推出物联网的概念和实现模型，于是以“RFID”为代表的物联网就在人们头脑中扎根了。

一提到物联网，人们首先想到 RFID—— EPC GLOBLE。

（4）子集

RFID 的价值在于“为世间万物都创立一个 ID”，RFID 标签所携带的信息是“数字化”而且是“标准化”的，其信息获取的手段是远距离、非接触式的高速获取。在一些特定的应用场景，以 RFID 电子标签，作为信息的“载体”，将这个“载体”与信息的本源“物”一一对应起来，并与采集装置偶基运行使信息的产生和获取一举突破了旧有的桎梏，产生质的飞跃。这种以 RFID 标签为载体而产生的“数字化的、标准的”信息源，成为物联网的核心技术之一。

所以说，RFID 组成的系统和应用是一个非常有代表性的物联网应用。

但 RFID 不能代表全部的物联网。

我们可以这样说：“RFID 是物联网的子集，物联网包含 RFID，但不限于 RFID”。

3. 物联网与传感网

（1）传感网的来由

传感网的概念最早由美国军方提出，起源于 1978 年美国国防部高级研究计划局（DARPA）开始资助卡耐基 - 梅隆大学进行分布式传感器网络的研究项目。当时将传感网定义为：由若干具有通信能力的传感器节点自组织构成的网络。在当时缺乏如今的互联网技术和多种接入网络以及智能计算技术的条件下，此概念局限于由节点组成的自组织网络。

2008 年 2 月，国际电信联盟成 ITU-T 的 *Ubiquitous Sensor Networks* 研究报告将传感网定义为：由智能传感器节点组成的网络，可以以“任何地点、任何时间、任何人、任何物”的形式被部署。该技术具有巨大的潜力，因为它可以在广泛的领域中推动新的应用和服务，从安全保卫和环境监控到推动个人生产力和增强国家竞争力。

而我国传感器网络标准工作组的工作文件中把传感网定义为：以对物理世界的数据采集和信息处理为主要任务，以网络为信息传递载体，实现物与物、物与人、人与物之间信息交互，提供信息服务的智能网络信息系统。该文件认为传感器网络具体表现在，它综合了微型传感器、分布式信号处理、无线通信网络和嵌入式计算等多种先进信息技术，能对物理世界进行信息采集、传输和处理，并将处理结果以服务的形式发布给用户。

工信部和江苏省联合向国务院上报的《关于支持无锡建设国家传感网创新示范区（国家传感信息中心）情况的报告》[①] 中定义传感网：是以感知为目的，实现人与人、人与物、物与物全面互联的网络。其突出特征是通过传感器等方式获取物理世界的各种信息，结合互联网、移动通信网等网络进行信息的传送与交互，采用智能计算技术对信息进行分析处理，从而提升对物质世界的感知能力，实现智能化的决策和控制。

（2）传感器的网

分析传感网，总结出如下传感网的特点：

- 以传感器为对象
- 自组织网络
- 智能化

和物联网一样，对传感网的不同定义，体现出不同的重点和内容。

美国军方认为：传感网就是传感器节点自组织构成的网络。

国际电信联盟强调的是“智能传感器节点组成的网络应用”。

而我国传感器网络标准工作组强调的是“提供信息服务的智能网络信息系统”。

工信部和江苏省联合向国务院上报的文件中有明显的“物联网”痕迹。

在当今物联网风靡全国的时候，将传感网向物联网靠近，有一定的利益目的。

但，传感网就是传感网，其核心就是“传感器组成的网络”。

（3）物联网的承载网

物联网与传感网核心内容不同。物联网的核心是以“物”的信息生命为核心的，要体现出“物”的全信息生命。传感网的核心是传感器，是体现有传感器组成的网络的特征，或者说是体现“物”的某一部分信息生命。

相互依存。传感网是物联网空间的主要承载网之一，也是物联网空间信息的主要来源。对于某一个“物”的全生命信息，就可能有一个专一的传感网来实现获取。

物联网的底层包含一个感知网，借助 RFID 标签等传感器等实现对物件的信息采集与控制，通过感知网将一组 RFID 标签和传感器的信息汇集，并传送到传输网络。

所以说，传感网是物联网的底层感知网络，是物联网的一部分，但不能说传感网就是物联网。

当然，在一些简单的应用中，传感网也可以被看作是简单的物联网。

---

① 已获得国务院的正式批复。

4. 物联网无线传感网

（1）无线传感网

由于目前对于物联网研究尚未深入，对于物联网的技术内涵也缺乏专业的研究，有些专业的或非专业的报道通常会把无线传感器网络作为物联网。

无线传感器网络是由多个带有传感器，数据处理单元及通信模块的节点根据数据采集任务的需求自组织而成的网络。其任务是从环境中采集用户感兴趣的数据，数据源节点负责数据的采集，所采集到的数据通过多个中间节点转发以多跳方式传递给数据接收者，通常数据在经过中间节点时，需要一定的处理，去除冗余性提取有用信息。

按照应用模式，传感器网络可以分为主动（Proactive）和响应（Reactive）两种类型。主动型传感器网络持续监测周围环境现象，并以恒定速率发送数据；而响应型传感器网络只在事件触发时才传送数据。

（2）应用很广泛

无线传感网络技术是典型的具有交叉学科性质的军民两用战略高技术，可以广泛应用于国防军事、国家安全、环境科学、交通管理、灾害预测、医疗卫生、制造业、城市信息化建设等领域。

无线传感器网络（WSNs）是由许许多多功能相同或不同的无线传感器节点组成，每一个传感器节点由数据采集模块（传感器、A/D 转换器）、数据处理和控制模块（微处理器、存储器）、通信模块（无线收发器）和供电模块（电池、DC/AC 能量转换器）等组成。

近期微电子机械加工（MEMS）技术的发展为传感器的微型化提供了可能，微处理技术的发展促进了传感器的智能化，通过 MEMS 技术和射频（RF）通信技术的融合促进了无线传感器及其网络的诞生。传统的传感器正逐步实现微型化、智能化、信息化、网络化，正经历着一个从传统传感器（Dumb Sensor）、智能传感器（Smart Sensor）到嵌入式 Web 传感器（Embedded Web Sensor）的内涵不断丰富的发展过程。

国际上比较有代表性和影响力的无线传感网络实用和研发项目有遥控战场传感器系统（伦巴斯 Remote Battlefield Sensor System，REMBASS）、网络中心战（NCW）及灵巧传感器网络（SSW）、智能尘（smart dust）、Intel? Mote、Smart：Its 项目、SensIT、SeaWeb、行为习性监控（Habitat Monitoring）项目、英国国家网格等。

尤其是最新试制成功的低成本美军“狼群”地面无线传感器网络标志着电子战领域技战术的最新突破。俄亥俄州正在开发“沙地直线”（A Line intheSand）无线传感器网络系统。这个系统能够散射电子绊网（tripwires）到任何地方，以侦测运动的高金属含量目标。

民用方面，涉及城市公共安全、公共卫生、安全生产、智能交通、智能家居、环境监控等领域。美日等发达国家在对该技术不断研发的基础上在多领域进行了应用。

（3）不是物联网

无线传感器网络是一种“随机分布的集成有传感器、数据处理单元和通信模块的微小节点通过自组织的方式构成网络”，它可以“借助于节点中内置的形式多样的传感器测量所在周边环境中的热、红外、声呐、雷达和地震波信号”。

但是，无线传感器网络仅仅是采集和传递数据，并没有涉及物联网中的核心控制技术。所以，无线传感器网络并不是物联网，无线传感器网络的相关技术在一定程度上可能支撑物联网的开发。

5. 物联网与互联网

（1）追本溯源

将互联网和物联网混同起来源于国际电联对物联网的原始定义。国际电联认为，物联网的核心和基础仍然是互联网，是在互联网基础上的延伸和扩展的网络；只不过是物联网的用户端延伸和扩展到了任何物品与物品之间，并进行信息交换和通讯。

基于这个定义，互联网当然就是物联网了，但是，事实不是这样的。

（2）区别

首先，终端的多样化。以前的互联网主要是电脑互连的网络，当然现在能上网的设备越来越多了，除电脑之外，还有手机、PDA（掌上电脑）以及诸如机顶盒之类的东西，但在物联网这里，这些还不够。人们坐在家里环顾四周，就会发现身边还有很多东西是游离于互联网之外的，像电冰箱、洗衣机、空调等。人们开发物联网技术，就是希望借助它将我们身边的所有东西都连接起来，小到手表、钥匙以及刚才所说的各种家电，大到汽车、房屋、桥梁、道路，甚至那些有生命的东西（包括人和动植物）都连接进网络。这种网络的规模和终端的多样性，显然要远大于现在的互联网。

其次，感知的自动化。物联网在各种物体上植入微型感应芯片，这样任何物品都可以变得“有感受、有知觉”。例如，洗衣机可以通过物联网感应器“知晓”衣服对水温和洗涤方式的要求；人们出门时物联网会提示是否忘记带公文包；借助物联网，人们可以了解到自己的小孩一天中去过什么地方、接触过什么人、吃过什么东西等。物联网的这些神奇能力是互联网所不具备的。我们坐公交时所用的公交卡刷卡系统、高速公路上的不停车收费系统都采用了物联网技术。在物联网中，自动的信息交流发挥着类似人类社会中语言的作用，借助这种特殊的语言，人和物体、物体和物体之间可以相互感知对方的存在、特点和变化，从而进行“对话”与“交流”。

第三，智能化。物联网通过感应芯片和RFID时时刻刻地获取人和物体的最新特征、位置、状态等信息，这些信息将使网络变得更加“博闻广识”。更为重要的是，利用这些信息，人们可以开发出更高级的软件系统，使网络能变得和人一样“聪明睿智”，不仅可以眼观六路、耳听八方，还会思考、联想。

（3）承载网

现在有很多说法，其中一种是：互联网只能连接人，物联网可以连接物，互联网连接的是虚拟世界，物联网连接的是物理世界，物联网是互联网的下一代，物联网要取代互联网，物联网就是泛在网。这个观点是不正确的。

很多物体不一定非要连到网上，而且物联网不应当是网络而是应用和业务。物联网的主要特征是每一个物件都具有标识，可以被寻址，每一个物件都可以控制，每一个物件都可以通信。

物联网的传输承载网既可以是互联网，也可以是其他网。

6. 物联网与物流信息系统

（1）物流信息系统

物流信息系统是由人员、计算机硬件、软件、网络通信设备及其他办公设备组成的人机交互系统，其主要功能是进行物流信息的收集、存储、传输、加工整理、维护和输出，为物流管理者及其他组织管理人员提供战略、战术及运作决策的支持，以达到组织的战略竞优，提高物流运作的效率与效益。

物流信息系统包括运输系统、储存保管系统、装卸搬运、流通加工系统、物流信息系统等方面，其中物流信息系统是高层次的活动，是物流系统中最重要的方面之一，涉及运作体制、标准化、电子化及自动化等方面的问题。

（2）离得很远

物流信息系统是物流信息化的组成部分，物流信息系统可以是全供应链的，也可是供应链上某一个节点上计算机技术的应用，如，仓库的进销存系统，就是最早的物流信息系统。

虽然都是以对物的管理为核心，但物流信息系统或者说物流信息化和物联网存在着本质的区别。

首先，物联网和物联网的技术应用不同。物流信息系统注重的是对物流的管理，物流信息系统是随着计算机应用而发展的，不必要一定使用RFID等物联网技术。

其次，物联网和物流信息系统内涵不同。物流信息系统是从经济学的角度，以效率和收益为最终目的，更注重的是物联网技术的应用；而物联网是以物的信息生命为核心，研究的是更广域的物的信息生命运动规律和增强人类感知和改造世界的能力。

随着 RFID 和其他传感技术在物流信息系统中的深入应用，物流信息系统的功能也越来越复杂。RFID 技术最成功的应用就是在物流信息系统里的应用。RFID 特征使得物流系统的单品化管理成为可能，并且实现了全供应链的可视化管理。在这个意义上，RFID 技术在物流信息系统中的深化应用，构建了最基础的物联网技术应用。

从这个意义上，我们可以这样理解：物流信息系统是物联网技术应用最能够取得效果的领域，而构建基于物联网模式的物流信息系统是物流信息系统的最高目标。

7. 物联网与网络物理系统（CPS）

（1）带你认识 CPS

随着处理器、存储器、网络带宽等成本的下降，嵌入式系统广泛应用于许多领域，特别是广泛应用于各类物理设备中，例如飞机、汽车、家电、工业装置、医疗器械、监控装置和日用物品。

国际上把利用计算技术监测和控制物理设备行为的嵌入式系统称为网络化物理系统（cyber physical systems，CPS）或者深度嵌入式系统（deeply embedded systems），CPS 也可以翻译为“物理设备联网系统”。

CPS 包含了将来无处不在的环境感知、嵌入式计算、网络通信和网络控制等系统工程，使物理系统具有计算、通信、精确控制、远程协作和自治功能。它注重计算资源与物理资源的紧密结合与协调，主要用于一些智能系统上如机器人，智能导航等。目前，CPS 还是一个比较新的研究领域。

CPS 的意义在于将物理设备联网，特别是连接到互联网上，使得物理设备具有计算、通信、精确控制、远程协调和自治等五大功能。本质上说，CPS 是一个具有控制属性的网络，但它又有别于现有的控制系统。

从 20 世纪 40 年代麻省理工学院发明了数控技术到如今基于嵌入式计算系统的工业控制系统遍地开花，工业自动化早已成熟，基本是在人们日常居家生活中，各种家电具有控制功能。

但是，这些控制系统基本是封闭的系统，即便其中一些工控应用网络也具有联网和通信的功能，但其工控网络内部总线大都使用的都是工业控制总线，网络内部各个独立的子系统或者说设备难以通过开放总线或者互联网进行互联，而且通信的功能比较弱。

而 CPS 则把通信放在与计算和控制同等地位上，这是因为 CPS 强调的分布式应用系统中物理设备之间的协调是离不开通信的。CPS 对网络内部设备的远程协调能力、自治能力、控制对象的种类和数量，特别是网络规模上远远超过现有的工控网络。在资助CPS研究上扮演重要角色的美国国家科学基金会（NSF）认为，CPS将让整个世界互联起来，如同互联网改变了人与人的互动一样，CPS将会改变我们与物理世界的互动。

（2）CPS的技术特征[①]

这种融合信息世界和物理世界的技术具备以下自身的特征：

① CPS是未来经济和社会发展的革命性技术。CPS是信息领域的网络化技术、信息化技术，与物理系统中控制技术、自动化技术的融合。CPS可以连接原来完全分割的虚拟世界和现实世界的关联，使得现实的物理世界与虚拟的网络世界连接，通过虚拟世界的信息交互，优化物理世界的物体传递、操作和控制，构成一个高效、智能、环保的物理世界。从这个角度看，CPS技术是可以改变未来经济和社会发展的革命性技术。

② 信息材料本身就是一种CPS技术。材料技术与信息技术融合构成的信息材料技术本身就是一种CPS技术，它是最为基础的网络化世界与物理世界连接的技术。例如小型化、低成本、环保节能的新型材料传感器、显示器等技术，都是CPS发展中的关键技术。

③ CPS要求计算技术与控制技术的融合。为了把网络世界与物理连接，CPS必须把已有的、处理离散事件的、不关心时间和空间参数的计算技术，与现有的、处理连续过程的、注重时间和空间参数的控制技术融合起来，使得网络世界可以采集物理世界与时间和空间相关的信息，进行物理装置的操作和控制。

④ CPS要求开放的嵌入式系统。CPS系统中的计算技术主要是嵌入式系统，CPS中的嵌入式计算系统不是传统的封闭性系统，而是需要通过网络，与其他信息系统进行互联和互操作的系统。CPS要求的嵌入式系统是一种开放的嵌入式系统，需要提供标准的网络访问接口和交互协议、标准的计算平台和服务调用接口、标准的计算环境和管理界面。

⑤ CPS要求可靠和确定的嵌入式系统。CPS把计算技术带入了与国家基础设施、人们日常生活密切相关的领域，CPS大部分应用领域是与食品卫生一样的安全敏感的领域，CPS的技术和产品需要经过政府严格的安全监督和认证。原来信息技术领域习以为常的“免责”条款将不再适用，CPS技术和产品必须成为高可靠的、行为确定的产品，CPS技术要求可靠和确定的嵌入式系统。

（3）CPS的机遇与挑战

① CPS的市场规模则难以计数。因为CPS涵盖了小到智能家庭网络大到工业控制

---

① 沈苏彬，范曲立，宗平，等.物联网的体系结构与相关技术研究，南京：邮电大学学报（自然科学版），2009, 12.

系统乃至智能交通系统等国家级甚至世界级的应用。更为重要的是，这种涵盖并不仅仅是比如说将现有的家电简单地连在一起，而是要催生出众多具有计算、通信、控制、协同和自治性能的设备。

② CPS 不仅会催生出新的工业，甚至会重新排列现有产业布局。下一代工业将建立在 CPS 之上，随着 CPS 技术的发展和普及，使用计算机和网络实现功能扩展的物理设备无处不在，并将推动工业产品和技术的升级换代，极大地提高汽车、航空航天、国防、工业自动化、健康 / 医疗设备、重大基础设施等主要工业领域的竞争力。

③ 面临巨大的挑战。尽管 CPS 前景无限，但其带来的挑战也是无法估量的。这些挑战很大程度上来自控制与计算之间的差异。通常控制领域是通过微分方程和连续的边界条件来处理问题，而计算则建立在离散数学的基础上；控制对时间和空间都十分敏感，而计算则只关心功能的实现。通俗地说，搞控制的人和搞计算机的人没有“共同语言”。这种差异将给计算机科学和应用带来基础性的变革。

在国外，CPS 的声音很强劲，欧盟计划从 2007—2013 年在嵌入智能与系统的先进研究与技术（ARTMEIS）上投入 54 亿欧元（超过 70 亿美元），并在 2016 年成为智能电子系统的世界领袖。而在国内。CPS 早已淹没在物联网的喧哗之中，实际上，国外同行起步也只有两三年的光景，我们为时并不晚。

④ CPS 的出现给复杂网络领域的研究者带来了无限机遇。CPS 最大的特点就在于它是由很多具有通信，计算和决策控制功能的设备组成的智能网络，这些设备可以通过相互作用使得整个系统处于最佳状态。

例如在机器人足球比赛中，当某个机器人准备传球时，它会收集每个同伴的信息，然后通过计算得出一个最佳的传球方案，并且将该方案传给所有队员，让队员们配合这个传球过程，通过这种方式可以提高整个球队的水平。该思想同样可以应用于很多其他的系统，如交通系统中车辆之间通过通信和计算得出最佳行车路线，并避免各种交通事故；电力系统中各个站点通过信息传递从而动态调整负荷，避免大规模级联故障等。

这些系统的运行其实就是复杂网络的动力学过程，只不过这些过程集合了复杂网络中的信息传播，同步，博弈等多种动力学过程，因此研究的内容更加复杂，具体的研究内容有很多，例如系统规则（或协议）的制定，如何制定规则才能使系统在最短的时间内达到最佳状态，此外还可以研究各种外界因素是如何影响系统运行的等等。

（4）美国很重视

2005 年 5 月，美国国会要求美国科学院评估美国的技术竞争力，并提出维持和提高这种竞争力的建议。5 个月后，基于此项研究的报告《站在风暴之上》问世。在此基础上于 2006 年 2 月发布的《美国竞争力计划》则将信息物理系统（Cyber Physics

System，CPS）列为重要的研究项目。到了 2007 年 7 月，美国总统科学技术顾问委员会（PCAST）在题为《挑战下的领先——竞争世界中的信息技术研发》的报告中列出了 8 大关键的信息技术，其中 CPS 位列首位，其余分别是软件，数据、数据存储与数据流，网络，高端计算，网络与信息安全，人机界面，NIT 与社会科学。

PCAST 咨询报告认为，CPS 的设计、构造、测试和维护难度较大、成本较高，通常涉及无数联网软件和硬件部件，在多个子系统环境下的精细化集成。在监测和控制复杂的、快速动作的物理系统（例如医疗设备、武器系统、制造过程、配电设施）运行时，CPS 在严格的计算能力、内存、功耗、速度、重量和成本的约束下，必须可靠和实时地操作。绝大部分 CPS 系统都是安全关键的系统，必须在外部攻击和打击下能够继续正常工作。

（5）CPS 与物联网

到底 CPS 与物联网有什么关系呢？沈苏彬等[①]认为：对照国际电信联盟有关物联网的定义以及 PCAST 咨询报告有关 CPS 定义，我们认为 CPS 是物联网的专业称呼，侧重于物联网内部的技术内涵；而物联网是 CPS 的通俗称呼，侧重于 CPS 在日常生活中的应用。从专业角度看，CPS 提供了物联网研究和开发所需要的理论和技术内涵；从应用角度看，物联网提供了 CPS 未来应用的一个直观画面，更加适合于普及 CPS 方面的科学知识。物联网的研究和开发应该从 CPS 入手和深入，而 CPS 技术和产品的普及和应用可以从物联网角度介绍和举例。

虽有一定的道理，但不够精确和全面。

CPS 技术是构建物联网的核心技术，提供了复杂物联网系统构建所需要的关键理论和技术体系。

CPS 注重“嵌入式系统”的生成，更强调的是如何将计算机检测技术、传感技术、伺服技术、微电机技术等集成为“微系统”而嵌入到物体上。从这个意义上讲，CPS 是将现实物理世界虚拟化的重要集成技术，是对“物”进行镜像虚拟化的核心技术。

但物联网的内涵更广泛，更强调的是物的信息生命运动特征。如果在物联网发展、特别是推进物联网应用的前期阶段就一切从 CPS 入手，将不利于物联网应用的普及。

我们认为：对于物联网和 CPS 的关系应当这样理解：在推进物联网应用的初级阶段，应当注重物的信息生命运动状态，从简单的技术应用入手，更注重的是物联网的应用效果。

---

① 沈苏彬，范曲立，宗平，毛燕琴，黄维. 物联网的体系结构与相关技术研究，南京：邮电大学学报（自然科学版），2009, 12.

CPS 技术和产品的普及和应用可以在推进和宣传物联网进行介绍和举例。

（6）CPS 很重要

CPS 是物联网的核心技术，应当引起社会各界的广泛重视。我国政府相关部门，应当将 CPS 技术作为物联网重大攻关技术给予有组织的强力支持。

而在科研学术界，对物联网的研究和开发应该及早地从 CPS 入手，进行物联网核心技术的研发攻关，以便在物联网广泛深入应用的未来，我们能够掌握构建物联网的核心技术。

8. 物联网与工业控制系统

（1）工控三代

随着计算机技术、通信技术和控制技术的发展，传统的控制领域正经历着一场前所未有的变革，开始向网络化方向发展。控制系统的结构从第一代的 CCS（计算机集中控制系统），到第二代的 DCS（分散控制系统），发展到现在流行的第三代 FCS（现场总线控制系统）。

第一代的 CCS（计算机集中控制系统）实现了计算机及网络技术与控制系统相结合。最早在 20 世纪 50 年代中后期，计算机就已经被应用到控制系统中。60 年代初，出现了由计算机完全替代模拟控制的控制系统，被称为直接数字控制（DirectDigitalControl，DDC）。

第二代的 DDC 控制系统发展于 70 年代中期，随着微处理器的出现，计算机控制系统进入一个新的快速发展的时期，1975 年世界上第一套以微处理为基础的分散式计算机控制系统问世，它以多台微处理器共同分散控制，并通过数据通信网络实现集中管理，被称为集散控制系统（DistributedControlSystem，DCS）。进入 90 年代以后，由于计算机网络技术的迅猛发展，使得 DCS 系统得到进一步发展，提高了系统的可靠性和可维护性，虽然在今天的工业控制领域 DCS 仍然占据着主导地位，但是 DCS 不具备开放性，布线复杂，费用较高，不同厂家产品的集成存在很大困难。

第三代的 FCS（现场总线控制系统）从 90 年代后期开始。由于大规模集成电路的发展，许多传感器、执行机构、驱动装置等现场设备智能化，人们便开始寻求用一根通信电缆将具有统一的通信协议通信接口的现场设备连接起来，在设备层传递的不再是 I/O（4 ~ 20mA/24VDC）信号，而是数字信号，这就是现场总线。由于它解决了网络控制系统的自身可靠性和开放性问题，现场总线技术逐渐成为计算机控制系统的发展趋势。从那时起，一些发达的工业国家和跨国工业公司都纷纷推出自己的现场总线标准和相关产品，形成了群雄逐鹿之势。

（2）FCS 与物联网

随着对诸如图像、语音信号等大数据量、高速率传输的要求，又催生了当前在商业领域风靡的以太网与控制网络的结合。这股工业控制系统网络化浪潮又将诸如嵌入式技术、多标准工业控制网络互联、无线技术等多种当今流行技术融合进来，从而拓展了工业控制领域的发展空间，带来新的发展机遇。

第三代 FCS 工业控制系统综合了数字通信技术、计算机技术、自动控制技术、网络技术和智能仪表等多种技术手段，从根本上突破了传统的“点对点”式的模拟信号或数字—模拟信号控制的局限性，构成一种全分散、全数字化、智能、双向、互连、多变量、多接点的通信与控制系统。

相应的控制网络结构也发生了较大的变化，FCS 的典型结构分为 3 层：设备层、控制层和信息层。

正是由于第三代 FCS 工业控制系统将许多传感器、执行机构、驱动装置等现场设备进行了智能化的三层集成，所以，有人也将工业控制系统说成是“工业物联网”。

（3）发展方向

近些年来，随着网络技术的发展，以太网[①]进入了控制领域，形成了新型的以太网控制网络技术。这主要是由于工业自动化系统向分布化、智能化控制方面发展，开放的、透明的通信协议是必然的要求。目前的现场总线由于种类繁多，互不兼容，尚不能满足这一要求，而以太网的 TCP/IP 协议的开放性使得在工控领域通信这一关键环节具有无可比拟的优势。

（4）辨别

详细分析了工业控制系统后我们认为，工业控制系统和物联网有着较大的区别。

第一，内涵不同。工业控制系统强调的是现场实时的集中控制，反馈控制要求自动化完成；而物联网强调的是物的信息生命运动状态和信息资源，反馈控制的形式复杂多样化。

第二，复杂程度不同。工业控制系统是比较简单的局域网集中控制系统，并且形成相对较为封闭控制体系；而物联网要求的电子镜像等现实虚拟技术较为复杂，同时，物联网强调信息的跨平台共享是工业控制系统不能够实现的。

第三，网络结构不同。工业控制系统基本上是总线技术和以太网技术，要求集中处理和分散控制，一般分为三层结构；而物联网是积木式结构，采用本地处理和异地交换，物联网的结构也会因为不同的应用有不同的分类。

---

① 以太网（Ethernet）指的是由Xerox公司创建并由Xerox,Intel和DEC公司联合开发的基带局域网规范，是当今现有局域网采用的最通用的通信协议标准。

第四，网络运行模式不同。工业控制系统要求控制网络必须是保证在线的控制，而物联网不一定要求时时在线。并且，工业控制系统一旦程序设定，基本上自动运行，而物联网的控制方式可以是多样化的。

第五，项目运行模式不同，工业控制系统必须和设备一起运行，而物联网可以有第三方来独立运行。

因此，我们认为：构建物联网和工业控制系统虽然存在使用了共同的技术，但是两者还是有这本质的区别。是否可以将工业控制系统看成是物联网的特例呢?

我们认为也不合适。工业控制系统是传统技术，技术群组和应用领域非常明确。而物联网是一项全新的技术，其核心技术、理论体系和应用模式等还处于一个初级阶段，如果将工业控制系统和物联网混在一起，对二者的发展都会带来负面的影响，都将不利于彼此的发展。

9. 物联网与泛在网

（1）下一代网络与 IPv6

下一代互联网将是基于 IP 的网络，从主干网到节点终端，信息以 IP 形式传递。到目前为止，互联网使用 IPv4 协议（互联网协议第四版）进行通信互联取得了巨大成功，但是，新应用的不断涌现使互联网呈现出新的特征，传统的 IPv4 已经难以支持互联网的进一步扩张和新业务的特性，IPv4 使用 32 比特（信息量的度量单位）来表示的地址分配系统最多只能分配 2 的 32 次方即 40 多亿个网络地址。以目前互联网发展速度计算，所有 IPv4 地址将在 2013 年间分配完。

以 IPv6 为代表的下一代互联网技术采用了 128 比特地址，拥有 2 的 128 次方个网络地址，可以为任何需要 IP 地址的设备提供特定的 IP 地址，有专家形容 IPv6 将足以为地球上每一粒沙子都分配一个地址。从当前互联网及近期发展来看，IPv6 将成为下一代互联网中的核心技术。以 IPv6 为核心的下一代互联网将是一个性能更高、成本更低的全球互联网。

下一代互联网与现代互联网有三个主要区别：更快、更大、更安全。下一代互联网的网络传输速度将比现在提高 1000 ~ 10000 倍以上，IPv6 地址协议几乎可以给你家庭中的每一个可能的东西分配一个自己的 IP，让数字化生活变成现实。下一代互联网将在建设之初就充分考虑安全问题，可以有效控制，解决网络安全问题。

从分析互联网和物联网的区别我们可以看出，基于 IPv6 的下一代互联网仍然是互联网，其本质没有变，因此，下一代互联网仍然不是物联网，而只是主要承担物联网信息通信传输的承载网。

（2）泛在网与U网络

泛在网：按照国际电联（ITU）泛在网定义为：可随时随地供给人使用，让人享用无处不在服务的网络，其通信服务对象由人扩展到任何东西。

U网络：U网络来源于拉丁语的Ubiquitous，是指无所不在的网络，又称泛在网络。

最早提出U战略的日韩给出的定义是：无所不在的网络社会将是由智能网络、最先进的计算技术以及其他领先的数字技术基础设施武装而成的技术社会形态。根据这样的构想，U网络将以“无所不在”、“无所不包”、“无所不能”为基本特征，帮助人类实现“4A”化通信，即在任何时间（anytime）、任何地点（any-where）、任何人（anyone）、任何物（anything）都能顺畅地通信。“4A”化通信能力仅是U社会的基础，更重要的是建立U网络之上的各种应用。

在U网络社会中，网络空间、信息空间和物理空间实现无缝连接，软件、硬件、

日本U-Japan计划：2000年日本政府首先提出了“IT基本法”，其后由隶属于日本首相官邸的IT战略本部提出了“e-Japan战略”，希望能推进日本整体ICT的基础建设。2004年5月，日本总务省向日本经济财政咨询会议正式提出了以发展ubiquitous社会为目标的U-Japan构想。在总务省的U-Japan构想中，希望在2010年将日本建设成一个“任何时间、任何地点、任何人、任何物”都可以联网的环境。此构想于2004年6月4日被日本内阁通过。

韩国U-Korea战略：韩国也经历了类似的发展过程。韩国最先于2002年4月提出了e-Korea（电子韩国）战略，其关注的重点是如何加紧建设IT基础设施，使得韩国社会的各方面在尖端科技的带动下跨上一个新的发展台阶。为了配合e-Korea战略，该国于2004年2月推出了IT839战略。韩国情报通信部又于2004年3月公布了U-Korea战略，这个战略旨在使所有人可以在任何地点、任何时间享受现代信息技术带来的便利。U-Korea意味着信息技术与信息服务的发展不仅要满足产业和经济的增长，而且将对人们日常生活带来革命性的进步。

新加坡“下一代I-Hub”计划：1992年，新加坡提出IT2000计划，即“智能岛”计划。此后，该国先后确定了“21世纪资讯通信技术蓝图”、“ConnectedCity（连城）”等国家信息化发展项目，希望进一步加大信息通信技术的普及力度。综合看来，之前的数次信息化战略都可以说是处在“e”阶段，即通过提高信息通信技术的利用率促进社会方方面面的发展。2005年2月，新加坡资讯通信发展局发布名为“下一代I-Hub”的新计划，标志着该国正式将“U”型网络构建纳入国家战略。该计划旨在通过一个安全、高速、无所不在的网络实现下一代的连接。

系统、终端、内容、应用实现高度整合。在U网络社会中，网络将如同空气和水一样，自然而深刻地融入人们的日常生活及工作之中。

为了让U网络真正实现网络无处不在和应用无处不在，现有的电信网、互联网和广电网之间，固定网、移动网和无线接入网之间，基础通信网、应用网和射频感应网之间都应该实现融合。新的“三网融合”将从不同的领域、从不同的角度和不同的侧面加速推进，为可以预见的U网络社会奠定坚实的网络基础。

（3）下一代移动通信

下一代移动通信技术指的是后3G技术，一般指LTE技术与4G技术。

LTE技术：LTE是英文Long Term Evolution的缩写。LTE也被通俗的称为3.9G，具有100MBps的数据下载能力，被视作从3G向4G演进的主流技术。LTE的研究，包含了一些普遍认为很重要的部分，如等待时间的减少、更高的用户数据速率、系统容量和覆盖的改善以及运营成本的降低。3GPP（3G peer protoco：是基于3G移动通信网络上的一种创建、传输、回放多媒体的标准）长期演进（LTE）项目是近两年来3GPP启动的最大的新技术研发项目，这种以OFDM/FDMA为核心的技术可以被看作“准4G”技术。

4G技术：4G通信技术并没有脱离以前的通信技术，而是以传统通信技术为基础，并利用了一些新的通信技术，来不断提高无线通信的网络效率和功能的。如果说3G能为人们提供一个高速传输的无线通信环境的话，那么4G通信会是一种超高速无线网络，一种不需要电缆的信息超级高速公路，这种新网络可使电话用户以无线及三维空间虚拟实境连线。

4G通信技术是继第三代以后的又一次无线通信技术演进，其开发更加具有明确的目标性：提高移动装置无线访问互联网的速度——据3G市场分三个阶段走的发展计划，3G的多媒体服务在10年后进入第三个发展阶段，此时覆盖全球的3G网络已经基本建成，全球25%以上人口使用第三代移动通信系统。在发达国家，3G服务的普及率更超过60%，那么这时就需要有更新一代的系统来进一步提升服务质量。

下一代移动通信的高速化的确是一个很大特点，它的最大数据传输速率达到100Mbit/s，是3G移动电话的50倍，是2G的1000倍。到那时，下载一部DVD电影只需要十几秒。

通过在下一代移动互联网中实施IPv6而形成的移动互联网，将是下一代移动通信最广泛的应用。

（4）辨析

物联网和泛在网的关系，比较流行的说法就是：泛在网就是物联网发展的最终目标，泛在网包含了现在所说的所有网络，是各类网络的综合和终极目标。

这种学说体系如图 2-1 所示，他们认为：物联网是互联网的发展和延续，是将互联网扩展到了传感网、RFID 网、MTM、二维码等领域的应用，物联网发展的终极目标就是泛在网。

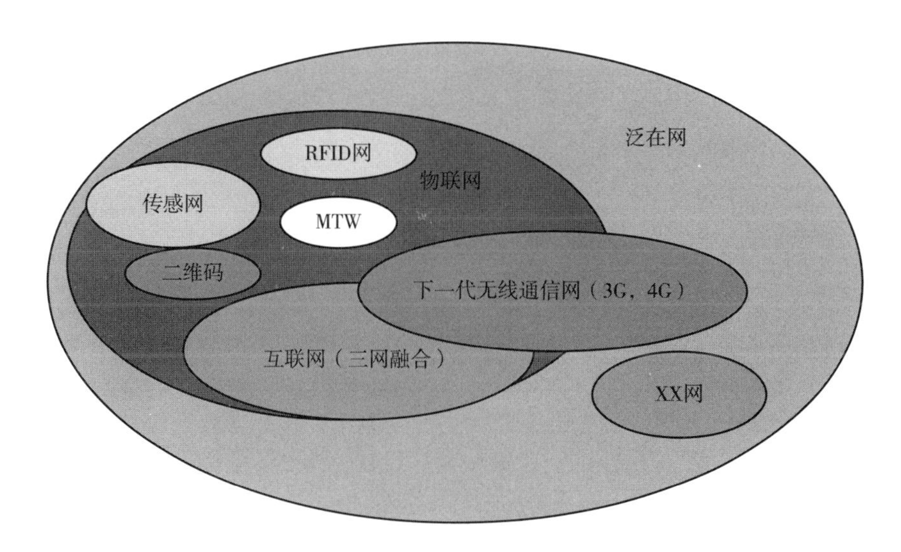

图 2-1　流行的各网之间的关系图

但是，我们理性的分析泛在网的原始含义。泛在网的原始含义是“无处不在的网络”，也就是说，泛在网是网络，是一个有形的网络，只不过是“无处不在”。

泛在网侧重于为人提供方便的信息服务，所以从网络服务角度看，下一代网络可以称为信息网络；而从互连角度看，这种泛在网还是局限在传统互联网的范畴，仅仅强调无处不在的信息交互。

之所以将物联网和泛在网混同起来，还是因为国际电联的对物联网的定义问题，物联网如果还是互联网，就当然将来是泛在网了。

而反过来再看物联网。在图 2-1 中我们非常清楚的讨论了物联网的特性。首先，物联网是一个“现实虚拟”场景的构建；第二是对这个场景的各类应用；第三，是网非网。

但构建物联网的第四条要素要求：“必须有通信网络的支撑。这种通信网络是广义的，是指能够传递‘物’的全生命运动信息的任何承载网络。”

所以，有形的泛在网将是未来网络最合适的“通信网络”。是物联网信息交流的承载网络统称。

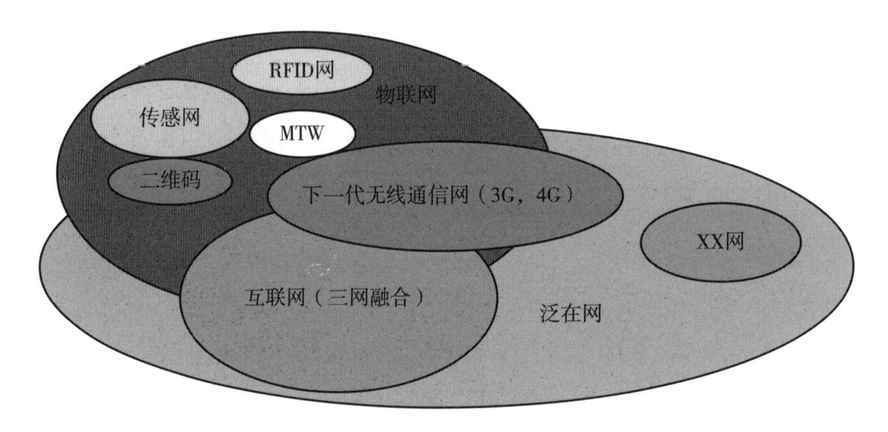

图 2-2　各网之间的关系图

10. 物联网与云计算

（1）云计算

云计算概念是由 Google 提出的，这是一个美丽的网络应用模式。狭义云计算是指 IT 基础设施的交付和使用模式，指通过网络以按需、易扩展的方式获得所需的资源；广义云计算是指服务的交付和使用模式，指通过网络以按需、易扩展的方式获得所需的服务。这种服务可以是 IT 和软件、互联网相关的，也可以是任意其他的服务，它具有超大规模、虚拟化、可靠安全等独特功效。

云计算的基本原理是，通过使计算分布在大量的分布式计算机上，而非本地计算机或远程服务器中，企业数据中心的运行将更与互联网相似。这使得企业能够将资源切换到需要的应用上，根据需求访问计算机和存储系统。

云计算是一个虚拟的计算资源池，它通过互联网提供给用户使用资源池内的计算资源。完整的云计算是一整个动态的计算体系，提供托管的应用程序环境，能够动态部署、动态分配 / 重分配计算资源、实时监控资源使用情况。云计算通常具有一个分布式的基础设施，并能够对这个分布式系统进行实时监控，以达到高效使用的目的。

云计算的最终目标是将计算、服务和应用作为一种公共设施提供给公众，使人们能够像使用水、电、煤气和电话那样使用计算机资源。

云计算模式即为电厂集中供电模式。在云计算模式下，用户的计算机会变得十分简单，或许不大的内存、不需要硬盘和各种应用软件，就可以满足我们的需求，因为用户的计算机除了通过浏览器给“云”发送指令和接收数据外基本上什么都不用做便可以使用云服务提供商的计算资源、存储空间和各种应用软件。这就像连接“显示器”和“主机”的电线无限长，从而可以把显示器放在使用者的面前，而主机放在远到甚至计算机使用者本人也不知道的地方。云计算把连接“显示器”和“主机”的电线变成了网络，把“主机”变成云服务提供商的服务器集群。

（2）云计算的发展会彻底颠覆现有 IT 产业的格局

个人计算机的蓬勃发展造就了操作系统提供商微软、芯片制造商英特尔，使他们成为个人计算机时代的垄断巨头，分享了整个 IT 行业 85% 的利润。实现了云计算后，一方面在个人计算机不再需要操作系统，链接网络的浏览器将可以实现现有计算机的所有功能。另一方面，云计算通过规模效应，实现廉价但高效的计算能力，这就使得芯片个体性能的意义大为减弱。我国现有和潜在的巨大网络用户数量是云计算规模基础，现有数量庞大的 IT 中小企业，将会是云计算的产业基础。云计算领域的特性，将很大的发挥我国 IT 产业的“规模”优势，是我国科技振兴的王牌产业。

云计算正在颠覆现有的产业竞争局面。今后，更多的软件将不再采取授权的销售模式，将会放到互联网上去付费或是免费使用，这将彻底打破传统软件的商业模式。SaaS 就是付费使用的模式，而今年在安全软件领域已经开始掀起免费使用的浪潮，不知会不会很快涉及更多的应用软件。

传统的计算机产品和数据中心将不复存在，多媒体终端将大量普及，即插即用的服务模式将改变现有软件产业的竞争格局。跨国公司寡头垄断加剧形成，全球信息产业将重大调整，对我国信息产业将会形成重大冲击，很可能使我们刚刚构筑的信息产业体系整体成为国外标准体系下的低附加值代工产业。

目前云计算产业还是战国纷争的状态，互联网、软件、硬件、服务的各类巨头，都想成为未来云计算的提供商，直接掌握庞大的用户资源。一个产业真正做到成熟，必须要有一个很好的价值链，有一个比较明确的分工，云计算版图还远未形成。云计算技术与应用，对我国构建自主信息技术体系是一个非常重要挑战和机遇。

（3）智慧的核心

云计算系统运用了许多技术，其中以编程模型、数据管理技术、数据存储技术、虚拟化技术、云计算平台管理技术最为关键。

物联网的核心技术除了感知、镜像、传输等硬件环境之外，更负责的应当是构建现实虚拟的物的“物理电子镜像世界”、智能处理和未来的信息资源运营等足够的数据空间、计算处理能力和足够的应用软件服务等软环境，而这些软环境就是物联网信息处理的核心。

随着接入到物联网中的现实世界不断增加，物联网的复杂性也越来越复杂，现有除了的信息量成几何指数增加，最后，任何一台单独的计算机都不能够独立完成如此巨大的信息处理量。于是，云计算的优势就可以呈现出来了。其次，物联网的本地处理异地交换原理也要求物联网系统中有足够的计算能力和大量的分布式计算机，这正是云计算的形式。

其实，作为网络计算机的云计算的雏形早在2000年以前就提出来了，只是当时找不到合适的应用，所以网络计算机的发展一直处于徘徊状态，物联网的发展为云计算提供了前提，而云计算技术也为物联网发展提供了技术保证。

所以说，云计算是物联网的神经中枢，是构建物联网的核心技术。

（4）物联网中云计算应用的三个阶段

随着物联网复杂程度的不同，云计算在物联网中的应用分为如下三个阶段：

第一阶段：单中心，多终端阶段。是物联网发展的初级阶段，应用具有一定的局限性。在此阶段中中，分布范围的较小各物联网终端（传感器、摄像头或3G手机等），把云中心或部分云中心作为数据/处理中心，终端所获得信息、数据统一由云中心处理及存储，云中心提供统一界面给使用者操作或者查看。

这类应用非常多，如小区及家庭的监控、对某一高速路段的监测、幼儿园小朋友监管以及某些公共设施的保护等都可以用此类信息。这类主要应用的云中心，可提供海量存储和统一界面、分级管理等功能，对日常生活提供较好的帮助。一般此类云中心为私有云居多。

第二阶段：多中心，大量终端。物联网发展的中级阶段，应用范围有较大的扩展。对于很多区域跨度加大的企业、单位而言，多中心、大量终端的模式较适合。譬如，一个跨多地区或者多国家的企业，因其分公司或分厂较多，要对其各公司或工厂的生产流程进行监控、对相关的产品进行质量跟踪，等等。

有些信息需要及时甚至实时共享给各个终端的使用者也可采取这种方式。中国联通的“互联云”思想就是基于此思路提出的。这个的模式的前提是我们的云中心必须包含公共云和私有云，并且他们之间的互联没有障碍。这样，对于有些机密的事情，比如企业机密等可较好地保密而又不影响信息的传递与传播。

第三阶段：信息、应用分层处理，海量终端。这种模式可以针对物联网的范围广、信息及数据种类多、安全性要求高等特征来打造。当前，物联网对各种海量数据的处理需求越来越多，针对此情况，我们可以根据物联网不同功能的需求及云中心的分布进行合理的分配。

对需要大量数据传送，但是安全性要求不高的，如视频数据、游戏数据等，我们可以采取本地云中心处理或存储。对于计算要求高，数据量不大的，可以放在专门负责高端运算的云中心里。而对于数据安全要求非常高的信息和数据，我们可以放在具有灾备中心的云中心里，等等。

11. 物联网与智慧城市

（1）智慧城市的来由

智慧城市是从城市信息化的数字城市转化来的。“数字城市”是城市通过在城市管理、服务和运行等方面广泛深入应用信息技术先进理念而达到的现代化状态。“数字城市”可以实现对城市基础设施以及政治、经济、文化、社会生活等各个领域的城市运行状态信息进行自动采集、动态监测和自动传输，并通过对信息资源的高度整合和深度开发利用，服务于城市规划、建设和运行管理，服务于政府、企业、公众，服务于人口、资源环境、经济社会可持续发展等方面，大幅提高城市综合实力与核心竞争力。

概述起来讲，“智慧城市”就是集感知、获取、传输、处理于一体的信息技术在城市基础设施以及政治、经济、文化、社会生活等各个领域广泛深入应用，数字经济成为城市经济发展重要支柱，信息资源得到的高度整合和深度开发利用，并服务于城市规划、建设和运行管理，服务于政府、企业、公众，服务于城市人民生活的城市信息化的较高阶段。

智慧城市的构架如图 2-3 所示。

但“智慧城市”也是 IBM“智慧地球”六大核心战略之一，IBM 的智慧城市的核心内容就是：在城市基础设施建设中充分利用物联网技术、将传感器芯片直接集成到城市的基础设施之中，形成对城市的智能化管理和服务。其提供的解决方案涉及智能楼宇、

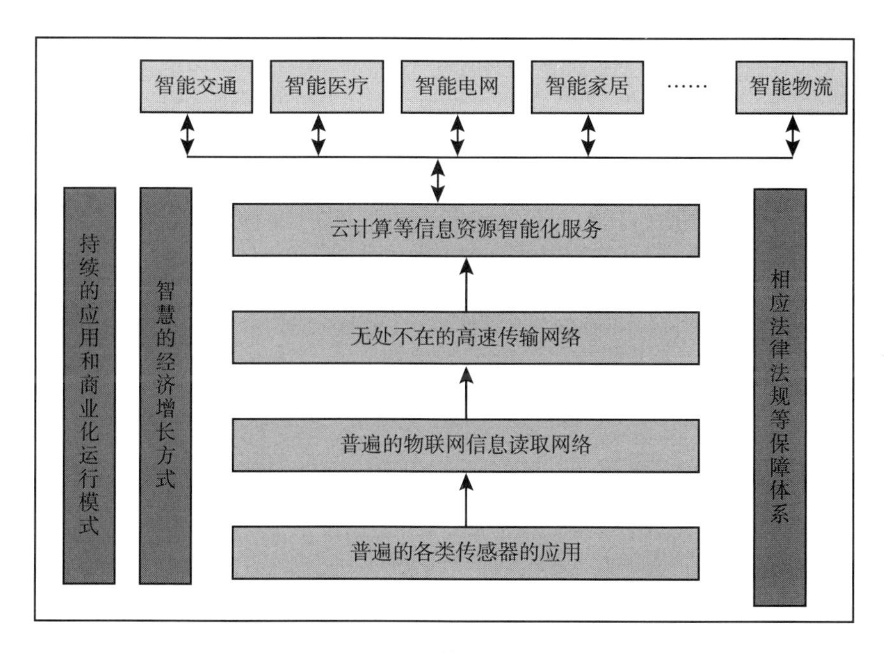

图 2-3 智慧城市的构架

智能家居、路网监控、智能医院、城市生命线管理、食品药品管理、票证管理、家庭护理、个人健康与数字生活等诸多领域。

（2）物联网技术的综合应用

从智慧城市的概念和形成路径上可看出，智慧城市和物联网完全是两回事。智慧城市仍然是城市信息化的延续和深入。只不过是在城市信息化的建设过程中，在城市基础设施中预置了大量的传感器而已。

我们可以这样理解，智慧城市需要传感技术的大量应用。由大量的传感技术应用构成的城市应用系统，可以看成是物联网的雏形。而将这些物联网技术应用继续深化和扩展，应用现实虚拟技术，建设与城市物为核心的镜像虚拟世界，再对这个镜像虚拟世界进行深入的应用，就是物联网的形式了。

12. 物联网与无线城市

（1）无线城市

无线城市，就是使用高速宽带无线技术覆盖城市行政区域，向公众提供利用无线终端或无线技术获取信息的服务，提供随时随地接入和速度更快的无线网络，从而使在现有的第二代移动通信网络上不能使用、未来第三代移动通信网络上效果不够理想的高速度的新业务、新功能被开发出来，例如用手机看电视、打网络游戏、手机视频聊天、用手机随时召开或参加视频会议、家庭数字网络、无线传输文稿和照片等大文件、无线网络硬盘、移动电子邮件等。是城市信息化和现代化的一项基础设施，也是衡量城市运行效率、信息化程度以及竞争水平的重要标志。

（2）拼杀无线城市

随着我国3G的推广，无线城市再度成为各大运营商宣传的焦点，中国移动、中国电信尤其高调，纷纷号称在各地开展无线城市的建设计划。物联网战略更是增加了运营商推进无线城市的步伐，无线城市被运营商作为推进物联网的重要步骤进行推广

无线城市的发展潮流不仅把政府推上了信息化发展的主要地位，更催生了一批新兴运营商，吸引了一批信息产业界巨头，如Intel、IBM、HP、Microsoft、Motorola、SamSung、Cisco、Nortel以及Google等，形成了无线互联网新的产业链结构。

在无线城市上拼杀的激烈程度远远高于传统的电信运营业，国内的电信运营商虽然有一定的先机，但面对一些国际上的WiFi、WiMAX、WLAN、McWiLL等各种无线宽带技术已经在国内试水的状况，也要积极出击因势利导并加快自身转型，从而获得由应用平台提供商、应用开发商、内容提供商、网络运营商、终端供应商、顾客等环节组成的无线宽带产业链的主导权。

（3）无线城市的功能

无线城市的功能基本上有以下几种：

无线公共接入：再也不受线缆和网络接口限制，只要有无线网络信号，随时随地打造中国无线城市可用便携电脑和手机、PDA 上网、浏览新闻、搜索资料，进行 QQ 聊天、收发邮件、传送文稿和相片等文件。

无线视频服务：手机上看电视直播 / 转播、开视频会议，哪怕在车上也可以；用手机和亲朋好友聊天，既听其声，又见其人；通过“家校通”可看到孩子在家里、学校是否安全和遵守纪律。

无线位置服务：一家人去公园，孩子不慎走失，如果其配有无线挂牌，就可以通过无线网络定位功能，立即确定孩子所在位置，免去奔走寻找和广播寻人的焦急；驾车者利用车载设备联网登入后，无线系统可自动感知汽车是否进入车流密集区域。

无线支付：在以春运为代表的客流高峰期，旅客购票出现排长队、人满为患情况，通过临时销售点的设立配合移动售票专用车辆，将大大缓解售票压力，无线城市使移动售票成为现实，使票务销售走向校园、走向社区、走向城市的每个角落。

无线网络硬盘：有了高速的无线网络，旅游者和新闻工作者不再为数码相机北京启动无线城市网的存储空间有限和照片传递操心。旅游者一旦拍摄完毕，可即时通过无线网络传送到网络硬盘上，只要网络硬盘够大，那么照片数量就可以无限增大；新闻工作者拍摄完毕即可通过网络传送到了编辑部。

另外，无线城市的建设还为政府部门和医疗单位提供了一个对社会突发性事件做出高效协同处理的平台，比如，发生重大火灾、燃气泄漏等重点安全事故时，一方面派遣消防和技术人员火速奔赴现场，另一方面可通过安装在流动汽车上的摄像系统把现场情况还原回城市应急指挥中心，使指挥人员做出直观判断并正确下达救助指令，最大限度降低损失；在危重病人送往医院途中，可通过随身或车载摄像机及各种传感器，及时将伤病人情况及生理数据实时传回医院，为伤病人的抢救赢得宝贵的时间。

（4）仅此而已

从无线城市定义和发展，非常明显地看出，无线城市不是物联网。无线城市注重的是城市的无线覆盖，是城市无线网“无处不在”的体现，主要是无线网络的建设。

无线城市对物联网的贡献就是提供了物联网信息通信的一条通道，仅此而已。

13. 物联网与国家信息化发展战略

将物联网发展战略纳入《2006—2020 年国家信息化发展战略》中，这对信息化和物联网的发展均有不利影响。

（1）以计算机为主体的国家信息化发展战略

我国信息化发展战略的战略方针是：统筹规划、资源共享，深化应用、务求实效，面向市场、立足创新，军民结合、安全可靠。要以科学发展观为统领，以改革开放为动力，努力实现网络、应用、技术和产业的良性互动，促进网络融合，实现资源优化配置和信息共享。要以需求为主导，充分发挥市场机制配置资源的基础性作用，探索成本低、实效好的信息化发展模式。要以人为本，惠及全民，创造广大群众用得上、用得起、用得好的信息化发展环境。要把制度创新与技术创新放在同等重要的位置，完善体制机制，推动原始创新，加强集成创新，增强引进消化吸收再创新能力。要推动军民结合，协调发展。要高度重视信息安全，正确处理安全与发展之间的关系，以安全保发展，在发展中求安全。

到 2020 年，我国信息化发展的战略目标是：综合信息基础设施基本普及，信息技术自主创新能力显著增强，信息产业结构全面优化，国家信息安全保障水平大幅提高，国民经济和社会信息化取得明显成效，新型工业化发展模式初步确立，国家信息化发展的制度环境和政策体系基本完善，国民信息技术应用能力显著提高，为迈向信息社会奠定坚实基础。具体目标是：

促进经济增长方式的根本转变。广泛应用信息技术，改造和提升传统产业，发展信息服务业，推动经济结构战略性调整。深化应用信息技术，努力降低单位产品能耗、物耗，加大对环境污染的监控和治理，服务循环经济发展。充分利用信息技术，促进我国经济增长方式由主要依靠资本和资源投入向主要依靠科技进步和提高劳动者素质转变，提高经济增长的质量和效益。

实现信息技术自主创新、信息产业发展的跨越。有效利用国际国内两个市场、两种资源，增强对引进技术的消化吸收，突破一批关键技术，掌握一批核心技术，实现信息技术从跟踪、引进到自主创新的跨越，实现信息产业由大变强的跨越。

提升网络普及水平、信息资源开发利用水平和信息安全保障水平。抓住网络技术转型的机遇，基本建成国际领先、多网融合、安全可靠的综合信息基础设施。确立科学的信息资源观，把信息资源提升到与能源、材料同等重要的地位，为发展知识密集型产业创造条件。信息安全的长效机制基本形成，国家信息安全保障体系较为完善，信息安全保障能力显著增强。

增强政府公共服务能力、社会主义先进文化传播能力、中国特色的军事变革能力和国民信息技术应用能力。电子政务应用和服务体系日臻完善，社会管理与公共服务密切结合，网络化公共服务能力显著增强。网络成为先进文化传播的重要渠道，社会主义先进文化的感召力和中华民族优秀文化的国际影响力显著增强。国防和军队信息化建设取得重大进展，信息化条件下的防卫作战能力显著增强。人民群众受教育水平和信息技术应用技能显著提高，为建设学习型社会奠定基础。

而我国信息化发展的战略重点包括：推进国民经济信息化、推行电子政务、建设先进网络文化、推进社会信息化、完善综合信息基础设施、加强信息资源的开发利用、提高信息产业竞争力、建设国家信息安全保障体系、提高国民信息技术应用能力、造就信息化人才队伍。

无论是从战略方针、发展目标和战略重点都可以看出,《2006—2020 年国家信息化发展战略》以计算机为核心的信息技术应用，主要体现的是“以人为本”。

（2）相辅相成

物联网设计的领域远远大于信息化战略的内容，物联网不仅有计算机为主的信息技术，也有传感技术、信息材料技术、伺服技术等跨学科技术。

将物联网和信息化战略混为一谈，不仅限制了物联网的发展，也使得我国信息化推进路径发展变化，对推进我国信息化战略也十分不利。

但是，物联网和国家信息化战略又是相互联系的。没有信息化的基础，物联网不可能达到大力的发展，而推进物联网，又催生了许多新型的信息技术和信息产品，二者相辅相成的，共同发展。

三　物联网的概念模型、架构与技术

物联网直观上是一类连接物品的互联网，是下一代网络和互联网发展的必然产物。由于目前国内外对物联网研究尚未深入，学术界和工业界都没有完全认识物联网的内在本质，对物联网的复杂性缺乏认识。由于目前已经研究和开发了一些物品或物理装置的联网技术，使得一些研究人员仅仅从专用的物品或物理装置联网的角度片面理解物联网，在一定程度上形成了物联网认识的误区，使得人们对物联网技术产生了两个极端的认识：认为所有网络与信息化技术都是物联网技术，物联网是信息化发展的一次新机遇；或者认为根本不存在物联网技术，物联网技术仅仅是现有网络与信息技术的一种集成。

（一）物联网的概念模型

物联网的概念模型是理解和进一步研究物联网的基础，客观的物联网概念模型将引导有实用价值的物联网理论研究和技术开发[①]。

1. 概念模型提出的动因

物联网的概念模型是网络世界与物理世界融合模型。人类社会在 20 世纪的最后 20 年借助于网络和信息技术（NIT）的发展，创造了一个虚拟网络世界。人类社会已经可以利用网络虚拟世界，实现了网上交友、网上购物、网上游戏、网上办公、网上订票、网上教育、网上仓库管理、网上电力调度、网上生产控制、网上交通监控等。但有些虚拟世界的活动必须依赖于现实物理世界，例如网上购物必须依赖于现实世界物流系统的

① 沈苏彬，毛燕琴，范曲立，宗平，黄维. 物联网概念模型与体系结构. 南京：邮电大学学报（自然科学版），[J]. 2010，8.

支撑；有些人类社会的活动必须依赖于虚拟网络世界与现实物理世界的实时交互，例如网上仓库管理、网上电力调动以及网上生产控制等方面的应用。虚拟网络世界与现实物理世界分离的状况必将阻碍虚拟网络世界的发展。

NIT 发展到一定程度，必然提出了网络世界与物理世界融合的要求。近十年工业界提出了信息化必须与工业化结合，这种结合既给传统工业的发展注入了活力，也为网络和信息技术发展带来了新的机遇。NIT 进一步发展，必然会把应用的触角伸到现实物理世界，必然会把集中反映网络和信息技术的互联网技术应用于现实物理世界的物品连接。这样，自然就产生了物联网的研究需求并且在仓储和物流管理等应用方面取得了显著的效果，这些研究也促使国际电信联盟在 2005 年提出的物联网发展的战略思想。

物联网最初是从连接物品的角度进行研究的，自然会把与物品联网的技术作为物联网技术。物品联网的第一项技术就是物品的信息标识，目前信息标识技术中最为成熟并且得到广泛应用的是射频标识（RFID）技术，它已经被广泛应用于仓储和物流；用于物品感知的传感器网络技术，由于具有标识和感知物品的能力，也自然归类于物联网技术。

传统的嵌入式技术的许多应用就是驻留人造的物品内，通常也被归类于物联网技术。在学术界和工业界造成了一种误解，似乎所有的信息技术都属于物联网技术，物联网技术可以包括所有的信息化技术；有些学者从这些片面认识中得出结论：物联网没有特殊的技术，只是现有技术的集成。

2. 基于两个世界融合的概念模型

物联网是否具有特定的技术？这需要从系统的角度客观分析物联网的定义和特征，而基于网络世界与物理世界融合的概念模型是分析物联网特征的较为客观的方法。

网络世界与物理世界融合涉及三个层面（见图 3-1）：技术层面、社会层面和系统层面，技术层面主要涉及一些与物联网相关的技术，例如 RFID、传感器网络、CPS 等；社会面主要涉及网络世界与物理世界融合的社会、经济、法律以及隐私保护相关的问题；系统层面涉及网络世界与物理世界融合的具体系统，例如智能交通系统、智能电网系统、智能家居系统、智慧城市、智慧校园等。

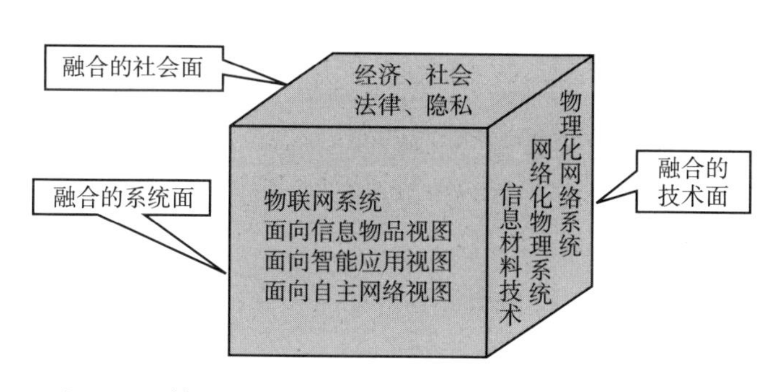

图 3-1 基于物理世界与网络世界融合的物联网概念模型

从物理世界与网络世界融合的角度看，技术面涉及的技术可以分成物品信息化的技术，其中具有代表性的技术是信息材料技术；物品信息传感和物品行为控制技术，其中具有物联网应用特征的是网络化物理系统技术；物品信息传递、处理和决策技术，这是现有的互联网不具备的技术，是面向物理世界的虚拟网络处理技术，可以称为物理化网络技术（PCS）。

从物理世界与网络世界融合的角度看出，物联网系统，例如智能交通系统、智能电网系统、智慧城市等，都是两个世界融合形成的具体的系统。这种物联网系统仅仅是物理世界与网络世界融合的一个侧面，单纯从物联网系统角度难以真正理解和把握物联网的本质内涵和核心技术。因为现在讨论的物联网系统仅仅是物理世界与网络世界融合的结果，属于两个世界融合的表象。

两个世界融合需要涉及一系列特有的技术，因为物联网涉及两个世界融合的技术，例如 PCS 技术、CPS 技术、信息材料技术等，都是隐藏在物联网系统后面的核心技术，单纯研究物理世界技术或网络世界技术的研究人员未曾系统地研究和开发这类融合的技术，必然出现研究方面的片面。

物理世界与网络世界融合涉及一系列社会和法律层面的问题。因为虚拟网络世界已经构成了一个虚拟社会，这是一个现实社会的反映，既有光明的、积极的一面，又有黑暗的、消极的一面。现实社会中犯罪活动，例如盗窃财产、商业欺诈等，在虚拟网络社会也存在。如何取证、如何定罪，这在虚拟网络社会是必须探讨的问题。现代社会是一个分层的社会；物理世界与网络世界融合之后，这种分层的关系应该如何处理？如何才能形成一个稳定、核心的新型社会体系？两个世界融合之后，应该如何开展相关的经济活动，如何才能获得合理、合法的收益？原来物理世界中的法律法规，哪些可以继续保留，哪些需要进一步改进？在两个世界融合之后，个人和某个组织的隐私应该如何保护？

3. 物联网经济模型的相关问题

虚拟网络世界与现实物理世界的融合涉及一个全新的经济模型，如果期望通过物联网技术的研究和开发能够促进经济发展和社会进步，就需要设计一个与物理世界和网络世界相融合的经济模型，在这个经济模型中需要考虑网络货币与现实货币的关联，网络资源与现实资源的关联，以及网络经济与现实经济的关联等问题。

网络货币和现实货币的关联，网络货币是网络世界度量价值的单位，现实货币是实现世界度量价值的单位，必须建立一个动态汇率调控机制，合理引导人类社会对网络资源和现实资源的消耗，合理引导人类社会对网络财富和现实财富的创造，真正通过物联网的运营，促进人类社会物质财富和精神财富的不断增长。

网络资源与现实资源的关联，网络资源需要占用巨大的现实资源，谷歌的数据中心耗电量巨大，这样网络世界的无效空转，必定会阻碍人类社会的持续发展；但是，谷歌数据中心的耗电量应该远低于人类社会浪费的电量。如何客观地界定网络资源与现实资源的关联，这需要对网络世界和现实世界进行全成本核算，在此基础上才能保证物联网运营模式可以盈利。

网络经济与现实经济的关联：传统网络经济是吸引人眼球，吸引人时间，以此获得盈利；而现实经济则通过增值的“供应 – 消费”循环链取得盈利。物联网运营要取得盈利，必须打破网络世界“永生”的模式，必须引入自然消费的模式。这种经济模式是否可行，需要进一步进行研究。

（二）物联网体系结构

网络体系结构主要研究网络的组成部件以及这些部件之间的相互关系。按照网络系统的角度不同，可以划分不同类型的网络体系结构。

例如从网络的功能角度看，可以得到网络的功能分层体系结构；从网络管理角度看，可以得到网络管理体系结构。以下主要从物联网系统功能角度研究体系结构。

网络体系结构主要研究网络的组成部件以及这些部件之间的相互关系。按照研究者关心的网络系统的角度不同，可以划分不同类型的网络体系结构。

例如从网络的功能角度看，可以得到网络的功能分层体系结构；从网络管理角度看，可以得到网络管理体系结构。

1. 物联网的三维体系结构

物联网体系结构与传统网络体系结构不同，不能简单采用分层网络体系结构描述。物联网系统本身是由三个维度构成的一个系统（见图 3–2），这三个维度是信息物品、自主网络、智能应用。自主网络表示这类网络具有自配置、自愈合、自优化、自保护能力，智能应用表示这类应用具有智能控制和处理能力，信息物品表示这些物品是可以标识或感知其自身信息。这三个物联网的功能维度是传统网络系统不具备的维度（包括自主网络的维度），却是连接物品的网络必须具有的维度，否则，物联网就无法满足应用的需求。

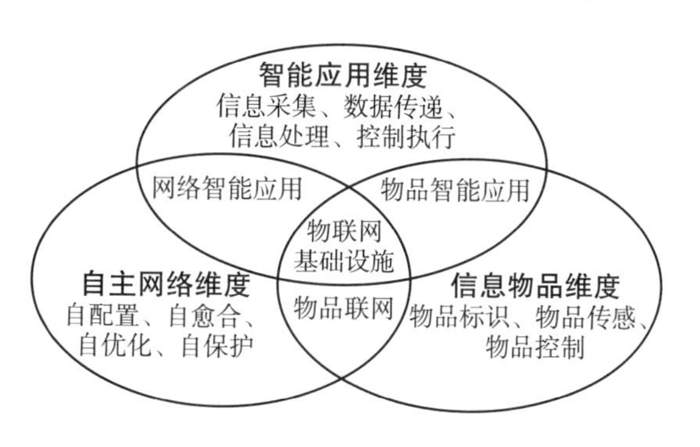

图 3–2　物联网三维体系结构示意图

信息物品、自主网络与智能应用三

个功能部件的重叠部分就是具有全部物联网特征的物联网系统，可以称为物联网基础设施。现实世界中没有物联网系统，物联网系统仅仅是一组连接物品的网络系统总称，例如智能交通系统、智能电网、智慧城市可以统称为物联网系统。这里的物联网基础设施表示服务于具体物联网系统的支撑系统，可以提供包括不同应用领域的物品标识、物品空间位置识别、物品数据特征验证和隐私保护等服务，这个部分组成了公共物联网的核心。

物联网是由物品连接构成的网络，无法采用传统网络体系结构的单一的分层结构进行描述。物联网首先需要包括物品的功能维度，这是传统网络不具备的维度。连接到物联网的物品可以称为信息物品，这些物品具备的基本功能包括：具有电子标识、可以传递信息；构成物联网的网络需要连接多种物品，这类网络至少具有自配置和自保护的功能，属于一类自主网络；物联网的应用都是与物品相关的应用，这些应用至少具备自动采集、传递和处理数据，自动进行例行的控制，属于一类智能应用。

自主网络属于现在网络的高级形态，一旦不进行自配置、自愈合、自优化和自保护的处理，则就简化成为一般的网络，可以采用网络分层模型描述；智能应用如果完全通过人机交互界面进行处理，则智能应用也就可以简化成为一般的网络应用；如果物联网不再直接连接物品，而是通过人机交互界面输入物品的信息，则也就不再需要标识物品和自动传递物品信息。这样，物联网也就可以简化成为一般的网络系统，可以采用现代网络分层体系结构进行描述。所以，现在的互联网体系结构可以看作三个维度的物联网体系结构的特例。

运用物联网的三维体系结构模型可以分析和评价一个物联网的特征，可以判断一个网络系统是否属于物联网系统。例如一个网络系统仅仅连接和感知了物品，但是，并不具有智能应用，这就不属于一个完整的物联网。所以，传感器网络就不属于一个完整的物联网，它仅仅具有信息物品和自主网络的特征。

2. 三类功能部件的关系

物联网的三个功能维度就是物联网系统的三类组成部件，这些组成部件通过具体的物联网系统相互关联，例如通过智能交通系统或者智能电网可以关联这三类组成部件，这样，整个物联网的体系结构实际上构成了一个立体的结构（图 3–3）。三类物联网组成部

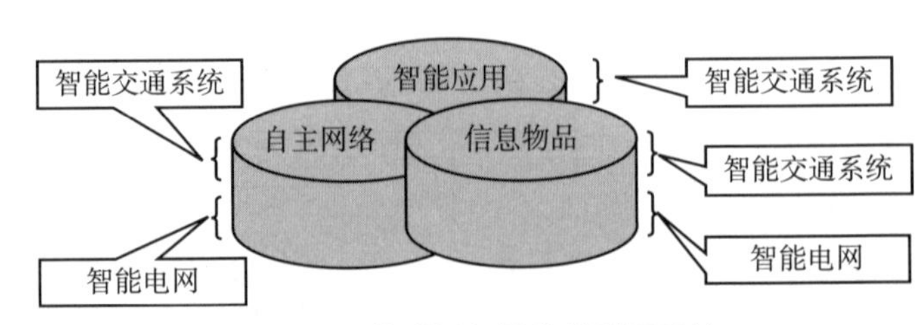

图 3–3　物联网与具体物联网系统

件采用三个立柱表示，三个立柱的每个水平层面代表了一个具体的物联网系统，三个立柱重叠的公共部分就是贯通各个具体物联网系统的物联网基础设施。图 3–3 表示了智能交通系统的层面和智能电网的层面，这两个系统都是具体的物联网系统，各自具有信息物品、自主网络与智能应用三个维度的组成部件。例如智能交通系统的信息物品功能部件包括机动车、非机动车和行人的标识以及这些物品的信息采集；自主网络功能部件包括机动车、非机动车和行人的自主接入网络、自主优化网络；智能应用功能部件包括车辆、行人智能导航，交通信号灯的自动控制。这些功能组成部件是智能交通系统中特有的，不同于智能电网中同类型的功能部件。

物联网不同于互联网，不存在通用的物联网系统，在实际应用中可以看到智能交通系统、智能电网、智能仓储等系统，这些系统可以抽象地称为物联网系统。所以，物联网必定是与应用领域相关的，在特定的应用领域，可以具体定义、设计和实信息物品、自主网络和智能应用类的功能部件。

物联网体系结构中三类功能部件之间都存在相互的关系，这三类功能部件之间的相互关系不同于互联网分层体系结构定义的功能部件之间的相互关系，这三类功能部件之间以及不再是一个分层的服务调用和服务提供的关系。如图 3–4 所示，信息物品需要依赖自主网络提供的接入网络服务，使得信息物品成为物联网系统可以识别、可以访问的物品；智能网络需要依赖于自主网络提供的数据传递、远地服务访问功能，实现网络环境下的数据传递和服务调用；自主网络需要依赖信息物品的标识，自动选择相关的网络接入协议和配置协议，提供接入信息物品的服务；自主网络需要依赖智能应用的需求，确定相应的服务质量以及可能的定制服务；智能应用需要依赖于信息物品的数据语义，进行相关的处理和决策，确定对于信息物品的操作；信息物品依赖于智能应用的需求，确定提供信息的类型以及可以执行的相关操作。

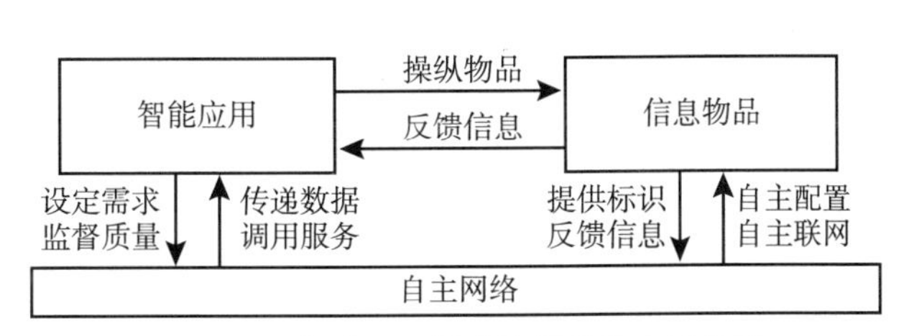

图 3–4　物联网三类功能部件的交互关系

从以上对物联网体系结构组成的三类功能部件的相互之间关系可以看出，物联网体系结构具有如下特征：物品可标识、应用智能化、网络自主化。

3. 物联网体系结构的应用

运用以上提出的物联网体系结构，可以分析现有的系统哪些属于物联网系统，哪些不属于物联网系统，可以分析哪些技术属于物联网技术，哪些技术不属于或者不完全属于物联网技术，可以明确哪些物联网系统和技术可以真正带动产业发展。

按照物联网的三维体系结构，物联网内在特征是由信息物品、自主网络和智能应用组合而成的。

物联网必须涉及物品，不能连接物品的网络不能作为物联网；同样，物联网必须依赖于互联网，即使人类有足够的财富和时间重新构造一个独立于现有互联网的物联网，如何能够保证人们可以通过互联网使用物联网中的数据？物联网离不开互联网的支撑；物联网涉及具体的物品，不同应用类型的物品具有不同的标识、信息采集和传递的方式，物联网必定是面向不同应用域的，只有识别了应用域，采用具体研究物联网。

表 3-1 从物品、网络和应用三个视图比较物联网、互联网和传感器的差异。从特征分析和比较可以看出：物联网≠无线传感器网络 + 互联网。

表 3-1　基于三维体系结构的物联网特征分析与比较

特征项	互联网	无线传感器网络	物联网
物品的标识	不可标识	可标识	必须标识
物品的感知	不可感知	可感知	必须感知
结点的有源性	有源结点	有源结点	无源 + 有源
联网覆盖范围	广域	局域	广域
联网结点数目	无限	受限	无限
联网方式	确定主干网 + 灵活接入	自组织	确定主干网 + 自主接入
联网时间约束	无约束	无约束	时序同步
联网数据处理	端结点	端结点，汇聚结点	所有结点
信息相关性	信息无关	信息相关	信息相关
应用相关性	应用无关	应用无关	应用相关
物品语义识别	不识别	端结点	端结点、汇聚结点
物品语义处理	不处理	端结点可选	端结点、汇聚结点
自反馈控制	无	端结点可选	多级自反馈

“物品的标识”表示是否具有对物品的标识能力，互联网不具备物品标识能力，物联网必须具有物品的唯一标识能力，无线传感器网络可以具有物品标识的能力；“物品感知”表示是否具有对物品的感知能力；“结点的有源性”表示连接的网络结点是否具备电源；联网的覆盖范围、结点数目和方式都是互联网中常用的概念。

"联网时间约束"表示网络系统对内部传递数据的时间约束，互联网没有约束，传感器网络也没有约束，物联网涉及实时控制，对于内部传递的数据具有严格的时序同步的限制；"联网数据处理"表示网络系统对于数据进行信息和应用处理的能力，互联网仅仅在端结点处理数据，无线传感器网络仅仅在端结点和汇聚结点，而物联网在所有结点都具有自主数据融合和处理的能力。

"应用相关性"是指除去网络系统本身的应用系统（例如电子邮件、文件传送等网络应用）之外的应用相关性。为了提高对于系统分析的细微程度，我们进一步把应用领域的相关性分成"信息相关性"和"应用相关性"。无线传感器网络具有信息相关性，不具有应用相关性，它仅仅是一种信息传感的网络，原则上不需要考虑不同应用的需求。为了避免概念的混淆，这里讨论的传感器定义为可以采集物体信息的装置。贴了无源电子标签的物体不作为一个传感器结点，基于传感器网络的物联网不包括 RFID 构成的物联网。

"物品语义识别"和"物品语义处理"表示网络结点对于物品数据的语义识别和处理的能力；"自反馈控制"表示网络结点对于数据处理的自主控制能力。

（三）物联网相关技术体系

1. 认知层相关技术

（1）无线射频识别技术（RFID）

自动识别技术主要包括以下几种：光符号识别技术、语音识别技术、生物计量识别技术、IC 卡技术、条形码技术和射频识别技术等。其中条形码技术在我们生活中应用的十分广泛，几乎在每件商品上都有条形码的身影。但是它也有例如读取速度慢、储存能力小。工作距离近等很明显的缺点。

近年来无线射频识别技术逐渐完善，它有许多独特的优势，例如防水防磁、读取速度快、储存能力强和识别距离远等，因此 RFID 能十分好的替代现有的条形码技术。特别是当有通信能力的 RFID 技术和赋予任何物体 IP 地址的 IPv6 技术相结合后，充分释放了它们二者的优点，使物联网所倡导的人和人、人和物、物和物的互联成为可能。

射频识别技术是利用射频信号通过空间耦合（交变磁场或电磁场）来实现无接触信息传递并通过所传递的信息来达到自动识别目的的技术。RFID 技术的雏形甚至可以追溯到第二次世界大战时期雷达系统为了区分敌我而使用的敌我飞机识别器（IFF）。20 世纪 60 年代，人类对 RFID 的研究正式拉开大幕。而随着大规模集成电路、可编程存储器、微处理器以及软件技术和编程语言的发展，RFID 技术才开始逐渐推广和部署在民用领域。

发达国家如美国、德国等在 RFID 技术上起步较早也发展较快，因而具有比较成熟和先进的 RFID 系统。而在中国，RFID 技术也已经广泛应用于铁路机车识别、二代身份证、危险品管理等多个领域。相信随着 RFID 产品种类的不断丰富和价格的逐渐降低，RFID 技术将更加大规模的应用到我们的生活中，深刻影响各行各业。

我们通常将 RFID 系统分为三个部分：阅读器、天线和电子标签。工作时，阅读器通过天线发出电子信号，标签在接收到信息后发射自己内部储存的信息，这些信息再通过天线被阅读器接收，最后再被主机所接收。阅读器和电子标签之间通过耦合元件实现信号的空间耦合，其方式有两种，即变压器模型的电感耦合和雷达模型的电磁反向散射耦合。

阅读器是 RFID 系统中最重要的组成部分，它的作用是通过天线主动向标签询问标识信息，因而在使用中经常把它和天线集成于一个设备。天线的作用是在阅读器和标签间传递射频信号，由于 RFID 系统的工作频率范围很广，主要的工作频率有 125kHz、13.56MHz、433MHz、2.45GHz 等，所以天线与标签间的匹配问题就十分重要。

标签是由芯片、微型天线和耦合元件组成的，它附在物体上，用来标识目标对象。当标签接收到阅读器发出的射频信号，利用感应电流的能量发出储存在芯片内的电子编码或主动发出信号。标签利用三种方式进行数据存储：电可擦可编程只读存储器（EEPROM）、铁电随机存取存储器（FRAM）和静态随机存取存储器（SRAM）。一般主要采用的方式是 EEPROM。而根据是否内置电源又可将标签分为三类：被动式标签、主动式标签和半主动式标签。

（2）传感器技术

传感器扩展了人感知周围环境的能力，是现代生活中人类获取信息的重要手段。最早的传感器早在 1861 年就已经出现。随着科技的进步，现代传感器走上了微型化、智能化和网络化的发展路线，其典型代表就是无线传感器节点。无线传感器节点与传统传感器最大的不同，就是它不仅包括传感器部件还集成了微处理器和无线通信芯片，因此无线传感节点不但能从外界获取信息还能对信息进行分析和传输。

1）线传感器网络

无线传感网是由大量微型、低成本、低功耗的传感器节点组成的多跳无线网络。它主要用于长期、实时、大规模、自动化的环境监测。随着节点软硬件技术的发展使节点的价格更加低廉，所以节点的部署也可以更加广泛，计算能力也可以更强更智能。一方面，传感器将朝着低价格、微体积的方向发展；另一方面，传感器将和智能手机、医疗设备等结合，朝着智能化、人性化的方向发展。而物联网的兴起也带给传感网新的发展契机。物联网将扩展传感网的应用模式，实现更透彻的感知、更深入的智能，实现“物物相联”。

2）新型传感器

传感器是节点感知物质世界的"感觉器官"，用来感知信息采集点的环境参数。传感器可以感知热、力、光、电、声、位移等信号，为物联网系统的处理、传输、分析和反馈提供最原始的数据信息。

随着电子技术的不断进步提高，传统的传感器正逐步实现微型化、智能化、信息化、网络化；同时，也正经历着一个从传统传感器（Dumb Sensor）→智能传感器（Smart Sensor）→嵌入式 Web 传感器（Embedded Web Sensor）不断丰富发展的过程。应用新理论、新技术，采用新工艺、新结构、新材料，研发各类新型传感器，提升传感器的功能与性能，降低成本，是实现物联网的基础。目前，市场上已经有大量门类齐全且技术成熟的传感器产品可供选择使用。

3）智能化传感网节点技术

所谓智能化传感网节点，是指一个微型化的嵌入式系统。在感知物质世界及其变化的过程中，需要检测的对象很多，例如温度、压力、湿度、应变等，因此需要微型化、低功耗的传感网节点来构成传感网的基础层支持平台。因此，需要针对低功耗传感网节点设备的低成本、低功耗、小型化、高可靠性等要求，研制低速、中高速传感网节点核心芯片，以及集射频、基带、协议、处理于一体，具备通信、处理、组网和感知能力的低功耗片上系统；针对物联网的行业应用，研制系列节点产品。这不但需要采用 MEMS 加工技术，设计符合物联网要求的微型传感器，使之可识别、配接多种敏感元件，并适用于主被动各种检测方法；另外，传感网节点还应具有强抗干扰能力，以适应恶劣工作环境的需求。重要的是，如何利用传感网节点具有的局域信号处理功能，在传感网节点附近局部完成一定的信号处理，使原来由中央处理器实现的串行处理、集中决策的系统，成为一种并行的分布式信息处理系统。这还需要开发基于专用操作系统的节点级系统软件。

（3）定位系统技术

位置信息是最重要的信息之一，具体而言它包括三大要素：所在的地理位置、处在该地理位置的时间、处在该地理位置的对象。可见位置信息的内涵十分丰富，可以根据时间、空间和人物信息制定个性化的服务。由于位置信息的重要性，如何获取位置信息就成为物联网时代一个重要的课题。随着几十年来技术的发展，人类开发出了一些比较成熟的定位系统，是定位变得越来越简单。

1）GPS

GPS（Global Positioning System）是目前世界上最常用的卫星导航系统。GPS 计划开始于 1973 年，是由美国国防部领导研制的。在 1994 年由 24 颗工作卫星组成的 GPS 卫星星座网组网成功，从此 GPS 正式投入使用。

GPS 主要由三大部分组成：宇宙空间部分、地面监控部分和用户设备部分。

GPS 定位的原理很简单，首先测出接收机与三颗卫星之间的距离，然后利用三点定位方式得到接收机的位置。在 GPS 系统中，根据卫星的空间位置和到接收机的距离可以做出一个球面，三个卫星就有三个球面，这样在空间中三个球的交集就是两个点，而距离地面近的点就是接收机的位置。然而在实际的应用中，由于参考卫星和接收机的距离是由发送和接收的时间差乘以光速来确定的，这就导致微小的时间测量误差就会导致位置误差很大。因此实际上需要借助至少四颗卫星。

由于 GPS 在军事和民用方面的巨大作用，为了避免受制于人，其他国家也陆续展开了自主的卫星导航系统的研究和部署。目前已经投入使用的有俄罗斯的 GLONASS 系统和我国的北斗一号区域性导航系统。欧盟的伽利略系统预计将在 2014 年投入使用。我国正在建设自主研发的北斗二号系统，届时将可以实现全球范围的导航覆盖。

2）蜂窝基站定位 GPS

蜂窝基站定位 GPS 系统虽然应用十分广泛，但是它也有弊端，例如在室内的定位效果就十分不理想，而且定位速度比较缓慢。而且并不是所有的移动设备都配备了 GPS 模块，此外有时对定位的精度需求并不是特别高。因此人们需要用蜂窝基站定位来作为 GPS 系统的补充。

在通信网络中，通信区域被划分成一个一个蜂窝小区，通常每一个小区有一个基站。目前大部分的 GSM、CDMA、3G 等通信网络均采用了蜂窝网络架构，在移动通信时，设备是始终与一个基站联系的。蜂窝基站定位也就是利用了这种广泛采用的蜂窝网络。

蜂窝基站定位的方法有许多种。最简单的是 COO 方法，它只利用一个基站，因此误差范围相当大，但优点是定位速度快，适用于情况紧急的场合。在多基站定位法中，常用的是 ToA 和 TDoA。前者的原理类似于卫星定位系统；后者则是利用信号到达基站的时间差来通过方程求解位置，因此减少了时间不一致所带来的误差。这两种方法都至少需要三个基站。除此之外，还有只利用两个基站的 AoA 定位法和利用信号强度的 RSS 定位法。

3）无线室内定位

由于室内的障碍物较多，而且 ToA/TDoA 等技术需要比较昂贵的硬件支持，因此前面的定位方法就产生了局限性。现在大部分室内定位系统都基于信号强度即 RSS。这种方法不依赖于专门的定位设备，利用已建好的蓝牙、WiFi、ZigBee 等就可以进行定位，十分方便和经济实惠。

除了以上三类比较成熟的定位系统，随着技术的发展又产生了一些新的定位系统。包括通过 GPS 和蜂窝基站结合进行定位的 A-GPS 定位以及通过 WiFi 接入点进行定位的无线 AP 定位。

定位技术发展了几十年，已经相对比较成熟，而物联网的兴起又对定位技术带来了新的挑战。首先物联网环境下接入网络的设备五花八门，连接它们的网络也是各式各样，在如此复杂的环境下准确定位是一个很大的挑战。其次，如何在物联网环境下保护信息和隐私的安全也是一大课题。最后，在物联网时代如果算上 RFID 标签等，接入网络的设备可达数百亿。在如此大的数量下保障网络和设备的正常运行也是对现有技术很大的挑战。不过更大的挑战也意味着更大的机遇，利用定位技术和物联网发展，人类必将受益匪浅。

（4）智能信息设备

现在人们的生活中充斥着大量的智能设备。传统的智能设备有个人计算机（PC）和个人数字处理（PDA）等。而随着物联网带来的信息空间和物理空间的融合，又应运而生了许多新型的智能设备。包括应用于智能交通的车载设备、在大型场所的数字标牌、智能医疗领域的医疗设备和智能电视、智能手机等。

随着物联网的发展，智能设备呈现出三个发展趋势，即更深入的智能化、更透彻的感知和更全面的互联互通。

更深入的智能化：包含横向智能化和纵向智能化两层含义。前者是指传统意义上的通过个体设备性能的提升来实现的智能化；后者是指通过把单个设备融入整个智能系统中来实现智能化。而为了实现更深入更广泛的智能化，必须要更透彻的感知。

更深入的智能化：是物联网向物理世界的延伸，包含两个层面：主动感知和被动感知。前者是传统的通过传感器来实现对外部世界信息的感知；后者则是设备主动向周围广播自身的功能和状态，以便与环境中的其他设备更好的协作。

更全面的互联互通：只有实现更全面的互联互通才能实现更深入的智能化和更透彻的感知。设备之间通过网络广泛的互联互通在实现信息共享的同时也有利于相互协作完成任务。许多的设备连接起来形成一个功能强大的设备群，能释放出更大的潜力。

2. 节点组网及通信网络技术

根据对物联网所赋予的含义，其工作范围可以分成两大块：一块是体积小、能量低、存储容量小、运算能力弱的智能小物体的互联，即传感网；另一块是没有约束机制的智能终端互联，如智能家电、视频监控等。目前，对于智能小物体网络层的通信技术有两项：一项基于 ZigBee 联盟开发的 ZigBee 协议，实现传感器节点或者其他智能物体的互联；另一项技术是 IPSO 联盟倡导的通过 IP 实现传感网节点或者其他智能物体的互联。在物联网的机器到机器、人到机器和机器到人的数据传输中，有多种组网及其通信网络技术可供选择，目前主要有有线（如 DSL、PON 等）、无线包括 CDMA、通用分组无线业务（General Packet Radio Service，GPRS）、IEEE802.11a/b/gWLAN 等通信技术，这些技术均已相对成熟。在物联网的实现中，格外重要的是传感网技术。

（1）传感网技术

传感网（WSN）是集分布式数据采集、传输和处理技术于一体的网络系统，以其低成本、微型化、低功耗和灵活的组网方式、铺设方式以及适合移动目标等特点受到广泛重视。物联网正是通过遍布在各个角落和物体上的形形色色的传感器节点以及由它们组成的传感网，来感知整个物质世界的。目前，面向物联网的传感网，主要涉及以下几项关键技术。

1）传感网体系结构及底层协议

网络体系结构是网络的协议分层以及网络协议的集合，是对网络及其部件所应完成功能的定义和描述。因此，物联网架构什么样的体系结构及协议栈，如何利用自治组网技术，采用什么样的传播信道模型、通信协议、异构网络如何融合等是其核心技术。对传感网而言，其网络体系结构不同于传统的计算机网络和通信网络。对于物联网的体系结构，已经提出了多种参考模型。就传感网体系结构而言，也可以由分层的网络通信协议、传感网管理以及应用支撑技术三个部分组成。其中，分层的网络通信协议结构类似于 TCP/IP 协议体系结构；传感网管理技术主要是对传感器节点自身的管理以及用户对传感网的管理；在分层协议和网络管理技术的基础上，支持传感网的应用支撑技术。

2）协同感知技术

协同感知技术包括分布式协同组织结构、协同资源管理、任务分配、信息传递等关键技术，以及面向任务的动态信息协同融合、多模态协同感知模型、跨层协同感知、协同感知物联网基础体系与平台等。只有依靠先进的分布式测试技术与测量算法，才能满足日益提高的测试、测量需求。这显然需要综合运用传感器技术、嵌入式计算机技术、分布式数据处理技术等，协作地实时监测、感知和采集各种环境或监测对象的信息，并对其进行处理、传输。

3）对传感网自身的检测与自组织

由于传感网是整个物联网的底层及数据来源，网络自身的完整性、完好性和效率等性能至关重要。因此，需要对传感网的运行状态及信号传输通畅性进行良好监测，才能实现对网络的有效控制。在实际应用当中，传感网中存在大量传感器节点，密度较高，当某一传感网节点发生故障时，网络拓扑结构有可能会发生变化。因此，设计传感网时应考虑自身的自组织能力、自动配置能力及可扩展能力。

4）传感网安全

传感网除了具有一般无线网络所面临的信息泄漏、数据篡改、重放攻击、拒绝服务等多种威胁之外，还面临传感网节点容易被攻击者物理操纵，获取存储在传感网节点中的信息，从而控制部分网络的安全威胁。这显然需要建立起物联网网络安全模型来提高传感网的安全性能。例如，在通信前进行节点与节点的身份认证；设计新的密钥协商算法，使得即使有一小部分节点被恶意控制，攻击者也不能或很难从获取的节点信息推导出其他节点的密钥；对传输数据加密，解决窃听问题；保证网络中传输的数据只有可信实体才可以访问；采用一些跳频和扩频技术减轻网络堵塞等问题。

5）ZigBee 技术

ZigBee 技术是基于底层 IEEE802.15.4 标准，用于短距离范围、低数据传输速率的各种电子设备之间的无线通信技术，它定义了网络 / 安全层和应用层。ZigBee 技术经过多年的发展，其技术体系已相对成熟，并已形成了一定的产业规模。在标准方面，已发布 ZigBee 技术的第 3 个版本 V1.2；在芯片技术方面，已能够规模生产基于 IEEE802.15.4 的网络射频芯片和新一代的 ZigBee 射频芯片（将单片机和射频芯片整合在一起）；在应用方面，ZigBee 技术已广泛应用于工业、精确农业、家庭和楼宇自动化、医学、消费和家居自动化、道路指示 / 安全行路等众多领域。

（2）核心承载网通信技术

目前，有多种通信技术可供物联网作为核心承载网络选择使用，可以是公共通信网，如 2G、3G/B3G 移动通信网、互联网（Internet）、无线局域网（Wireless Local Area Network，WLAN）、企业专用网，甚至是新建的专用于物联网的通信网，包括下一代互联网。

在市场方面，目前 GSM 技术仍在全球移动通信市场占据优势地位；数据通信厂商比较青睐无线高保真（Wireless Fidelity，WiFi）、WiMAX、移动宽带无线接入（Mobile Broadband Wireless Access，MBWA）通信技术，传统电信企业倾向使用 3G 移动通信技术。WiFi、WiMAX、MBWA 和 3G 在高速无线数据通信领域都将扮演重要角色。这些通信技术都具有很好的应用前景，它们彼此互补，既在局部会有部分竞争、融合，又不可互相替代。

从竞争的角度来看，WiFi 主要被定位在室内或小范围内的热点覆盖，提供宽带无线数据业务，并结合 VoIP 提供语音业务；3G 所提供的数据业务主要是在室内低移动速度的环境下应用，而在高速移动时以语音业务为主。因此两者在室内数据业务方面存在明显的竞争关系。WiMAX 已由固定无线演进为移动无线，并结合 VoIP 解决了语音接入问题。WBMA 与 3G 两者存在较多的相似性，导致它们之间有较大的竞争性。

从融合的角度来看，在技术方面 WiFi、WiMAX、MBWA 仅定义了空中接口的物理层和 MAC 层，而 3G 技术作为一个完整的网络，空中接口、核心网以及业务等的规范都已经完成了标准化工作。在业务方面，WiFi、WiMAX、WBMA 提供的主要是具有一定移动特性的宽带数据业务，而 3G 最初就是为语音业务和数据业务共同设计的。双方侧重点不同，使得在一定程度上需要互相协作、互相补充。WiFi、WiMAX、MBWA 和 3G/B3G4 类无线通信技术的对比如表 3–2 所示，其中 3GPP2 表示第三代合作伙伴计划，主要制定以 ANSI–41 核心网为基础、CDMA2000 为无线接口的移动通信技术规范。

未来的无线通信系统，将是多个现有系统的融合与发展，是为用户提供全接入的信息服务系统。未来终端的趋势是小型化、多媒体化、网络化、个性化，并将计算、娱乐、通信等功能集于一身。移动终端将会面向不同的无线接入网络。这些接入网络覆盖不同的区域，具有不同的技术参数，可以提供不同的业务能力，相互补充、协同工作，实现用户在无线环境中的无缝漫游。

表 3–2　无线通信技术（WiFi、WiMAX、MBWA 和 3G/B3G）比较

	WiFi	WiMAX	MBWA	3G、4G/B3G
标准组织	IEEE802.11	IEEE802.16	IEEE802.20	3GPP，3GPP2
多址方式	CCK，OFDM	OFDM，OFDMA	FLASH–OFDM，FH	CDMA
工作频段	2.4GHz（免许可）	2 ~ 11GHz(部分免许可)	< 3.5GHz	2GHz 频段（需要许可）
最高传输速率	54Mb/s	> 70Mb/s	3Mb/s，16Mb/s	100Mb/s，14Mb/s
覆盖范围	微蜂窝（< 300m）	宏蜂窝（< 50km）	宏蜂窝（< 30km）	宏蜂窝（< 7km）
信道带宽	22/20MHz	> 5MHz	1.25MHz	1.25 ~ 5MHz
移动性	步行	120km/h（802.16e）	250km/h	高速移动
频带利用率	$< 2.7b \cdot s^{1}/Hz$	$< 3.75b \cdot s^{1}/Hz$		$< 1.6b \cdot s^{1}/Hz$
QoS 支持	不支持	支持	支持	支持
终端	PC 卡	PC 卡、智能信息设施		手机、PDA、PC 卡
业务	语音、数据	语音、数据、视频	数据、IP 语音	语音、数据

1）互联网

互联网诞生于20世纪60年代的美国大学实验室，现在经过了40余年的发展互联网已经深入了我们生活的方方面面，未来互联网亦是实现物联网中物与物之间更全面的互联互通的最重要也是最主要的途径。在物联网时代，任何一个具有感知能力或是贴附有RFID标签的物体都可以接入到网络中。

互联网最主要的作用就是使设备在可以在相当远的距离相互传输信息和数据。要实现数据的传输，前提条件是发送端和接收端都接入了网络。网络的接入方式有很多种，常见的有互联网普及初期的电话线拨号上网；基于普通电话线的宽带接入方式（DSL）；以太网接入方式；利用电力线来传输的新型接入方式；以WiFi为代表的短距无线接入方式等。

在终端接入网络后，数据从发送端发送到接收端的过程称为数据交换。根据交换方式的不同可以吧数据交换分为三种：电路交换、报文交换和分组交换。其中分组交换由于其具有效率高等显著优点是现在也会是未来的物联网时代最主流的交换技术。

分层结构

互联网是一个非常复杂和庞大的系统，因此需要分层结构来管理和组织。按照功能将互联网分为五层，即应用层、传输层、网络层、链路层和物理层，使每层需要解决的问题相对集中。为了解决不同分层面对的问题，对每一层都有一些专门的通信协议，例如HTTP、TCP、IP等。

应用层是我们日常接触最多的分层，数据处理的基本单位是报文。常用的HTTP（网页文本传输）、FTP（文件传输）、DNS（域名解析）等都属于应用层。应用层为互联网提供了一个面向用户的上层接口，使互联网有很强的扩展性，能为用户提供应用和服务。

传输层负责网络中终端间的数据传输，它的数据处理的基本单位是数据段。传输层主要包含了TCP和UDP两个端到端的传输协议。它们能将应用层产生的报文进行包装并传向下一层，在逻辑上实现发送端的应用程序和接收端的应用程序成功地进行数据传输。

网络层的功能是将发送端传输层产生的数据段成功传送到接收端，数据处理的基本单位是数据包。本层中最常见的协议是IP协议。IP协议通过IP地址的标示和路由算法的参与，可以实现将数据包从发送端发出，通过路由器最终到的接收端。IPv4是当前的主流，其理论上有2^{32}个地址，但是由于需要接入网络设备的剧增，IPv4地址面临枯竭的危险。为了突破这一限制，人们探索出了新的协议方案，即IPv6。IPv6地址理论上有2^{128}个，如此巨大的地址数量为物联网时代大量终端设备的联网扫清了障碍。

链路层主要负责两个直接相连设备的直接通信，数据处理的基本单位是帧。网络层中实现的终端到终端间的传输，实际上是由链路层一次一次的直接传输组成的。其直接相连方式可以是有线也可以是无线。

物理层负责将链路层中产生的数据帧按比特的顺序，从一个网络元件沿着传输介质发送到另一个与其相连的网络原件。物理层位于整个协议的最底层，其数据处理的基本单位是比特。

互联网与物联网

现有的互联网上，连接网络的主要还是人控制的各种设备，例如 PC、手机等。但是随着 IPv6 对地址数量的大幅扩展，联网终端理论上可以拓展到任何物体。在未来有可能像冰箱空调等设备也能连入网络中，这就是人们憧憬的“物物互联”的物联网时代。

物联网是现有互联网的拓展，但并不是简单地升级。物联网大幅拓展了网络的接入设备和方式，其目的也不再仅仅是实现终端间被动的数据传输。物联网的目的是使物与物、物与人之间的互联可以更加的智能，可以主动的交互和分析信息。互联网技术的升级为物联网的实现提供技术支持和应用平台；反之物联网上的新型应用也会促进互联网的发展。

2）无线宽带网络

最近几年，随着手机和笔记本电脑等的普及，可以无线上网的设备数量已经有逐步超过固定设备的趋势。无线上网设备消除了对终端位置的限制，也节约了相应的传输设备成本，因此人们可以用相对低廉的价格在有无线网络信号覆盖的地方享受到网络的便利。物联网要做到世界上任何一个物体，不管是汽车、飞机还是手机、传感器都有址可循、可以相连，高速并廉价的无线网络支持的必须的条件。而随着技术的发展和普及，覆盖范围广、传输速度快的无线宽带技术必将在物联网时代占据重要的位置。

无线网络的基本元素包括无线网络用户、无线连接和基站。而基于采用技术和协议传输范围的不同，可以讲无线网络分为四类，即无线广域网、无线城域网、无线局域网和无线个人局域网。四种网络均有各自的优点和适用范围。

WiFi 与 WiMAX

现如今无线局域网 WiFi 已经成为人们生活中访问网络的重要手段之一，它可以在一个比较小的范围内，例如家庭，餐厅等，为用户提供上网服务。在之前有许多的无线局域网协议标准，这给人们的使用带来了很大不便。随着 WiFi 协议这几十年的发展，现在 802.11a/b/g/n 已经成为主流的 WiFi 协议。

WiMAX 技术旨在为更广阔区域内的无线网络用户提供高速的无线传输服务。其视线覆盖范围可达到 112.6 千米，非视线覆盖范围可达到 40 千米，带宽可达到 70Kb/s，与之相应的是一系列 802.16 协议。WiMAX 无线城域技术不但能向固定和移动的用户提供宽带无线服务，还可以用于连接 WiFi 接入点和互联网，通过此可以提供类似校园内的无线网络覆盖。

无线与物联网

无论是 WiFi 还是 WiMAX 都在现实生活中得到了越来越广泛的应用。对于网络运营商来说，WiFi 的载波频率属于免费的公共频段，而且每个接入点可以为多个用户提供宽带服务。因此广大运营商都十分重视这种低价却高效的互联网接入技术。

像北京、上海这样的大城市已经提出了建立“无线城市”的概念。其中，WiMAX 是骨干网络构架的重要组成部分，WiMAX 基站和互联网通过高速回程连接相连，WiMAX 基站和众多 WiFi 接入点相连，这种 WiMAX 和 WiFi 相结合的方式可以为整个城市提供无线宽带连接服务。

无线宽带网络在网络互联中起到了越来越重要的作用。特别是在物联网时代，当众多智能和非智能、可动的和固定的、大型的和小型的设备都要连接入网络是，无线宽带技术将成为所谓的“最后一公里”传输的重要组成部分。

3）无线低速网络

物联网的追求是全面的互联互通，这就意味着除了传统意义上的电脑手机等具有较高智能的物体，还有许多简单的、智能程度较低的物体也需要相互之间的联通。但是这些低智能设备很难像互联网一样通过路由器、交换机等设备有组织的级联起来。因此除了高速的网络协议，相应的还必须要有低速的网络协议。这些网络协议能够适应物联网中那些能力较低的节点的低速率、低通信半径、低计算能力和低能量来源的特征。

低速网络协议有很多种，目前使用比较广泛的是蓝牙、红外以及最近发展起来的 802.15.4/ZigBee 协议。

蓝牙是一种典型的短距离无线电通信技术，主要应用在手机、个人计算机和无线外围设备如鼠标、键盘中。此外在 GPS 设备和医疗器械等领域也都有应用。蓝牙最早于 1994 年由爱立信公司开发，采用调频技术，频段为 2.402 ~ 2.480GHz，速率能达到 1Mb/s 左右，新的标准可以支持超过 20Mb/s 的速率。蓝牙作为一种短距离低功耗的传输协议，与传统的 WiFi 协议还是有区别的。首先是定位目标不一样，蓝牙主要是针对一些功耗较小，对带宽要求也较少的设备，例如耳机、鼠标等。而 WiFi 的定位是为了取代网络中的有线传输设备，真正实现从有线到无线的转变。由此可见，在有些条件下，蓝牙是实现比较简单和轻便的互联的十分有效手段。

红外是利用红外线来传输数据的比较早期的无线通信技术。红外通信采用 875nm

左右波长的光波通信，有效距离一般在几米。红外通信有体积小、成本低、功耗低、无需频率申请等优势。但是由于波长短，受障碍物的影响很大，因此两个设备做红外连接时必须相互可见。正是由于这些缺点，红外技术正在逐渐被蓝牙和 WiFi 取代。

无线传感网是物联网的一个典型应用，802.15.4/ZigBee 协议是最早出现在无线传感网领域的无线通信协议。同互联网的协议构架相似，从协议栈的角度看 802.15.4/ZigBee 协议也包括五层模型，即：物理层、介质访问控制层、网络层、传输层和应用层。其中 802.15.4 主要规定了物理层和链路层的规范，物理层包括射频收发器和底层控制模块，介质访问控制层为高层提供了访问物理信道的服务接口。ZigBee 主要提供了在物理层和链路层之上的网络层、传输层和应用层规范。

低速网络和高速网络：

正像之前所说的，高速网络 WiFi 协议有着更高的带宽，更远的通信距离和更高的传输速率，因此相应的耗电量也更高。但是由于无线高速网络的初衷是为了替换有线设备，因而在设计高速协议时能量的消耗不是一个主要考虑的问题。

但是在物联网应用层面，很多连入网络的终端并不一定都有着稳定的能量供应和强大的计算能力，比如像典型的无线传感网，这种相对数据规模较小且能力相对较弱的物体就不需要使用高速率高能耗的高速网络协议。可见物联网的出现，大大丰富了可以连入网络的设备数量。而让这些设备全用一种协议显然是不合适的，因此低速网络和高速网络的同时使用是一种必然的现象。

然而在两种速率的网络共同使用的现实下，如何连接这两种网络协议也成为物联网应用需要解决的问题。同时，在互联网领域出现了 IPv6 协议，它也正在逐渐移植到低速网络协议上，即 6LoWPAN，其目的是连接运行 IPv6 告诉互联网协议的网络和运行低速协议的其他网络。

4）移动互联网

所谓的移动互联网，就是将移动通信和互联网二者结合起来。对于一些很难建立起 WiFi 等无线网络的环境下，利用手机信号传输是很好的选择。相比于前两代移动通信服务，3G 能利用其在传输声音和数据上的速度优势，提供包括网页浏览、视频会议、电子商务、电视直播等原来多数只存在于互联网上的应用服务。对于未来的物联网发展，庞大的 3G 用户群是必不可少的，而且 3G 的许多便捷服务更是物联网服务最基本的保证。

另外，随着 4G 的逐渐成熟，人们已经越来越多的把目光投向 5G 市场。5G 的研究还没有柳暗花明，在研究和应用的过程中还会有很多的困难。但是可以预见的是，一旦 5G 技术被各个行业正式采用，其高带宽和高智能性或许可以解决物联网的物物通信所带来的大量数据的传输问题，这将给社会、企业和家庭带来全新的管理模式。

3. 管理层相关技术

（1）数据库技术

物联网的发展使信息的收集变得更加全面和迅速，于是就需要更有效的手段对信息进行储存和组织，并提供便捷的查询。这就用到了已经有着半个世纪历史的数据库技术。

在 20 世纪 60 年代，诞生了以 IBM 的 SABRE 为代表的一些成功的早起数据库系统。这些系统在今天看来虽说很落后，但是在当时的时代背景下仍然是十分先进且有实际作用的。由于这些数据库如果要访问想要的内容，需要遍历整个数据库，这就是在其数据库最大的缺陷。而这类早期数据库被统称为“导航式数据库”。

到了 70 年代，为了改变早期数据库的弊端，IBM 的 Codd 进行了一系列研究并最先提出了数据库逻辑组成与物理储存结构分离的思想，这为关系数据库的发展奠定了基石。此后加州大学伯克利分校开发的 Ingres 和 IBM 开发的 SystemR 引领了关系数据库几十年的发展历史，以至于如今大部分的商用数据库都出自二者。关系数据库的优点主要有以下几个：高度的数据独立性；开放的数据语意、数据一致性、数据冗余性；灵活的自定义操作语言。

关系数据库的应用取得了巨大的成功，但是它也是有缺点的，主要体现在：缺乏对真实世界实体的有效表达；缺乏对复杂查询的有效处理；缺乏对 Web 应用的有效支持。因此关系数据库在 CAD、CAM、GIS 和动态网页等方面产生了局限性。鉴于此，很多科学家开始研究被称为“NoSQL”的非关系数据库来弥补关系数据库的这些缺陷，并且一些知名的开源 NoSQL 数据库已经在 Facebook 等社交网站开始应用。但是需要注意的是 NoSQL 并不是取代关系数据库，而是要弥补一些关系数据库遇到的瓶颈。在传统的数据处理领域关系数据库的地位依然无可替代。

1）数据融合与处理

所谓数据融合，是指将多种数据或信息进行处理，组合出高效、符合用户要求的信息的过程。在传感网应用中，多数情况只关心监测结果，并不需要收到大量原始数据，数据融合是处理这类问题的有效手段。例如，借助数据稀疏性理论在图像处理中的应用，可将其引入传感网数据压缩，以改善数据融合效果。

数据融合技术需要人工智能理论的支撑，包括智能信息获取的形式化方法，海量数据处理理论和方法，网络环境下数据系统开发与利用方法以及机器学习等基础理论。同时，还包括智能信号处理技术，如信息特征识别和数据融合，物理信号处理与识别等。

2）数据融合与智能技术

由于物联网应用是由大量传感网节点构成的，在信息感知的过程中，采用各个节点单独传输数据到汇聚节点的方法是不可行的，需要采用数据融合与智能技术进行处理。因为网络中存有大量冗余数据，会浪费通信带宽和能量资源。此外，还会降低数据的采集效率和及时性。

3）数据库与物联网

无线传感网是物联网的一个重要组成部分，它的一个重要特点是以数据为中心。无线传感网的数据具有以下的特点：

海量性假设有一个拥有 100 个传感器的传感网，而每个传感节点每分钟只传回 1Kb 的数据，那么每天的数据量就达到 1.4GB。如果是一些大型的敏感的传感网，每天的数据量可达 1TB 以上。至于未来物物互联的物联网时代，产生的数据就是十分庞大的数量。因此物联网数据具有海量性。

多态性物联网的应用包罗万象，产生的数据自然也是多种多样。有温度、湿度等环境数据；有视频、音频等多媒体数据；还有与用户交换信息的结构化数据，等等。数据的多态性必然增加数据的复杂性，不同网络产生的数据格式可能不同，就算是相同类型的数据也会有单位和精度的差别，一个测量在不同的时间也在变化。因此物联网数据具有多态性。

关联性及语义性物联网中的数据都不会是相互独立的。描述同一个实体的数据在时间上具有关联性；描述不同实体的数据在空间上会有关联性；描述实体的不同维度之间也具有关联性。而不同的关联性组合会产生丰富的语义，可以通过数据在时间或空间或维度上的关联性推断出实体的变化。

由上可见，数据库技术在物联网时代还应该能储存海量的数据，并快速处理用户的查询，以及消除查询结果中的冗余和不确定性。

（2）海量信息储存

计算机和网络技术的发展，社会信息化程度的提高，使得各种数据信息以一种难以置信的速度增加。而随着物联网技术的蓬勃发展，如果实现期望中的“物物互联”，各种物体所产生的信息量将在现基础上进一步爆炸式增长。而且物联网还要求有更高的智能，更强的数据挖掘和分析能力，因此物联网必然需要适合其特点的海量数据储存技术。

1）网络存储体系结构

直接附加储存直接附加储存是指将储存系统通过线缆直接与服务器或工作站相连。

直接附加储存的主要特点是在储存设备和主机总线适配器间不存在交换机和路由器等网络设备。直接附加储存实现了从计算机内储存到储存子系统的跨越，其优点在于管理容易、成本较低、结构也相对简单。但是随着快速的存储设备和网络技术的出现，服务器和多次存储转发的开销严重制约系统性能。另一方面，由于直接附加储存设备间相互孤立，导致对储存资源的利用率低，资源的共享能力差。

网络附加储存网络附加储存是一种文件级的计算机数据存储构架。在网络附加储存中计算机连接到一个仅为其他设备提供基于文件级数据存储服务的网络。网络附加储存包括储存期间和专用服务器。直接附加储存和网络附加储存有着本质上的区别。前者是一种对已有服务器的简单扩展，并没有实现真正的网络互连。后者则是将网络作为储存实体，更容易实现文件级别的共享。而且网络附加储存内在的 RAID 和集群储存能力增强了数据的可访问性。但是由于网络附加储存的性能严重依赖于网络中的流量。所以当用户数量过多、读写操作过于频繁或计算机处理能力不足时，它的性能就会受到限制。

储存区域网络储存储区域网络（SAN）是一种通过网络方式连接储存设备和应用服务器的存储构架。它为了实现大量原始数据的传输而进行了专门的优化。存储区域网络由服务器、存储设备和 SAN 连接设备组成。SAN 的一个重要特点是存储共享。存储共享能使得多个服务器将他们的私有存储空间合并为磁盘列阵，不仅简化了对存储的管理，还有利于提高存储容量的利用率。SAN 和网络附加存储有很多相似之处，但 SAN 只支持储存块级别的操作，并没有直接提供文件级别的访问能力。有一种变通的方法是在 SAN 上建立文件系统来提供对文件的抽象。

2）海量数据智能分析与控制

海量数据智能分析与控制是指依托先进的软件工程技术，对物联网的各种数据进行海量存储与快速处理，并将处理结果实时反馈给网络中的各种“控制”部件。智能技术就是为了有效地达到某种预期目的和对数据进行知识分析而采用的各种方法和手段：当传感网节点具有移动能力时，网络拓扑结构如何保持实时更新；当环境恶劣时，如何保障通信安全；如何进一步降低能耗。通过在物体中植入智能系统，可以使得物体具备一定的智能性，能够主动或被动地实现与用户的沟通，这也是物联网的关键技术之一。智能分析与控制技术主要包括人工智能理论、先进的人—机交互技术、智能控制技术与系统等。物联网的实质性含义是要给物体赋予智能，以实现人与物的交互对话，甚至实现物体与物体之间的交互对话。为了实现这样的智能性，需要智能化的控制技术与系统。例如，怎样控制智能服务机器人完成既定任务，包括运动轨迹控制、准确的定位及目标跟踪等。

3）数据中心

数据中心是一整套复杂的设施。它不仅仅包括计算机系统和其他与之配套的设备（如通信和存储系统），还包括冗余的数据通信连接、环境控制设备、监控设备以及各种安全装置。数据中心起源于计算机工业早期的大型计算机。大型计算机计算能力很强，但也有操作维护困难和对环境要求高等缺点。

随着微型机时代的到来，计算机对环境的要求降低，价格也下降，随着技术发展分布式系统登上历史舞台。20 世纪 90 年代廉价网络设备的诞生，使人们开始设计使用层次化的方案对大型的微型机（服务器）进行管理，在此时“数据中心”概念开始逐渐被人们认可。随着互联网产业的发展，日益增长的大规模在线应用和企业级基础服务的需求促使十万级甚至百万级服务器的数据中心诞生。

（3）物联网搜索引擎

随着互联网的快速发展，每时每刻都有庞大的信息在网络上交互。如何高效地检索互联网上的信息成为一个时代需求和技术挑战。Web 搜索引擎的出现正解决了上述问题。Web 搜索引擎是一个能够在合理的响应时间内，根据用户的查询关键词，返回一个包含相关信息的结果列表服务的综合体。传统 Web 搜索引擎是基于查询关键词的，对于相同的关键词，会得到相同的查询结果。它的基本结构由三部分组成：网络爬虫模块、索引模块和搜索模块。

网络爬虫模块主要是通过对 Web 页面的解析，根据 Web 模块之间的连接关系抓取这些页面，并储存页面信息交给索引模块处理。索引模块主要完成对于抓取的数据进行预处理建立关键字索引以便搜索结果输出的功能。搜索模块对于用户的关键字输入，根据数据库的索引知识给出合理的搜索结果。

1）搜索引擎体系结构

信息采集信息采集作为 Web 搜索引擎的重要模块，其主要功能是在 Web 上收集页面信息，也就是 Web 机器人（爬虫）程序。一个基础的网络爬虫程序的结构，首先网络爬虫程序从 URL 链接库里读取一个或多个 URL 作为初始输入，根据初始输入的 URL 进行域名解析，之后根据域名解析的结果访问 Web 服务器，建立相应的 TCP 连接，发送请求，接受应答，储存接收的数据，并分析提取链接信息（URL）放入 URL 连接库里。爬虫程序递归的执行这个程序知道 URL 链接库为空。Web 上的海量数据具有动态性，即使是世界上最强大的搜索引擎也不能够全面及时地获取所有的页面。有效快速地抓取重要的页面是 Web 搜索引擎所要解决的问题。对于一个设计良好的爬虫程序需要保证优先抓取那些重要的页面，以便有比较可靠的响应速度。

索引技术 Web 爬虫取回的页面信息，需要放入索引数据库里。索引建立的好坏对于搜索引擎有很大的影响，优秀的索引能够显著的提高搜索引擎系统运行的效率及检索结果的品质。文本分析技术是建立数据索引信息的支撑技术，它包含：关键索引项提出、自动摘要生成、自动分类器、文本聚类等，文本分析的对象包括词汇、HTTP 文本标记和 URL 等。

搜索服务搜索服务是 Web 搜索引擎工作流程的最后一步，根据用户提交的查询关键词展开搜索，将匹配的结果返回给用户。对于自然语句的搜索输入，则首先根据分词结果提取关键词集合，然后生成每个页面对于关键词集合的相关度表示，并返回匹配的搜索结果。搜索服务的好坏直接影响了 Web 搜索引擎的用户满意程度。

2）物联网搜索引擎

在物联网时代，大量的设备互联互通，海量的信息生成传输，这些都为传统的 Web 搜索引擎提出了挑战。首先网络接入设备的多样化造成了信息生成方式的多样化。如何高效地组织和管理信息是物联网搜索引擎的重中之重。另一方面，用户的查询模式也发生了转变，对搜索引擎的智能有了更高的期待。

传统 Web 搜索引擎主要是从各种智能设备上抓取人工生成的信息。而在物联网时代，搜索引擎需要和各种物理对象紧密结合，主动识别物体并提取有用的信息，或者组合相邻的智能或非智能设备，使他们具有联合性，创造更大的信息价值。一种有效的方式是由被动的使用爬虫寻找信息，改为信息设备主动地发布有用的信息。搜索引擎可以与信息提供者开展紧密合作，通过订阅或者类似模式获取信息，以保证信息的准确性、安全性和及时性。

从用户的角度来看，人们不再满足于坐在办公室里通过计算机使用搜索引擎。无论在哪里都能随时随地进行查询。搜索引擎应该利用物联网优势，集合多模态信息进行查询。例如用户查询一个地理信息是，搜索引擎不但要查询结果和关键词的匹配程度，还应该能给出与关键词相关的一些周边信息。利用物联网技术可以使搜索引擎的查询结果更精确，更智能，更定制化，满足不同用户的需求，提供更好的用户体验。

（4）信息安全和隐私保护

从信息安全和隐私保护的角度上说，物联网终端（RFID、传感器、智能信息设备）的广泛引入在提供丰富信息的同时，也增加了暴露这些信息的危险。所以有必要安全的管理这些信息，确保隐私信息不被别有用心的人利用来损害我们的利益。

网络信息安全的一般性指标包括可靠性、可用性、保密性、完整性、不可抵赖性和可控性。可靠性是指系统能够早规定的条件下和规定的时间内完成规定功能的特性。可用性是指系统服务可以被授权实体访问并按照需求使用的特性。保密性是指信息只能被授权用户使用、不被泄露的特性。完整性是指未经授权不能改变信息的特性。不可抵赖性是指信息交互过程中所有参与者都不可能否认或者抵赖曾经完成的操作和承诺的特性。可控性是对信息传播及内容控制的特性。

1）RFID 的安全和保护

RFID 标签通常附着于物品甚至人体，其中可能存在大量隐私信息。然而 RFID 标签受自身成本的限制，不支持复杂的加密方法，因而容易遭到攻击。攻击者可以通过破解 RFID 标签来获取、复制、篡改以及滥用 RFID 标签中保存的信息。而 RFID 系统的大规模应用为攻击者提供了更多的机会。

由于低成本标签不支持高强度的安全性，人们提出了物理安全机制。物理安全机制主要包括：灭活、法拉第网罩、主动干扰和组织标签等。

灭活标签机制的原理是杀死标签，使标签丧失功能，从而标签不会响应攻击者的扫描，进而防止了对标签及其携带者的跟踪。这种方式虽然可以完美的防止扫描和跟踪，但是会破坏 RFID 标签的功能，使使用者无法再继续享受到以 RFID 标签为基础的物联网服务。

根据电磁场理论，金属组成的网罩能够屏蔽电磁波。如果把标签放在网罩内，则外部和内部的信号都无法穿透网罩，就可以避免攻击者扫描标签来获取隐私信息。但是这种方法的缺点是无法便利的使用标签。

主动干扰无线信号是另一种屏蔽标签的方法。用户可以主动广播无线信号来组织或者破坏 RFID 阅读器的读取，从而确保消费者隐私。这种方法的缺点是可能会产生非法干扰，使得附近其他 RFID 系统无法正常工作；更严重的是可能会干扰附近其他无线系统的正常运行。

另一种方法是组织标签。这种标签可以通过特殊的标签碰撞算法来组织非授权的阅读器扫描和跟踪标签，而在需要的时候，则可以取消阻止，使标签开放的阅读。

几年来随着技术的发展，出现了一些新的隐私保护认证方法，包括基于物理不可克隆函数的方法、基于掩码的方法、带方向的标签、基于中渐渐的方法等。以上这些方法都能在一定程度上保护标签及其信息的安全。

其实是并不需要为所有的信息都提供安全和隐私保护的，人们追求的是可用性和安全性的统一。而且可以用一些新的技术来解决安全和隐私威胁。当然也可以用法律和规范来增加攻击的代价。RFID 技术虽然面临一些安全和隐私的问题，但它提供了更方便、更可控、更透彻的信息。从业人员、消费者及政府三方需要共同面对 RFID 隐私保护问题，权衡科技的进步和个人利益的保护。

2）位置信息的安全与保护

随着感知定位技术的发展，人们可以更加快速精确地获取自己的位置信息。然而新科技也同时带来了新隐患。用户位置信息也存在着被侵害的可能，例如不想暴露自己的位置信息却被他人所致或者只想告诉第二人却被第三者所知等等。根据位置信息，有时候可以推知用户进行的活动，此外用户的健康状况、宗教信仰、政治面貌、生活习惯、兴趣爱好等个人信息也可能被从位置信息推断出来。由此可见，保护位置隐私，保护的不只是个人的位置信息，还有其他各种各样的个人隐私信息。随着位置信息的精度不断提高，其包含的信息量也越来越大，攻击者通过截获位置信息可以获取的个人信息也就越多。

攻击者获取用户位置信息的方式大致有三种。可能是用户和服务商之间的通信线路遭到了窃听。当用户将位置信息发送给服务提供商时就会被攻击者得知。另外还可能是服务提供商对用户的信息保护不力。攻击者通过攻击服务商数据库就可能得到用户的位置信息。最后就是服务提供商与攻击者沆瀣一气，甚至服务商就是攻击者伪装的。这种情况下用户的隐私可以说就直接暴露在攻击者面前了。

为了应对与日俱增的针对位置信息的威胁，人们想出了种种手段来保护位置信息。制度约束：通过法律手段和规章制度来规范物联网中对位置信息的使用。隐私方针：允许用户根据自己的需要来制定相应的位置隐私方针，以此指导移动设备与服务提供商之间的交互。身份匿名：将位置信息中的真实身份信息替换为一个匿名的代号，以此来避免攻击者将位置信息与用户的真实身份挂钩。数据混淆：对位置信息的数据进行混淆，避免让攻击者得知用户的精确位置信息。

前两种方式是制度上的，后两种是技术上的，它们都有各自的优缺点。但是不可避免的是，为了保护位置信息必然会牺牲服务质量。而且隐私的保护并不是绝对的，除非用户与外界切断通信，否则只要设备还连接在网络中，还在享受着各种服务的便利，就不可能达到完全的安全。隐私的保护，往往是在安全程度和服务质量之间找一个均衡点。

4. 物联网软件平台技术

在构建一个信息网络时，硬件往往被作为主要因素来考虑，软件仅在事后才考虑。现在人们已不再这样认为了。网络软件目前是高度结构化、层次化的，物联网系统也是这样，既包括硬件平台也包括软件平台系统，软件平台是物联网的神经系统。不同类型的物联网，其用途是不同的，其软件系统平台也不相同，但软件系统的实现技术与硬件平台密切相关。相对硬件技术而言，软件平台开发及实现更具有特色。一般来说，物联网软件平台建立在分层的通信协议体系之上，通常包括数据感知系统软件、中间件系统软件、网络操作系统（包括嵌入式系统）以及物联网管理和信息中心（包括机构物联网管理中心、国家物联网管理中心、国际物联网管理中心及其信息中心）的管理信息系统（Management Information System，MIS）等。

（1）数据感知系统软件

数据感知系统软件主要完成物品的识别和物品 EPC 码的采集和处理，主要由企业生产的物品、物品电子标签、传感器、读写器、控制器、物品代码（EPC）等部分组成。存储有 EPC 码的电子标签在经过读写器的感应区域时，其中的物品 EPC 码会自动被读写器捕获，从而实现 EPC 信息采集的自动化，所采集的数据交由上位机信息采集软件进行进一步处理，如数据校对、数据过滤、数据完整性检查等，这些经过整理的数据可以为物联网中间件、应用管理系统使用。对于物品电子标签，国际上多采用 EPC 标签，用 PML 语言来标记每一个实体和物品。

（2）物联网中间件系统软件

中间件是位于数据感知设施（读写器）与在后台应用软件之间的一种应用系统软件。中间件具有两个关键特征：一是为系统应用提供平台服务，这是一个基本条件；二是需要连接到网络操作系统，并且保持运行工作状态。中间件为物联网应用提供一系列计算和数据处理功能，主要任务是对感知系统采集的数据进行捕获、过滤、汇聚、计算，数据校对、解调、数据传送、数据存储和任务管理，减少从感知系统向应用系统中心传送的数据量。同时，中间件还可提供与其他 RFID 支撑软件系统进行互操作等功能。引入中间件使得原先后台应用软件系统与读写器之间非标准的、非开放的通信接口，变成了后台应用软件系统与中间件之间，读写器与中间件之间的标准的、开放的通信接口。

一般物联网中间件系统包含有读写器接口、事件管理器、应用程序接口、目标信息服务和对象名解析服务等功能模块。

1）读写器接口

物联网中间件必须优先为各种形式的读写器提供集成功能。协议处理器确保中间件能够通过各种网络通信方案连接到 RFID 读写器。RFID 读写器与其应用程序间通过普通接口相互作用的标准，大多数采用由 EPC-global 组织制定的标准。

2）事件管理器

事件管理器用来对读写器接口的 RFID 数据进行过滤、汇聚和排序操作，并通告数据与外部系统相关联的内容。

3）应用程序接口

应用程序接口是应用程序系统控制读写器的一种接口；此外，需要中间件能够支持各种标准的协议（例如，支持 RFID 以及配套设备的信息交互和管理），同时还要屏蔽前端的复杂性，尤其是前端硬件（如 RFID 读写器等）的复杂性。

4）目标信息服务

目标信息服务由两部分组成：一是目标存储库，用于存储与标签物品有关的信息并使之能用于以后查询；二是拥有为提供由目标存储库管理的信息接口的服务引擎。

5）对象名解析服务

对象名解析服务（ONS）是一种目录服务，主要是将对每个带标签物品所分配的唯一编码，与一个或者多个拥有关于物品更多信息的目标信息服务的网络定位地址进行匹配。

（3）网络操作系统

物联网通过互联网实现物理世界中的任何物品的互联，在任何地方、任何时间可识别任何物品，使物品成为附有动态信息的“智能产品”，并使物品信息流和物流完全同步，从而为物品信息共享提供一个高效、快捷的网络通信及云计算平台。

（4）物联网信息管理系统

物联网也要管理，类似于互联网上的网络管理。目前，物联网大多数是基于 SNMP 建设的管理系统，这与一般的网络管理类似，提供对象名解析服务（ONS）是重要的。ONS 类似于互联网的 DNS，要有授权，并且有一定的组成架构。它能把每一种物品的编码进行解析，再通过 URL 服务获得相关物品的进一步信息。

物联网管理机构（包括企业物联网信息管理中心、国家物联网信息管理中心以及国际物联网信息管理中心）的信息管理系统软件：企业物联网信息管理中心负责管理本地物联网，它是最基本的物联网信息服务管理中心，为本地用户单位提供管理、规划及解析服务。国家物联网信息管理中心负责制定和发布国家总体标准，负责与国际物联网互联，并且对现场物联网管理中心进行管理。国际物联网信息管理中心负责制定和发布国际框架性物联网标准，负责与各个国家的物联网互联，并且对各个国家物联网信息管理中心进行协调、指导、管理等工作。

（四）物理信息系统 CPS

自从 CPS 的概念被提出以来，国内外学术界和工业界对相关的挑战和应用等进行了广泛而深入的讨论。在国外，美国总统科学技术顾问委员会（PCAST）在 2007 年《挑战下的领先——竞争世界中的信息技术研发》报告中将 CPS 列为首个研究点。美国 NSF 相继推出了一系列 CPS 研究计划；欧洲在 2007 年启动的 ARTEMIS 项目计划投入超过 70 亿美元到 CPS 相关的嵌入式系统研究方面；日本、韩国、新加坡等也在相关方面进行了大量投入，以增强其竞争能力。在国内，国家自然科学基金、国家“863”高技术研究发展计划信息技术领域办公室和专家组等正积极推进 CPS 在国内的发展，并将其作为发展重点。开展 CPS 研究与应用对于加快我国培育推进工业化与信息化融合具有重要意义。目前 CPS 技术还刚刚兴起，还需较长时间的发展和培育，我国也应该尽力抢占未来信息技术产业的先机[①]。

1. CPS 定义和特点

对于 CPS 的定义，国内外尚无统一定论，不同的专家学者或组织从不同的研究角度对 CPS 进行了定义。美国 NCF 的定义：“计算资源与物理资源间的紧密集成与深度协作”；UCB 的 Lee 教授的定义：“计算进程与物理进程的集成和相互影响，即通过嵌入式计算机和网络实现对物理进程的监测和控制，并通过反馈循环实现物理进程对计算进程的影响”；Sastry 教授定义：“集成了计算、通信和存储能力，并对物理世界的实体进行可靠、安全、高效和实时的监测和（或）控制的系统”CMU 的 Rajkumar 教授和 UPenn 的 Lee 教授等的定义：“通过计算和通信内核实现了监测、协调、控制和集成的物理和工程系统”；中国科学院的何积丰院士的定义：“CPS 是在环境感知的基础上，深度融合了计算、通信和控制能力的可控、可信、可扩展的网络化物理设备系统，它通过计算进程和物理进程相互影响的反馈循环实现深度融合和实时交互来增加或扩展新的功能，以安全、可靠、高效和实时的方式监测或者控制一个物理实体”。上述各个定义的侧重点不同，但是归结起来，CPS 具备“深度嵌入、泛在互联、智能感知和交互协同”的共同特点，具体来说主要表现在以下几个方面：

① 信息世界与物理世界的交互协同、深度集成；

② 系统体系结构具有开放性、动态性和多维度的异构性特点；

③ 同时存在时间、空间方面的约束，在时空层次上具备高度的复杂性；

④ 自主适应物理环境的动态变化，具备自适应、重配置的能力；

⑤ 信息世界与物理世界间存在反馈闭环控制，实现智能控制和提供高质量的服务；

⑥ 必须满足实时性、可靠性和安全性方面的要求。

在 CPS 的全称中，Cyber 代表计算系统和网络系统所组成的信息世界，包括离散的计算进程、逻辑的通信过程和反馈控制过程等；Physical 代表物理世界中的进程、对象或事件，它是指各种自然或人造系统，按照物理世界的客观规律在连续时间上的运行。

在国内，CPS 被翻译成“信息物理融合系统”、“人机物融合系统”等，但是通过上

---

① 李仁发，谢勇，李蕊，李浪. 信息—物理融合系统若干关键问题综述；计算机研究与发［J］. 2012，49（6）：1149—1161.

述分析可知，CPS 很难找到一个合适的中文名词来表达其确切、重要的含义。

2. CPS 相关的技术关联

（1）CPS 与嵌入式系统

在各工业和自动化领域中，都可以看到 CPS 的身影，我们通常把这一类系统称为嵌入式系统。嵌入式系统作为更大系统的组成部分主要用来增强产品的功能或提高产品的性能，它更注重于计算。由于内存、能量等资源有限，传统嵌入式系统面临的关键问题是如何实现资源利用的最优化。

“传统嵌入式系统中解决物理系统相关问题所采用的单点解决方案不再适应新一代物理设备信息化和网络化的需求”、“现有各种网络技术不能满足新一代物理设备网络可控、可信和可扩展的新需求”等原因促进了 CPS 这一新理论的提出。CPS 以计算进程与物理进程间的紧密集成和协调为主要特点，它的意义在于将物理设备通过各种网络实现了互联和互通，使得物理设备具有计算、通信、精确控制、远程协调和自治等功能。

（2）CPS 体系结构

CPS 体系结构是一种由感知设备（如传感器、感应器等）、嵌入式计算设备（如分布式控制器）和网络（如 WSN，Internet 等）所组成的多维复杂系统。

典型的 CPS 体系结构中主要包括以下 3 类组件：传感器、执行器和分布式控制器。传感器主要用于感知物理世界中的物理信息，并通过模 / 数转换器将各种模拟的、连续的物理信息转化成能被计算机和网络所处理的数字的、离散的信息；分布式控制器接收由传感器采集并通过网络传输过来的物理信息，经过处理过后以系统输出的形式反馈给执行器执行，基于此来提供智能化服务；执行器接收控制器的执行信息，对物理对象的状态和行为进行调整，以适应物理世界的动态变化。

CPS 体系结构具有如下特点：

① 全局虚拟、局部有形。CPS 通过各种网络实现计算系统与物理系统的集成和融合，即全局虚拟；CPS 通过传感器、执行器等设备，实现计算系统与物理系统的交互和协调，即局部有形。

② 开放性。CPS 可以动态地接受各类组件的接入和退出，从而有利于系统自身的动态调整和构造大规模甚至于全国规模的复杂系统，以自动适应不同的操作条件和应用需求。

③ 异构性。CPS 体系结构的异构性表现在多个方面，如不同类型的物理实体、计算部件、不同类型的网络技术、操作系统和计算模型等。

3. CPS的研究展望

目前发展仍受多方面的阻碍与制约，未来要充分发挥CPS的潜能，需要包括计算机科学在内的诸多领域深刻的变革与进步。

1）系统设计与建模

与物理世界的深度融合为CPS的系统设计与建模提出了以整体的观点看待复杂系统的新方式，即物理对象、计算机硬件/软件的协同分析与协同设计。

2）系统架构

CPS需要具备开放的、灵活的和可扩展的系统架构，并要能够更好地发挥在硬件和软件方面的技术进步的作用。

① 分层的CPS架构：借鉴互联网的成功经验，并结合嵌入式、自主的CPS的渐趋分布性而开发分层架构。分层架构应包括一个以信息为中心的协议栈，支持数据融合，使进入网络的原始数据能通过提升信息抽象而逐步地转换成应用领域相关的高层信息；

② 基于组件的CPS架构：因为与物理世界的紧密结合，所以CPS的架构需要灵活地支持领域相关性。在基于组件的架构里，硬件、软件和物理实体都表示为系统组件。简单组件构成组合式组件，高层的组合式组件封装低层组件。低层的组件表现出局部不同的执行与接口语义，而高层组合式组件表现出全局统一的语义。

3）计算模式

未来的CPS计算模式需要能够方便地表示外部环境，能够对与物理世界间复杂的、大规模的分布并行交互做出抽象。例如未来的面向对象编程系统需要逻辑抽象地表示环境中的物理对象。逻辑对象能够封装相应物理实体的状态，并需要隐藏分布式环境下复杂的状态评估细节。

4）网络技术

目前的网络技术难以保证可预测性，因此在网络的设计与实现中需要加入时间性语义，例如在流量控制和拥塞控制上要着重对时间性要素做出综合考量。另外，由于CPS将数据融合和数据存储作为网络功能的核心，因此需要从这个角度重新思考网络协议。

5）软件工程

由于CPS集成了越来越多的大量组件，并且异构网络之间的互联性逐渐增强，以及更多地依赖分布式信息处理方式，导致系统出现更多的功能性和时间性故障。未来的软件工程需要在出现系统故障和软件集成错误时保证系统的鲁棒性、正确性、可预测性和安全性，能够对分布式环境中的CPS提供有利的支持。

6）编程语言

新的 CPS 编程语言需要能够处理计算与物理资源之间的复杂交互，能够处理非结构化数据并适应对反应能力的严格需求。新编程语言的抽象应该直接以环境因素为中心（例如物理对象、事件和数据源），并在最高层的抽象里要明确地支持对环境不确定性的表示。

7）信息安全

要解决系统在攻击下的实时工作问题，CPS 的信息安全技术要包含可生存性要素，即系统在受到攻击时，CPS 具有适度地降低运行目标的能力。对物理对象的监测同时也提供了隐私暴露的机会。用户的隐私暴露是一个被动性的问题，需要开发保护隐私的匿名技术。CPS 的安全与隐私机制必须作为未来架构的一个组成部分，而不是后补充。

8）传感器网络

CPS 环境下的传感器数据具备时间与空间意义，时空性直接决定用户评估物理现象的精度，因此传感器网络的协议需要针对 CPS 的特性做出新思考，例如针对时—空性对传感器数据的重要性，开发能够隐藏时间、路由与网络拓扑的方法；传感器网络的成熟技术可以应用到执行器，但执行器由于具有更强的计算和通信能力，因此能耗高于传感器，所以需要为执行器网络开发相关的数据链路层协议和能量管理技术。

信息物理融合系统是能够改变人与物理世界交互方式的下一代智能系统，它将实现计算资源与物理资源的紧密结合与协调。目前我国对物联网的研究高度重视，作为物联网的演进，CPS 应该得到更加广泛的关注。

四　最有发展潜力的物联网产业

（一）物联网产业全貌

1. 责任重大

2009 年 11 月 13 日，国务院批复同意《关于支持无锡建设国家传感网创新示范区（国家传感信息中心）情况的报告》，标志着“物联网”已正式上升至国家层面并进入战略实施阶段，中国物联网产业发展迎来千载难逢的机遇期。

（1）界定

物联网产业是一个涉及国民经济各行各业、社会与生活各个领域，综合性强、辐射面广的庞大产业体系。物联网产业主要包括围绕整个产业链的硬件、软件、系统集成和运营服务四大领域，由各类传感器、芯片、传感节点、操作系统、数据库软件、中间件、应用软件、系统集成、网络与内容服务、智能控制系统及设备等产业组成。

（2）主角

通过全面感知、可靠传输和智能处理实现物物相连的物联网，是继计算机、互联网的应用与普及之后，蓬勃兴起的世界信息技术革命的第三次浪潮，是 20 世纪人类社会以信息技术应用为核心的技术革命的延展与归结。

物联网为 21 世纪的全球工业化、城市化进程提供了革命性的信息技术和智能技术，将通过与传统产业的全面融合，成为全球新一轮社会经济发展的主导力量之一。

随着信息采集与智能计算技术的迅速发展、互联网与移动通信网的广泛应用以及与传感网结合的不断深入，大规模发展物联网的时机日趋成熟。在全球应对金融危机的环境下，主要发达国家和地区纷纷抛出与物联网相关的信息化战略，加大对物联网的投入，力图占据领先位置，寻求新的经济增长点。

可以预见，继计算机、互联网与移动通信网之后，物联网将带来信息产业新一轮的发展浪潮，更是一场世界性的新技术革命，必将对经济发展和社会生活产生深远影响。

作为战略性新兴产业，大力发展物联网技术和产业，也显得尤为重要和紧迫：

一是发展物联网产业对于实现技术自主可控，保障国家安全具有重要意义。“物联网”概念的问世，打破了之前的传统思维，人们逐渐地把自己的生活和身边无数的物品与其联系起来，物联网时代人们的日常生活将会发生翻天覆地的变化。在享受物联网时代将带来便利喜悦的同时，物联网在信息安全方面存在着较大局限性。由于物联网是由大量的机器构成，除了面对移动通信网络的传统网络安全问题之外，还存在着一些与已有移动网络安全不同的特殊安全问题。只有发展具有自主知识产业的物联网产业才能实现技术自主可控和国家的信息安全。

二是发展发展物联网产业是推动经济转型升级、转变经济发展方式的迫切需要。大力推动物联网技术在传统产业中的应用，是改造提升传统产业、提高工业信息化水平、促进发展方式转变的重要手段。从世界经济发展经验看，新兴战略性产业能够有效拉动经济的持续增长。

三是物联网产业将是新兴战略性产业的“领头羊”和“排头兵”。与互联网和移动通信网相比，物联网产业有更大的发展空间，必将是未来新的经济增长点。发展物联网产业对于加快转变我国经济发展方式具有重要现实意义。

四是发展物联网产业是引领新一轮信息技术革命，建立创新型国家的迫切需要。物联网涉及半导体、计算机、现代通信、新材料等诸多前沿技术，关联度高、辐射力强，对带动相关领域技术创新具有明显促进作用，对我国增强自主创新能力，建设创新型国家，抢占高新技术产业新一轮发展的制高点意义重大。

2. 家族族谱

物联网是一个涉及领域广、综合性强、辐射面深的庞大产业体系。物联网产业总体可分为物联网制造业和物联网服务业，物联网制造业主要是指感知端设备如传感器、RFID、嵌入式系统、芯片等微电子产品的生产制造，其应用将引发行业终端以及各类消费电子设备的新一轮更新，物联网的推进还将带动通信网络设备制造和高性能计算机、存储服务器等制造业的发展。物联网产业体系结构可以细分为传感器产业、RFID产业与产品体系、嵌入式系统和物联网服务业四部分。

（1）传感器产业

传感器（通过敏感元件）是把外部信息按当量比例变换成信号的一种重要的电子部件，新型传感器更是现代传感技术和系统的核心。物联网的发展将催生一个以生产传感器、网络节点及通信芯片为一体的传感器产业体系。

传感器技术和产业具有依附性、分散性和密集性三大特点。

一是依附性，体现在基础技术导向、市场应用牵引。传感器技术的发展依附于敏感机理、敏感材料、工艺设备和计测技术。

二是分散性，体现在产品门类繁多，支撑行业广泛。产品门类品种繁多（在我国，共 10 大类 42 小类近 6000 个品种；而国外品种更多，如美国约有 17000 种传感器），其应用渗透到各个产业部门，包括机械、电子、汽车工业、生物等领域，它的发展既有利支撑各产业的发展，又强烈地依赖于各产业的推动作用。

三是密集性，体现在技术、投资两个密集。传感器在研制和制造过程中技术的多样性、边缘性、综合性和技艺性。它是多种高技术的集合产物。

（2）RFID 产业与产品体系

一个典型的 RFID 系统一般由 RFID 标签、读写器以及计算机系统等部分组成。RFID 标签产品有多种分类标准，目前从市场角度，主要从频率和供电方式两个维度划分：按照频段可以将 RFID 标签分为低频电子标签、高频电子标签、超高频电子标签、微波电子标签等，按照供电方式可以将 RFID 标签分为有源电子标签（Activetag）、无源电子标签（Passivetag）、半无源电子标签（Semipassivetag）等。

（3）嵌入式系统

嵌入式系统是以应用为中心，将先进的计算机技术、半导体技术和电子技术与各个行业的具体应用相结合后的产物。按照嵌入式系统上下游产业链，嵌入式系统产业体系可划分为硬件产业、软件产业和嵌入式应用系统产业三个部分。

硬件产业包括嵌入式处理器、存储器、通用设备接口和 I/O 接口等，其中处理器是嵌入式系统硬件的核心部件，存储器等其他硬件则属于外围配套设备；软件产业包括嵌入式操作系统、文件系统、图形用户接口（GUI）等，其中操作系统是嵌入式应用软件的基础；嵌入式应用系统产业是嵌入式系统和具体行业有机地结合的应用，包括工业控制、汽车电子、消费电子、信息家电等领域系统应用。

（4）物联网服务业

物联网服务业主要提供与应用相关的网络传输、信息处理以及运营服务，包括：通信网络传输服务：负责传输信息与数据，将感知层终端采集的数据传送到信息系统进行处理，也可将信息系统的指令传送回感知层的终端，由终端执行。

（5）物联网运营业

万物相连的巨系统建成之后，系统的运营、维护将会是一项巨大的工程，并由此会形成一个十分特殊的产业，物联网运营业。

（二）激烈角逐

1. 国际格局

目前，物联网开发和应用仍处于起步阶段，发达国家和地区抓住机遇，出台政策、进行战略布局，希望在新一轮信息产业重新洗牌中占领先机。韩国基于物联网的“U社会”战略和韩国制定了发展IT强国战略，欧洲“物联网行动计划”及“欧洲数字议程”政策、美国“智能电网”、“智慧地球”等计划相继实施，大力推进本国物联网产业发展，探索推进物联网产业发展路径和模式。

（1）美国：基础架构、关键技术

美国在物联网产业上的优势正在加强与扩大。美国国防部的“智能微尘”（SMARTDUST）、国家科学基金会的“全球网络研究环境”（GENI）等项目提升了美国的创新能力；由美国主导的EPCglobal标准在RFID领域中呼声最高；德州仪器（TI）、英特尔、高通、IBM、微软在通信芯片及通信模块设计制造上全球领先；物联网已经开始在军事、工业、农业、环境监测、建筑、医疗、空间和海洋探索等领域投入应用。

美国非常重视物联网的战略地位，其国家情报委员会（NIC）发表的“2025年对美国利益潜在影响的关键技术”报告中，把物联网列为六种关键技术之一。2009年2月17日奥巴马总统签署生效的（2009年美国恢复和再投资法案）提出要在智能电网投资110亿美元、卫生医疗信息技术应用投资190亿美元、教育信息技术投资6.5亿美元，这些投资建设与物联网技术直接相关，是奥巴马政府推动经济复苏和塑造其国家竞争力的重点，也是美国实现长期发展和繁荣的重要基础。此间，IBM提出并开始向全球推广“智慧地球”的概念与设想。“智慧地球”可以看成美国在未来发展的战略布局中以企业的战略体现国家战略的一种形式。

（2）欧盟：技术研发和应用

欧盟将ICT技术作为促进欧盟从工业社会向知识型社会转型的主要工具，致力于推动ICT在欧盟经济、社会、生活各领域的应用，提升欧盟在全球的数字竞争力。物联网及相关技术发展方面，欧盟在RFID和物联网方面进行了大量研究应用，通过FP6、FP7框架下的RFID和物联网专项研究进行技术研发，通过竞争和创新框架项目下的ICT政策支持项目推动并开展应用试点。

2007年，欧盟出台了RFID在欧洲一迈向政策框架的步骤，称RFID／物联网是信息社会发展进入新阶段的新入口，是经济增长和就业的新引擎。欧盟委员采取一系列行动，设立物联网方面的研究项目，促进物联网在健康、智能汽车、移动系统、微纳米系统、有机电路和未来网络情况下的应用，着力解决物联网发展中面临的安全和隐私、国

际治理、无线频率和标准等问题。

2009 年 5 月 12 日，欧盟委员会发布《关于 RFID 条件下隐私和数据保护原则的建议书》，指导成员国建立一套规则，在充分尊重隐私权利和保护个人数据的前提下，以合法的、合乎社会道德伦理和政治要求的方式规范 RFID 的设计和应用。

2009 年 6 月 18 日，欧盟委员会递交了《欧盟物联网行动计划通告》，提出了十四项物联网行动计划。希望欧洲在物联网发展和治理等方面居世界领先地位，发挥主导作用。

2009 年 9 月 15 日，欧盟发布《欧盟物联网战略研究路线图》，提出欧盟到 2010 年、2015 年、2020 年三个阶段物联网研发路线图，并提出物联网在航空航天、汽车、医药、能源等 18 个主要应用领域和识别、数据处理、物联网架构等 12 个方面需要突破的关键技术。

2010 年 5 月 19 日欧盟正式发布欧洲数字议程。欧洲数字议程是“2020 欧盟战略”中提出的七大旗舰计划之一，也是第一个付诸实施的政策。《欧洲 2020 战略》是欧盟委员会 2010 年 3 月出台的，提出了三项重点任务，即智慧型增长、可持续增长和包容性增长。该战略指出，智慧型增长意味着要强化知识创造和创新，要充分利用信息技术尤其是物联网技术，因此信息技术是欧洲智慧型增长和可持续增长的关键动力。

《欧洲 2020 战略》把“欧洲数字化议程”确立为欧盟促进经济增长的七大旗舰计划之一。“欧洲数字化议程”计划的目标是在高速和超高速互联网的基础上，提高信息化对欧洲经济社会的贡献率，到 2020 年普及超高速互联网（30 兆 / 秒）。

文件分析了影响欧盟信息技术发展的七种障碍，包括数字市场间的堡垒、缺少互操作性、网络犯罪增加与风险、缺少投资、研发与创新不够、社会缺少数字技术知识普及、未能应对社会大挑战等。

欧盟委会针对这些问题，提出了七个方面的优先行动：建立一个新的数字市场，让数字时代的各种优势能及时共享；改进信息技术领域的标准与互操作性；增强网络信任与安全措施；增加欧盟对快速和超速互联网的接入；加强信息技术的前沿研发与创新；加强全体欧洲人的数字技能与可接入的在线服务；释放信息技术服务社会的潜能，应对社会各种大挑战。

2015 年 10 月 13 日欧盟委员会宣布，根据通过的“2016—2017 年工作方案”，将在未来两年内投资约 160 亿欧元推动科研与创新，以增强欧盟的竞争力。其中，欧洲制造业的现代化投资为 10 亿欧元，成为重点扶持领域，欧盟此举将为各国制造业升级起到示范作用。传感物联网创建人杨剑勇表示，这是欧盟《地平线 2020》一部分，《地平线 2020》科研规划几乎囊括了欧盟所有科研项目，计划总预算 800 亿欧元。

目前，除了进行大规模的研发外，作为欧盟经济刺激计划的一部分，欧盟物联网已经在智能汽车、智能建筑等领域进行应用。

（3）日本：国家战略推动

日本是世界上第一个提出“泛在”战略的国家，2004 年日本政府在两期 E-Japan 战略目标均提前完成的基础上，提出 U-Japan，战略，其战略目标是实现无论何时、何地、何物、何人都可受益于 ICT 的社会。物联网包含在泛在网的概念之中，并服务于 U-Japan 及后续的信息化战略。通过这些战略，日本开始推广物联网在电网、远程监测、智能家居、汽车联网和灾难应对等方面的应用。

2009 年 3 月，总务省（MIC）通过了面向未来三年的“数字日本创新计划”。在“泛在城镇”、“泛在绿色 ICT”、“不撞车的下一代智能交通系统”等项目中，物联网是重点。

2009 年 7 月，日本 IT 战略本部发表了“I-Japan 战略 2015”，作为 U-Japan 战略的后续战略，目标是“实现以国民为中心的数字安心、活力社会”。I-Japan 战略强化了物联网在交通、医疗、教育、环境监测等领域的应用。

2010 年 5 月 11 日，为适应不断变化的 IT 信息环境，日本信息安全政策会议通过了《日本保护国民信息安全战略》，旨在保护日本公众日常生活正常运转不可或缺的关键基础设施的安全，降低日本民众在使用物联网等 IT 技术时所面临的风险。

该战略具有时间跨度长（2010—2013 年度）及内容涉及面广等特点，是一个全面的 IT 战略。《日本保护国民信息安全战略》重点关注以下具体问题：

① 克服信息技术带来的威胁，为日本国民营造一个安心且安全的 IT 环境。

② 加强保障网络空间安全及危机管理的政策，并对作为社会经济活动运行基础的信息通信技术政策进行协调。

③ 在制定信息安全政策时，应立足于安全保障、危机管理及保护用户权益这三个基本点，并在推进落实信息安全政策时，特别重视对用户权益进行保护。

④ 制定的信息安全政策应有助于经济发展。

⑤ 应加强国际合作。通过实施该战略，力争于 2020 年前，在确保日本国民有效利用互联网、物联网及信息系统等 IT 技术的同时，努力克服信息技术方面的脆弱性，从而为日本国民打造一个能放心使用的信息通信环境，使日本成为世界“信息安全先进国”。

为了借助物联网（IoT）技术实现未来新型社会，日本政府 2015 年 10 月 23 日成立产学官合作组织“物联网推进联盟”，联盟将由企业相关人士和专家建立工作组，就物联网技术的研发测试及先进示范项目制定计划。除了向政府提出政策建议外，还将就网络安全对策等展开讨论。

（4）韩国：抢占应用先机

2004年，韩国提出为期十年的U—Korea战略，目标是“在全球最优的泛在基础设施上，将韩国建设成全球第一个泛在社会”。

2006年韩国推出U.IT839计划，提出要建设三个基础设施，即建设全国性宽带（BcN）和IPv6网络，建设泛在的传感器网（USN），打造强大的手机软件公司；发展包括RFID/USN在内的8项业务；打造宽带数字家庭网络等9方面的设备作为经济增长的取代了驱动增长力。为推动USN在现实世界的应用并进行商业化，韩国在食品和药品管理、航空行李管理、军火管理、道路设施管理等方面进行了试点应用。

2008年，新总统上任后又宣布了“新IT战略”，重点是传统产业与信息技术的融合，解决经济社会问题并实现信息技术产业先进化，提出2010年韩国至少占领全球汽车电子市场10%的计划。韩国电信运营商SK已成立物联网全资子公司，开发与提供交通管理、环境监测、安全监测、工业自动化等业务。

2009年6月，韩国通信委员会（Kcc）决定促进“未来物体通信网络”建设，实现用户随时随地安全方便地进行人与物、物与物之间的智能通信。由首尔市政府、济州岛特别自治省、春川市江原道三地组成联盟作为试点，建设物体通信基础设施。首尔市的建设重点是与日常生活相关的业务，济州岛聚焦于建设基于无线通信技术的环境测量智能基础设施，春川市江原道则致力于打造娱乐化城市，在融合广电网络、通信网络和传感技术的基础上建设智能的、福利性娱乐城市。

2009年10月13日，韩国通信委员会通过了《基于IP的泛在传感器网基础设施构建基本规划》，将传感器网3确定为新增长动力，据估算至2013年产业规模将达50万亿韩元。韩国确立了到2012年“通过构建世界最先进的传感器网基础实施，打造未来广播通信融合领域超一流ICT强国”的目标。为实现这一目标，确定了构建基础设施、应用、技术研发、营造可扩散环境等4大领域和12项课题。

2010年6月16日韩国知识经济部部长官崔炅焕透露，韩国政府今后将努力推动提高物联网产业竞争力和附加值，以将韩国发展成为名副其实的IT产业强国。2010年韩国政府陆续出台了半导体产业、IT网络设备产业、OLED产业等多个发展战略。为促进韩国IT产业的全面健康发展，韩国将2010年7月制定出了一套“半导体产业发展策略”，以促进SOC（系统级芯片：system-on-chip）、物联网芯片产品的研发，提高韩国硬件领域的高附加值。此外政府将鼓励IT业建立良性循环的行业体系。

政府将每年为相关产业的研究所提供170亿韩元补贴，以培养IT人才。于2010年8月韩国知识经济部发布了《IT网络设备产业发展战略》，明确了四个重点方向，创建可循环发展的内需市场、培养国际品牌的ICT解决方案、对企业进行扶持并助其网络设备进入全球市场、培养全球品牌企业。提出2015年创建网络设备及相关周边产业的培育计划，旨在将韩国打造成新的网络设备生产强国。

（5）启示

目前，物联网发展处于初期阶段，发达国家利用传统优势希望巩固在物联网研发和应用方面的地位。

首先，通过出台整体的国家战略，指引本国或地区物联网发展的总体方向，占领物联网发展的全球战略制高点。

其次，通过国家投入引导性资金，吸引利益相关方参与，加强物联网相关的基础技术和应用技术的研发。

第三，设立物联网应用的产业试点和区域试点，推动物联网在关键领域和社会民生领域的应用，提升社会总体福利，促进国家整体竞争力。

第四，为保障物联网发展，创造安全可信的政策环境，优先解决安全隐私、物联网频率资源等问题。

2. 透视国际现状

物联网产业在自身发展的同时，带来庞大的产业集群效应。据保守估计，传感技术在智能交通、公共安全、重要区域防入侵、环保、电力安全、平安家居、健康监测等诸多领域的市场规模均超过百亿甚至千亿。权威机构预测，到2020年，物物互联业务与现有人人互联业务之比将达到30∶1，物联网产业将有可能成为下一个万亿级的产业。美国《福布斯》杂志评论未来的物联网将比现有的Internet大得多，市场前景将远远超过计算机、互联网、移动通信等市场。

总体而言，全球物联网发展还处于初级阶段，但已具备较好的基础。未来几年，全球物联网市场规模将出现快速增长，据相关分析报告，2007年全球市场规模达到700亿美元，2008年达到了780亿美元，2015年达到3000亿美元，预计2020年将超过10000亿美元，年均增长率接近25%。这样的增长态势持续下去，未来10年全球的物联网无疑都将实现数量和质量的飞跃，实现大规模普及和商用，走进普通人家。其中，微加速度计、压力传感器、微镜、气体传感器、微陀螺等器件也已在汽车、手机、电子游戏、生物医疗、传感网络等消费领域得到广泛应用，大量成熟技术和产品的诞生为物联网大规模应用奠定了基础。

目前，全球物联网产业体系都在建立和完善中，美国、欧盟、日韩等发达国家基础设施好，工业化程度高，传感器、RFID等微电子设备制造业先进，信息服务业发达，有一定的先发优势。

（1）传感器产业

传感器产业发展迅速。美、日、英、法、德等国都把传感器技术列为国家重点开发关键技术之一，竞相加速新一代传感器的开发和产业化，到 2015 年底，全世界约有 40 个国家从事传感器的研制、生产和应用开发，研发机构 6000 余家，传感器生产单位已超过 5000 家。

美、日、俄等国实力较强，建立了包括物理量、化学量、生物量三大门类的传感器产业，美国、欧洲、俄罗斯各自从事传感器研究和生产厂家 1000 余家，日本有 800 余家。传感器产品有 20000 多种，对应用范围广的产品已实现规模化生产，大企业的年生产能力达到几千万支到几亿支。比较著名的传感器厂商有美国霍尼韦尔（Honeywell）公司、福克斯波罗（Foxboro）公司、ENDEVCO 公司、英国 Bell&Howell 公司、Solartron 公司、荷兰飞利浦、俄罗斯热工仪表所等。

传感器市场快速增长。在近十几年来其产量及市场需求年增长率均在 10% 以上。2009 年全球传感器市场容量为 556 亿美元，预计 2010 年全球传感器市场可达 600 亿美元以上。其中的惯性测量器件、微流量器件、光 MEMS 器件、压力传感器、加速度传感器、微型陀螺和汽车领域应用的 MEMS 器件等是传感器产业中发展较快、潜力较好的产品门类。

（2）RFID 产业

尽管受金融危机影响，RFID 市场增速有所放缓，但 2015 年全球产业规模仍达到 105.6 亿美元，同比增长了 6%。RFID 市场增长拉动力主要来自政府支持的军方、身份证、金融卡、动物管理以及护照等领域。

标签及读写器仍占市场主要份额，其中有源标签达 21.9 亿美元，读写器 / 查询器市场份额占 46%；高频 RFID（13.56MHz）设备仍占主流，高频 RFID 设备市场份额约为 83%。同时新的应用在大量增加，如护照和 RFID 功能手机，用于供应链、图书馆和门禁的 ISO15693 标准设备市场也在持续扩大。从全球视角看，RFID 产业规模将持续增长。

根据预测 IDTechEx 到 2020 年，全球 RFID 市场规模将达到 500 亿美元。未来产业发展方向将集中在以下几个领域：软件、服务等领域占市场份额比重将快速提高：目前软件所占之市场规模较小，但未来在硬件价格快速下降的趋势下，软件服务所占的市场规模将逐渐扩大，尤其是中间件市场，包括 MAcsis、Microsoft、IBM 等国际厂家均积极布局。

（3）嵌入式系统

全球嵌入式系统产业发展迅速，呈现出硬件产业和软件产业均比较分散的竞争格局，整体市场规模超过千亿美元。目前全世界嵌入式微处理器已经超过 1000 多种，体系结构包括 MCU、MPI 等 30 多个系列，主流芯片厂商有 ARM、MIPS、PowerPC、X8. 和 SH 等。

主要的嵌入式处理器有嵌入式微处理器、嵌入式微控带器、嵌入式 DSP 处理器和 SOC 四大类；全球嵌入式软件市场的规模超过 1000 亿美元，嵌入式操作系统软件有 Arm. Linux，VxWrorks、WindowsCE 等 17 家以上；嵌入式系统应用主要包括工业控制、交通管理、信息家电、家庭智能管理系统、POS 网络及电子商务、环境工程、机器人等。美国、欧盟、日本应用水平相对较高。

鉴于嵌入式系统广阔的发展前景，很多半导体制造商都大规模生产嵌入式处理器，并且公司自主设计处理器也已经成为未来嵌入式领域的一大趋势，其中从单片机、DSP 到 FPGA 有着各式各样的品种，速度越来越快，性能越来越强，价格也越来越低。功能多元化、能力不断提升、网络互联、精简系统内核、算法，降低功耗和软硬件成本、提供友好的多媒体人机界面是嵌入式系统的未来发展趋势。

（4）物联网服务业

物联网服务业主要包括通信网络服务、云计算服务、软件服务、物联网应用服务等。

通信网络服务在物联网应用服务领域将有更大作为。物联网领域，全球通信服务扮演着重要角色，除提供 M2M 网络服务平台之外，通信企业纷纷向产业链上下游拓展，以期在物联网应用服务领域有更大作为。

云计算服务市场规模将保持快速增长。云计算的核心在于高性能计算机，其次是虚拟化技术。全球范围内高性能计算机的产业主导权都掌握在 IBM、HP、SUN 等大企业手中，云计算服务巨头有 IBM、Google、Amazon、Salesforce 等。IDC 报告显示，2015 年全球云计算服务市场规模为 1500 亿美元，未来 10 年，云计算服务市场年均增长 26%，到 2020 年将增至 5000 亿美元，存储会是增长最快的云计算服务。云计算将成为物联网应用层中不可或缺的信息基础设施。

软件开发与集成服务有相对成熟的供应商。物联网应用层必须通过软件技术来实现：包括应用软件、中间件、商业智能、系统集成等。在物联网的感知层，传感器、RFID、嵌入式系统也有微操作系统、微中间件和微应用软件开发。全球软件巨头有 IBM、微软、Oracle 等，系统集成商有 IBM、HP、埃森哲等，商业智能主要有 IBM、ORAcLE、SAP、SAS、Sybase、Analyzer、微软等。以 IBM 为代表，国外巨头在需要高度综合能力和集成能力的物联网行业服务中均占据主导地位，如 IBM 在金融、石油、城市管理中全球领先。

物联网应用服务还处于起步阶段。物联网应用服务包括咨询服务、运营服务、管理服务等等。目前全球缺少大规模物联网应用实践，物联网应用服务领域也没有形成明确的产业主体和产业规模。通信企业在M2M应用市场已经有一些成功运营实践，更多的物联网行业应用，其应用服务由行业主体自身负责，随着物联网应用大规模的普及，将出现越来越多的第三方应用服务商。

3. 环视国内

2009年以来，以中国在无锡设立国家传感网创新示范区为标志，物联网发展逐步上升为中国的国家战略。中国的物联网政策环境不断改善，技术进步明显加快，市场培育持续深化，标准制定全面提速，示范工程显著增多，市场规模大幅增长，中国物联网开始进入实质性推进的发展新阶段。

《2009—2010中国物联网年度发展报告》中显示，2009年中国物联网产业市场规模达1716亿元，物联网产业在公众业务领域以及平安家居、电力安全、公共安全、健康监测、智能交通、重要区域防入侵、环保等诸多行业的市场规模均超过百亿元。预计2012年中国物联网产业市场规模将超过3000亿元。至2015年，中国物联网整体市场规模将达到7500亿元，年复合增长率超过30%，市场前景将远远超过计算机、互联网、移动通信等市场。

（1）传感器产业

我国已经建立了较完整的敏感元件与传感器产业。国内企业在生物传感器、化学传感器、红外传感器、图像传感器、工业传感器等领域的专利实力有较强竞争优势。我国传感器市场近几年企业仍占据较大的优势。整体上来看，我国传感器产业处于初期发展阶段，基础传感器芯片研发生产薄弱、企业规模偏小、技术标准缺乏、创新体系不完善、应用领域不广、层次偏低、运营模式不成熟。因此，在发展过程中必须兼顾传感器、传感器网芯片、传感节点、操作系统、数据库软件、中间件、应用软件、系统集成、网络与内容服务、智能控制系统及设备等核心产业以及集成电路、网络与通信。

（2）RFID产业

我国RFID市场规模大，增长快。《中国RFID与物联网2009年度发展报告》中显示，从RFID产业收入规模来看，2015年达到了135.2亿元，较上一年的增长率为24.8%，居全球第三位，仅次于英国、美国。

在产业迅速发展的同时，中国物联网的应用也呈现加速态势。《中国RFID与物联网2015年度发展报告》指出，中国RFID的应用领域不断拓展，虽然仍以局部的闭环应用和政府主导项目应用为主，如交通运输、证件、食品药品溯源追踪等，跨行业、跨部门、应用链长的应用相对较少，但正在从以身份识别、电子票证为主，向资产管理、食品药品安全监管、电子文档、图书馆、仓储物流等物品识别拓展；从低高频的门禁、二代身份证应用逐步向高速公路不停车收费、交通车辆管理等超高频、微波应用拓展。

中国还在一些城市进行物联网应用试点，如青岛市RFID应用全面开花，已在金融、工业生产、公安、工商、税务、城市一卡通以及公共事业管理等10多个领域中应用推广；杭州市市民卡应用逐步深入，累计发卡量217万张；北京市政交通一卡通刷卡交易量全国第一，在公交车、地铁及出租车上开通应用，累计发卡量超过3447万张；广州市“羊城通”集公交通、电信通、商务通于一身，发卡量超过1200万张。

（3）嵌入式系统产业

我国嵌入式系统产业经过多年的发展，目前还存在整体产业链结构不均衡的问题。一方面是硬件依赖国外技术，芯片、平台软件、开发工具实力与国外有很大差距，另一方面是软件开发偏应用软件，以基于中低端应用为主，软硬件同步研发能力弱。

中国嵌入式处理器市场在中国的增长率超过全球增长，但95%的嵌入式CPU是进口的，只有C'Core和神州龙芯等几款国内自己研制的嵌入式CPU。嵌入式操作系统、数据库和开发工具等平台软件中，国外品牌占据了绝对优势，本土品牌虽有Hopen、DeltaOs等少数参与者，在应用规模上无法与国外品牌进行竞争。我国嵌入式应用软件缺乏产业链协同，还没有完全形成系统产业链。

目前，主要依赖于终端制造厂商研发，虽然在各个细分领域都有一定企业占据主流地位，但产品标准化、市场化、专业化和社会化程度较低，第三方软件提供商的参与度不高，采取外包服务生产的嵌入式软件仅占10%左右。

（4）物联网服务业

物联网作为信息化服务市场重点新兴推动力量，对我国近年信息化市场发展将产生深远影响。目前，我国已成为世界制造业中心，信息技术发展迅速，物联网技术研究已迫在眉睫。基于RFID的物联网信息服务系统架构大致分为四层，如图所示。

国家物联网管理中心是一级管理中心，制定和发布总体标准，负责与国际物联网互联，并对二级物联网管理中心进行管理。

二级物联网管理中心分为各行业的物联网管理中心（如公路运输、航运等）和专用物联网（如军用、海关等）管理中心，制定各行业、各领域的标准和规范。各行业和领域内部的统计信息可以存储在二级物联网管理中心，其他行业和领域根据一定权限可以进行查询，同时方便国家管理中心的管理。

第三级为本地物联网管理中心，负责管理各企业、各单位内部的物流信息。这一级是最基本的物联网信息服务管理中心，对本企业或本系统物品进行追踪和信息存储，一

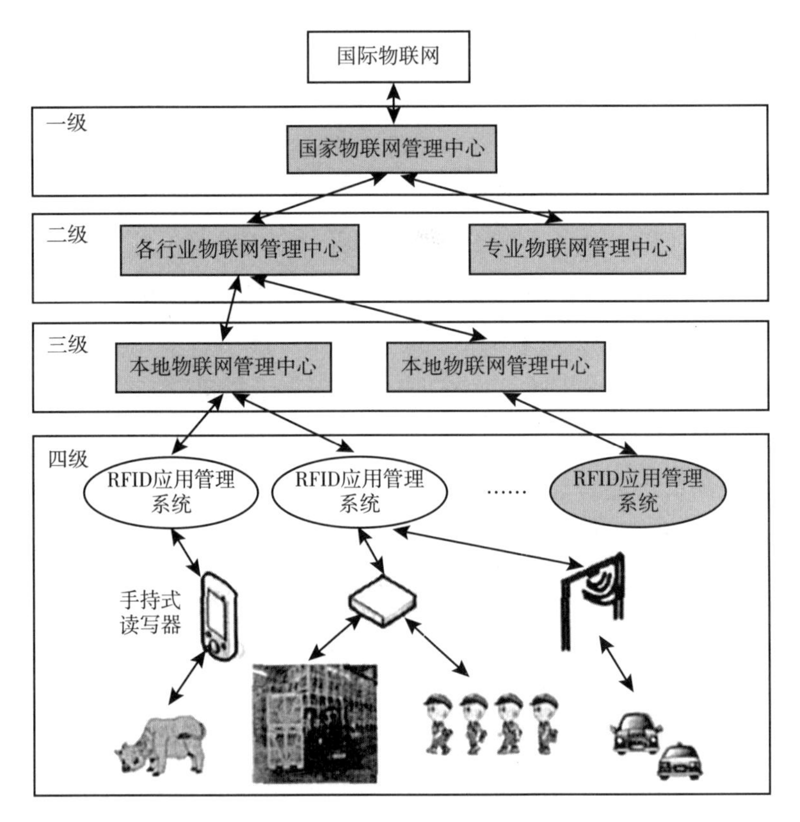

我国基于 RFID 物联网信息服务架构

方面可以了解物品的去向和仓储销售情况，作好生产计划；另一方面在出现事故或丢失时还可以追踪物品制造和流通环节。

第四级为各种 RFID 应用系统，负责前端的标签识别、读写和信息管理工作，将读取的信息通过计算机或直接通过网络传送给上级物联网信息服务系统。每一级信息管理中心负责本级中各节点的信息传输、存储与发布；管理各节点接口的用户权限与数据安全；监控各节点的运转，及时报告和排除故障，保障物联网信息服务系统的安全畅通。

目前，我国在物联网通信服务和运营服务方面已取得可喜成绩，但云计算服务和软件服务与国外差距较大，需要大力提升产业服务水平才能适应物联网全面推进、大规模发展的要求。

通信服务业具有扎实基础。我国通信网络服务和通信设备商都是世界级水平，网络服务能力和产业支持能力可胜任物联网发展需求。随着光纤接入和 3G 等宽带无线接入的大规模部署，我国物联网应用将具有高质量的通信网络基础设施环境。

物联网应用服务主要应用模式为设备与设备间通信（M2M 通信）。M2M 是现阶段物联网的主要应用模式，我国 M2M 应用已发展数年。中国移动已成为 M2M 产业发展主导力量，组建了产业联盟，建立了 M2M 技术研发中心，给上千家合作伙伴提供政策、技术、管理和服务等支持，并成立了 M2M 运营中心，目前已拥有全球最大规模的 M2M 用户，2015 年 M2M 终端数量已经超过了 1000 万，覆盖公共安全、城市管理、能源环保、城市交通、公共事业、农业服务、医疗卫生、教育文化、旅游产业多个领域，年均增长超过 80%，中国电信、中国联通也均涉足 M2M 市场，通信服务正向物联网应用服务拓展。

软件产业规模大、核心竞争力不强。截至 2015 年年底，软件和信息服务产业收入达到 43249 亿元同比增长 16.6%。我国软件产业对外依存度较高，操作系统、大型数据库等系统性软件均依赖国外，软件高端综合集成能力，特别是软件与各行业流程的深度集成和整合能力与 IBM 等公司的差距很大。国内软件产业集中度不高，如在系统集成市场，大的集成商市场份额加起来不到 10%；缺乏有影响力的大软件公司，也不具备大规模协同开发能力，无法占领高端软件市场。软件核心能力不足，处于产业链的低端，软件业内利润率仅为 10%左右，低于发达国家 20%的水平。

我国物联网产业发展有一定进展，但也存在的瓶颈和制约因素。

一是核心竞争力、核心技术不强。目前我国有众多企业开始涉足物联网领域，但企业规模普遍偏小，核心竞争力、技术不强，缺乏龙头企业带动形成产业集群，产业联动效应不足。特别是在应用领域缺乏大型企业，难以支撑以应用为牵引带动产业的发展路线。运营与服务环节中，运营商也是初步进入该领域，市场仍处于探索阶段，拉动效应不明显。

二是创新体系不完善。我国有众多高校科研院所、企业展开了物联网技术研究，然而以企业为主体的创新体系尚未建立，产学研合作不够紧密，科技成果产业化进程较慢，研发生产薄弱、并且集中在低端。

三是缺乏软硬件、网络平台应用等高端综合服务能力。目前，我国物联网企业还处在产业的生产供应阶段，区域性或全国性物联网信息平台确实，导致资源共享困难，影响了物联网应用成效和物联网产业发展。

四是应用数量层次偏低。全国范围内已经出现了一些物联网应用，但总的来说，现有应用数量仍不足以带动产业发展。部分领域应用技术水平与工程化程度较低，一些深层次的问题仍没有得到解决，市场风险仍然较大，难以实现规模化发展。

4. 国内格局

尽管每个人对物联网的理解还不统一，但面对万亿级的市场以及中央将要出台的一系列政策支持，长三角、珠三角、京津唐等各地政府紧急调研，纷纷把物联网列入重点培育新兴产业，加快本地物联网发展。

（1）上海：产业链基本形成

上海是国内物联网技术和应用的主要发源地之一，在技术研发和产业化应用方面具有一定基础。在产业化方面，上海是国内信息产品制造业的重要基地，已经形成了以集成电路、计算机、通信设备、信息家电等为主的信息产品制造产业群，形成了比较完整的物联网产业链，各环节上均取得多项创新成果。上海企业在物联网领域积极布局，开展相应的设备开发；在无线传感网与移动通信网融合、设备与设备间通信（M2M 通信）等方面取得一定的技术成果；开始构建提供公共服务的物联网网络体系，并推进各类行业应用。

目前，上海开展物联网业务的企业超过 80 家，注册资本总规模在 15 亿元人民币左右，从业人员将近 2 万人。目前，上海市初步形成了覆盖芯片设计与制造、标签设计与制造、读写器设计与制造、软件中间件，系统集成等环节的物联网产业链。2005 年 10 月上海电子标签与物联网产学研联盟成立；2006 年 8 月国内目前唯一一个国家射频识别产业化基地在上海落户，近 10 年来，上海企业承担了 100 余项与物联网相关的国家科技重大专项（主要是短距离无线通信技术），总经费超过 5 亿元。

（2）广东：初步形成了物联网产业链

广东的物联网发展较早，因为产业基础好，早在 2010 年前，广东就开始规划下一代互联网。目前物联网的应用主要是 RFID、GPS 等，广东在这方面的应用已经占到了六成，粤港合作和物流信息化是广东在物联网产业中的独特优势。广东省特别是广州和深圳聚集了许多实干型的，专注于物联网产业的企业，并在不断地壮大。

同时物联网产业也吸引了国内外综合 IT 企业参与，其中包括 INTEL，中兴通讯等企业。广东省建立 RFID 公共技术中心，推动物联网技术应用和产业化发展，组建了由粤港有关行业协会、企业、高校等院校组成的 RFID 产业联盟，截至 2015 年底在广东省的非接触式智能卡生产厂家超过了 100 家，UHF 电子标签已经实现自主设计，国际 RFID 巨头，如 Savi、Symbol、Intermec 等也在广东省生产 RFID 相关设备。

广东省企业在 RFID 产业链的各个环节都有分布，从标签、读写器、系统集成等方看，任何产业链上的节点企业都可以很方便在省内找到其供应商或客户。

（3）天津：具备了发展物联网产业的基础

近年来天津工业和信息化得到快速发展，具备发展物联网产业的基础。有着金卡工程建设和城市一卡通应用的成功经验，有着巨大的应用需求以及集成电路技术与产业优势等，这些都为天津物联网发展创造了良好的发展环境。

目前天津已形成移动通信、新型元器件、集成电路和软件等一批重点行业领域，是国家首批九大信息产业基地之一，拥有发展物联网产业相配套的国家超级计算天津中心、天津国家纳米技术产业化基地、国家级软件出口产业基地、国家级火炬计划软件产业基地、天津市 IC 设计中心等一批国家级、市级研发及产业化基地。

另外，天津信息安全技术应用普遍，在公共安全防范设备、智能分析视频监视系统、应急响应管理系统形成了一定的产业规模，信息网络防雷技术与产品居国内领先水平，高端产品占全国 60% 市场份额，保密机、加密机、三合一保密控制系统等加密设备在安全领域广泛应用，这些都为天津发展“物联网”产业奠定了良好基础。

“中国 RFID 产业联盟（天津）基地”2009 年 10 正式天津在空港经济区挂牌成立，中国 RFID 产业联盟与空港经济区将共同建设国家 RFID 与物联网的研发与应用示范基地和行业检测与认证中心，标志着天津在“感知中国”建设中迈出了坚实步伐。事实上，近年来本市以信息产业为基础，以 RFID 应用、开发为主体，推动物联网产业发展，已形成了芯片研发、标准制定、解决方案、系统集成、标签制造等较完整的产业链。

在核心技术（芯片）研发方面，中兴通信 RFID 研发中心、大唐电信 RFID 研发中心、NXPRFID 全球应用系统研发支持中心等相继落户本市；在行业标准制定及解决方案提供商有远望谷、凯奥华等公司，目前已在国防、防伪、物流、动物耳标、铁路客票等领域提供解决方案；在应用系统开发方面有东软、软通等企业；在系统集成方面有登合、微创、台湾正文科技、太极科技、华商投资集团等；在物联网网络设备制作和运营商方面有中兴、大唐、中国移动、中国联通、中国电信等。

“十三五”期间，天津“物联网”产业将重点在 RFID、超级计算、网络、信息安全等领域，发展智能感知设备产业链、物联网综合解决方案、物联网传输产业以及信息安全产业等，把天津打造成为国内重要的物联网产业示范基地。

（4）杭州：起步早基础好

杭州物联网产业起步早、产业发展基础好。位于杭州市的中国电子科技集团公司第 52 研究所、杭州家和智能控制有限公司等企业是国内较早涉足物联网领域的企业，这些企业物联网技术研究和产业化应用起步早，已形成一定先发优势。

截至 2015 年底，杭州市已集聚物联网及相关企业近 100 家（其中上市企业超过 5 家），年产值超 300 亿元，基本形成从关键控制芯片设计、研发，到传感器和终端设备制造，再到物联网系统集成以及相关运营服务的产业链体系。其中，杭州市在无线传感器网络技术研究、射频识别技术（RFID）开发与终端设备制造以及传感元器件设计制造等物联网前端领域已形成初步优势，汇聚了 40 余家相关企业，年产值超 150 亿元；主营业务涉足物联网网络集成、系统解决方案提供以及网络运营和信息服务领域的企业有 40 余家，总体收入接近 100 亿元，并涌现出浙江银江电子股份有限公司、浙江大华技术股份有限公司、浙江大立科技股份有限公司、杭州新世纪信息技术有限公司、杭州中瑞思创科技有限公司等多家在智能安防、智能交通、智能医疗、智能电网领域具有影响力的上市企业。

同时，杭州市还集聚了杭州华三通信技术有限公司、三维通信股份有限公司等一大批全国领先的网络传输、存储、控制设备研发和生产制造企业；集聚了浙江浙大网新科技股份有限公司、恒生电子股份有限公司、信雅达系统工程股份有限公司等一批富有竞争力的软件服务企业。另外，在2009年阿里巴巴集团成立了云计算业务的新公司，开始涉足云计算领域的研究和开发，填补了杭州市在云计算领域的空白。

（5）无锡：国际话语权不断提升

无锡作为我国唯一的国家传感网创新示范区，形成了覆盖信息感知、网络通信、处理应用、共性平台、基础支撑等五大架构层面的物联网产业体系。几年来，无锡物联网产业研究院院长、国家“973”物联网首席科学家刘海涛团队提出的物联网三层架构、共性平台 + 应用子集产业化架构与发展模式等物联网顶层设计被物联网的国际标准、国家标准全面采纳，在国际物联网标准化组织中拥有过半的主编辑席位，为中国赢得了绝对话语权。2015年5月国际标准组织（ISO/IEC）在比利时布鲁塞尔召开的物联网标准化（WG10）大会上，无锡物联网产业研究院副院长沈杰博士重新当选为ISO/IEC 30141国际标准主编辑，标志我国继续拥有国际物联网标准最高话语权。

（三）产业特征

1. 高渗透性

物联网渗透性强，用途广泛，遍及智能交通、环境保护、政府工作、公共系统安全、平安家居、工业与消防监测、物流管理、个人健康护理等多个领域。随着物联网的规模范围扩大、网络功能的增加与完善，所涉及的各类产品（包括软硬件）也将越来越丰富，涉足这些产品的设计、研发、销售的部门也随之增加。

物联网的发展，必然带动与传感器相关产业的发展，如芯片制造、测量、通信、地理信息服务、机械加工等。物联网是在当前通信网与互联网基础上的发展延伸，产业链也与通信网和互联网产业链类似，增加了部分参与者如RFID/传感器制造商、传感网节点制造商、物联网运营商这几个环节。其中物联网运营商是海量数据处理和信息管理服务提供商。

物联网产业在自身发展的同时，还将带动微电子技术、传感元器件、自动控制、机器智能等一系列相关产业的持续发展，带来庞大的产业集群效应。赛迪顾问研究显示：

中国物联网产业在公众业务领域以及平安家居、电力安全、公共安全、健康监测、智能交通、重要区域防入侵、环保等诸多行业的市场规模均超过百亿甚至千亿，至2015年，中国物联网产业市场规模达到5000亿元，年复合增长率超过30%，市场前景将远远超过计算机、互联网、移动通信等市场。

物联网产业具有很强的渗透性。一方面是由于物联网产品的多样性及应用的广泛性，决定了物联网产业有很强的渗透性；另一方面是由于物联网技术应用的普遍性，物联网产业也将广泛渗透于社会和各产业部门，其结果是大大提高了传统产业的劳动生产率、工作效率和人们的生活水平及生活质量。此外，物联网产业内部有关产业部门的相互渗透，如通信业与运营业，制造业与软件业等。

2. 知识智力技术密集型

物联网产业具有知识、智力、技术密集型特点。物联网产业由众多新型的知识、技术、智力型企业组成，如大量的物联网企业以及从事高科技产品研发和信息服务的企业。

物联网产业的生产劳动是以劳动为重点的大量知识、技术、智力密集型的。物联网产业的劳动力结构不再是以体力劳动者为主，而是以科学家、工程技术人员、软件人员等脑力劳动者为主体，而且多为这些专业技术人员的联合与协作。物联网产业的核心技术，如RTID、通信网络技术和软件等既是物联网产业本身的装备技术，又是为社会各领域服务的应用技术，是处于现代科学技术前沿的高新技术。物联网产业中生产和服务业都是以知识、信息的生产、采集、传播为职能的产业，是典型的知识密集型产业。

从物联网产业的产出来看，物联网产业中信息产品生产和信息服务都是以脑力劳动为主的智力活动，没有很强的观察、记忆、思维和想象能力，就不能生产出高质量、高水平的信息产品，就无法进行高层次、高效率的信息服务。

3. 高投入高附加值型

物联网产业是新兴产业，其技术状态和生产水平都在高速发展。物联网产品的生产、技术的开发、人才的培养都需要大量的资金、时间、智能和设备；同时，信息检索系统、物联网运营平台建设也需要很大的投入。此外，无论是技术研究、产品开发，还是产业化实现过程中规模经济的要求都需要投入大量资金，以至于单个企业的力量已难以支撑庞大的资金投入，往往需要数家企业联合起来实施某一项计划和目标。

物联网产业是效益好的高增值型产业，它的高增值性取决于信息产品生产中的低消耗与高产出、高附加值的特征。主要表现在两个方面：第一，在物联网产品的生产、流通及提供利用过程中，大量运用先进的技术和知识，直接或间接地减少了生产中的物质和能源消耗，在物联网产品生产和服务中虽然增加了信息资源的投入，但由于信息资源是一种非消耗性的资源，可多次反复利用，其成本也是比较低的。第二，物联网运营是智力劳动，智力劳动是一种高效率、高效益的劳动，具有垄断性特征，能在短时间内创造出超过其本身价值多倍的价值。

4. 变化莫测

物联网产业的高增值性是建立在高风险性基础之上的。物联网产业的生产经营以及市场竞争活动都有极大的风险性。据资料统计，美国物联网产业风险企业中，完全失败的占 20%，经受挫折的占 60%，成功率一般为 20% ~ 30%。因此，只有那些在经营中有能力承受大的风险并能及时准确做出决策并采取行动的企业才能克服物联网产业这一行业中的高风险，才能成为效益好、增长快的物联网产业企业中的一员。

（四）展望

2009 年如果是中国物联网元年，未来 10 年将是中国物联网产业发展最关键的阶段，各级政府的政策出台、各高校院所的技术研发、标准化进展以及重大专项的设立都将对未来几年中国物联网产业发展的走向产生至关重要的影响。

我国物联网产业规模预计“十三五”末能够超过 1 万亿，物联网万亿级的市场潜力需要较长的培育时间，真正实现万亿级的时间节点在“十三五”后期。物联网产业发展需要应用牵引与技术创新双轮驱动，即物联网产业的突破不仅仅在技术上，更在应用上。未来物联网产业发展可能的几个突破口主要有：

一是政府资金投入将成为物联网产业快速发展的推动力。未来几年仍将保持积极的财政政策。考虑到物联网应用中有相当多政府公共管理与服务的领域，在交通、电力、环保、城市信息化等领域，物联网应用将有较快发展，将引发市场快速启动。

二是公众领域相对成熟的应用将成为物联网产业发展的引擎。智能家居、感知医护等概念已经获得了长期的市场教育，随着产品与技术的进一步成熟，市场需求将得到进一步的激发，细分领域将催生出新兴业态。

三是行业应用将成为未来几年物联网产业发展的主要驱动力。智能交通、城市安防、智能电网等行业市场成熟度较高，这些行业传感技术成熟，政府扶持力度大，在许多城市已经开始规模化应用，市场前景广阔，投资机会巨大，将成为未来几年物联网产业发展的重点领域。

四是传统企业应用将成为物联网产业发展的重要力量。物联网应用的一个重要方向是对传统产业的升级改造。部分传统企业将物联网应用集成至自身的产品中，以实现产品升级，提升附加值与市场竞争力，企业自发的发展将产生更多物联网产业相关的延伸产业。

（五）相关建议

为推进中国物联网健康发展，在发展策略层面，国家应统筹规划，加快构建产业链。通过制定相关扶持政策，引导产业链的各个环节加快融合，重点加强芯片设计制造、设备制造、运营、解决方案、系统集成等环节的产业链构建、整合和优化，尽快形成完整、贯通的产业链。相关省、市要因地制宜，结合自身特点，发挥差异化优势，有所侧重地发展物联网产业，并与本地原有的产业形成良性互动，实现产业的协同放大效应。

1. 加大扶持力度，营造发展环境

我国政府确立了信息化与工业化融合，以走中国特色新兴工业化道路为发展方针。软件硬件作为未来发展物联网的基础性产业，需加大扶持力度，尽快帮助企业在产品研发、市场推广、联合应用方面走出一套适合我国物联网建设的现代产业体系，推动物联网产业由大变强。

第一，加大产业结构调整的力度，促进产品向高可用、智能化方向发展。加大利用高新技术改造传统产业的力度，严格控制高效能、高污染产业的发展；协调通过重大科技项目，推进企业技术改造和升级，加强物联网应用产品的研发投入，引导和鼓励企业加快产品升级换代。

第二，加强自主创新，提高物联网装备产品的国际竞争力。以市场为导向，以未来信息技术发展为指引，走产学研用相结合的发展道路，加强物联网产业链各环节的合作创新，鼓励物联网相关技术或产业联盟的建设，政府投入资金搭建共性技术和公共服务平台，提升联盟企业聚集创新能力；以实施国家重大科技专项为契机，努力突破物联网核心技术和关键技术，推进知识产权和技术标准战略，鼓励企业在掌握核心技术专利，以鼓励企业联合制定技术标准。

第三，围绕物联网建设，制定国家级发展战略和规划。加强规划指导，充分利用两种资源、两个市场，抓住国际产业结构调整，融合转移发展的机遇，提高参与国际分工的能力和水平。同时推进国内相关产业的转移，加快提高国内的综合竞争能力，培育龙

头企业，带动中小企业发展，鼓励企业研发、应用和营销向价值链高端发展。

第四，积极部署基于 RFID 的第一代物联网，鼓励高性能传感设备在互联网的应用发展。制定符合我国实际的 RFID 产业规划相关政策，将 RFID 产业纳入国家重点发展领域；鼓励企业在 RFID 领域的投资，有计划、有步骤的发展 RFID 产业基地，支撑 RFID 在各行业的应用，尤其鼓励物流行业在已有应用的基础上，加快推广步伐，逐步形成国家物联网技术和应用架构。

2. 创新管理体制，营造应用环境

健全物联网推进体制。物联网建设是一项涉及多行业、多部门的综合性、基础性工作，必须切实加强组织领导，强化协调一致。尽早确立国家级物联网工作领导体制，各级信息产业或信息化主管部门应该全面负责物联网应用推广和物联网建设与发展的组织领导和协调工作。

成立跨行业的物联网技术及产业发展机构，从国家层面推动物联网的发展，为未来物联网的全面发展积累管理和服务经验。借鉴信息化工作运行机制，尽快建立适合我国国情的物联网工作运行机制。

各级工作领导机构负责组织实施战略规划、法规规范和技术标准，协调与物联网相关的重大项目建设，并强化对具体建设工作的监督检查力度，以确保建设任务按时完成。完善专家顾问机构，组建各类智囊团，参与发展战略制定、重大关键技术攻关、重点工程项目方案评审和建设成果鉴定等工作，推进物联网建设工作的决策民主化和科学化。

规划物联网的产业政策、法规和标准体系。制定与物联网紧密相关的集成电路、软件、基础电子产品、信息安全产品、网络信息服务业等领域的产业政策，推动物联网装备产业实现跨越式发展，迎头赶上跨国 IT 公司的产品研发步伐。

研究制定鼓励企业进行物联网产品研发、制造、生产和推广的配套政策和措施，加大宏观指导和政策扶持的力度，努力培育健全的、具有核心知识产权的物联网产业链条。

同时，配套制定优惠的财税政策，鼓励各个行业使用和推广具有我国自主产权的物联网电子信息产品。着力构建我国关于物联网的技术标准（如符号、射频识别技术、IC 卡标准）、数据内容标准（如编码格式、语法标准等）、一致性标准（如印刷质量、测试规范等标准）和应用标准（如船运标签、产品包装标准等）。

加强国家物联网发展战略及相关标准的宣传贯彻，积极开展各类培训和应用工作。加强国家级重大项目的指导工作，引导社会力量参与国家级基础网络的建设，引导企业

研发符合国家物联网战略发展方向的产品；充分发挥企业和行业协会的主体作用，不断制定和完善产业技术标准、信息技术应用标准和产品技术规范，重点促进信息共享、业务协同、信息安全等标准的研究制定，加强标准的推广应用。

尽早完成无线频谱的规划工作。我国已经规划的 RFID 的频段有 50 ~ 190kHz，高频波段是 13.56MHz 加减 7kHz，还有是 432 ~ 434.79MHz，这些开放频段的所有指标都是参照我们国家微功率（短距离）无线电设备技术要求进行的。我国规划的另外一个频段就是 900MHz、910MHz、910.1MHz 这三个频点，已广泛应用于列车车辆识别。当前，我国应结合自身的国情，在考虑 RFID 频率规划时，必须慎重考虑 RFID 业务与现有的无线电业务频率的供应问题。

3. 利用智能改造，全面推广应用

积极推进基于 RFID 的物联网应用。加大投入对 RFID 技术进行研究和应用，时刻保持在该项技术发展的最前沿，并对其改变适时做出战略调整。鼓励和支持在公共安全、生产管理与控制、现代物流与供应链管理、交通管理、军事应用、重大工程与活动等领域中优先应用 RFID 技术，为 RFID 技术大规模应用提供经验。

公共安全领域。为提升人民的生活质量，构建和谐社会，迫切需要通过应用 RFID 技术加强管理，具体包括医药卫生、食品安全、危险品管理、防伪安全、煤矿安全、电子证照、动物标识（涉及公共卫生安全）、门禁管理等。

制造业领域。以信息化带动工业化，在企业原材料供货、生产计划管理、生产过程控制、精益制造等方面，使用 RFID 技术可以促进生产效率和管理效率的提高。具体应用方向包括汽车制造、家电生产、纺织服装等。

物流领域。RFID 技术应用在物品的流通环节，实现物品跟踪与信息共享，彻底改变了传统的供应链管理模式，极大地提高企业运行效率。具体应用方向包括仓储管理、物流配送、零售管理、集装箱运输、邮政业务等。

交通运输领域。在国家口岸进出口货物通关监管工作中，各口岸执法部门协同应用 RFID 技术，实现对进出口货物的跟踪与定位监管，加强通关监管水平，提高通关效率。利用 RFID 技术对高速移动物体识别的特点，可以对运输工具进行快速有效的定位与统计，方便对车辆的管理和控制。具体应用方向包括公共交通票证、不停车收费、车辆管理及铁路机车、车辆、相关设施管理等。

军事领域。军事后勤保障迫切需要实现可视化管理，具体包括军事物资装备管理、运输单元精确标识以及快速定位和主动搜索等。RFID 技术与其他相关技术集成，可以构建快速识别、数据采集、信息传输相融合的综合服务体系。将 RFID 技术用于大型运

动会、展览会等重大活动的综合管理，具体包括票证管理、车辆管理、设施管理等。

加快应用终端的智能化改造步伐，提升网络连接能力，采集、整合终端信息资源，开展物联网行业应用。

改造、连接电网控制设备，搭建智能电网系统。远程监控可感知故障发生的时间、地点及能源低效点，实现智慧的电力供给和配送；互联互通使消费者能根据电价和电力使用高峰灵活的调整电力使用；使用传感器、智能仪表、数字控制和分析工具自动监控电能的双向流动。

数字化改造医疗设备，搭建智能医疗系统。医疗行业的物联网支持数据共享和同步，可提高医疗服务的速度和质量；使得远程诊断和治疗成为现实；医院和虚拟团队的整合，可以提高资源使用效率。

无线、有线传感设备的连接，构建智能交通信息网络。嵌入在道路中的传感器可监控交通流量；车上安装的传感器监控车的状态，并将其移动的信息传送到交通网。

建立在先进信息技术和电子技术基础上的整合的无线及有线通信可对交通状况进行有效预测，以帮助城市规划者实现交通流量最大化。智能化的交通基础设施可更加智能地优化交通网络流量，并改善客户总体体验。

4. 注重信息安全，健全全面保障

整合通信管理、密码管理、公安、国防、信息化建设等，国家党、政部门的管理职能成立国家级公共网络和信息安全管理机构。主要负责制定、落实国家信息安全战略与政策；执行保障信息安全的国家计划，促进国家级的信息安全，分析国家安全形势，并确定计划；监测网络与信息安全威胁和攻击，组织协调对应措施；协调平衡国家其他公共机构、社会组织和公民之间的利益，促进提高认识和发起教育宣传活动。

在物联网发展的关键时期，为了保障我国在物联网环境下的国家信息安全需要着重抓好以下几个方面的工作：第一，起草制定物联网与信息安全有关的政策；第二，执行物联网与信息安全相关政策，管理或引导行动；第三，确保未经授权的个人或机构不能随意访问或得到物联网上的敏感个人信息，敦促公共机构、企业和其他组织保护个人数据安全；第四，坚持针对公众电信运营商的电子通信监管框架。

五　物联网运营业

生命在于运动，物联网的生命也在于“运动”。

当相关的制造业和系统集成商在构建物联网，攫取完物联网“第一桶金”后，又开始将目光瞄准了物联网项目的运营商。

其实，有远见的物联网企业，早就已经把目光投向了未来的物联网运营业——一个价值空间十分巨大的新兴产业。

在这个产业空间里的竞争会更加激烈。和互联网一样，谁控制了物联网的运营业，谁将来就会控制整个世界。

（一）战略性资产

物联网体系中众多的信息采集点和信息传输系统将海量的“物”的运动信息时时、自动采集传输到智慧的处理系统中来，形成物联网特有的信息资源。

物联网信息资源是指人们在国民经济和社会发展过程中的各个领域、各个层次应用物联网技术产生和使用的信息内容的总和，它既包括各类社会生产、生活和经济活动的信息，也包括与各类自然和社会活动相关的信息。从物联网信息表达的内容看，物联网信息资源既包括了自然界的运动状态信息、人类各种生产和经济活动信息、人类社会运行和服务管理信息、各类基础设施运行信息，以及与之相关的科技、教育、军事、文化等社会人文信息资源，也包括空间地理信息、气象信息、动植物物种信息以及人类遗传信息等自然信息资源。物联网信息资源超越了传统沿用的文献、情报、知识、数据等多媒体信息的概念。

物联网信息资源是国家和社会的重要财富和资产，是未来信息社会最活跃的生产要素之一，更是未来国际竞争的焦点。

物联网信息资源开发和利用的水平直接关系到政府对关键基础设施的掌控能力和服

务能力，关系到物联网企业的竞争力。

物联网信息资源的开发利用，对于我国的经济增长、社会进步、科技水平提高、综合国力的增强乃至国家安全都有着重大的影响；对于实现国家的可持续发展和全面建设小康社会具有重要的全局意义。

1. 重要的资源

物联网的核心，体现在现实世界“物”的运动信息被虚拟空间自动获取后，虚拟空间对采集来的“物”的信息资源的智能处理，再实现对现实实体世界“物”的反馈的能力。

在未来的信息社会里，人类用以改造自然的生产工具、劳动产品以及我们人类本身都将被物联网技术所武装，整个经济和社会运转被基于物联网的信息所控制，信息资源作为生产要素、无形资产和社会财富，与能源、材料资源同等重要，在经济社会资源结构中具有不可替代的地位，人类社会的生产和社会活动将围绕着物联网的技术和应用而展开。对物联网信息资源的获取、占有、控制、分配和使用的能力成为信息社会中一个国家和地区经济发展水平和社会阶段的重要标志。

简单说，物联网的核心价值在于对物联网系统信息资源开发利用的能力。物联网信息资源的运营模式成为物联网商业运用模式的核心。

2. 种类繁多

物联网信息资源的类型是多种多样的。不同类型的信息资源有不同的特点、价值和用途。

（1）按信息运行机制和政策机制不同，物联网信息资源分为：

政府物联网信息资源：政府拥有的，包括由政府收集和生产的信息，即在政府物联网运行流程中产生的各类信息资源。在我国，政府物联网信息资源包括：地理信息系统信息资源、重要基础设施运行产生的物联网信息资源、智慧城市建设和运营产生的各类信息资源等。

政府物联网信息资源：政府部门为履行管理国家行政事务的职责而采集、加工、使用的物联网信息资源；政府部门在业务过程中产生和生成的物联网信息资源；由政府投资建设的物联网系统产生的物联网信息资源以及由政府部门直接管理的物联网信息资源；重要基础设施运行中依赖和产生的各种物联网信息资源等。

军事物联网信息资源也是政府物联网信息资源的重要组成部分。

政府物联网信息资源是一个国家物信息资源的主要组成部分。从数量看，政府物联网信息资源占到全社会物联网信息资源总量的 70% ~ 80%。

从地位看，它在一个国家进行政治、经济、科技、军事、文化领域中具有重要的战略意义；从作用看，它是政府部门、企业单位、公众个人社会生产和经济活动以及信息社会发展普遍需要、不可或缺的重要战略性资源。

政府物联网信息资源是政府行政管理和社会服务的基础，是各级政府进行决策的前提。作为一种重要的国家资源，政府物联网信息具有全社会所有的公共属性。

公益物联网信息资源：进入公共流通领域的，由公益性机构管理和提供的公益性物联网信息资源。公益性物联网信息资源包括道路交通信息、水文气象信息、天文信息、空间地理信息、科教文卫以及涉及公共安全的灾害信息等基础性物联网信息。

公益性物联网信息资源开发利用是指以公众受益和社会效益为目的，以非营利方式向公众提供基本和普遍的物联网信息服务，以及为提供这种物联网信息服务所进行的相关开发活动。公益性物联网信息资源开发利用具有不可替代的地位和作用：它可以满足信息社会中人类对信息的基本需求，公益性信息资源开发利用是为社会公众提供普遍性的信息公共产品，以免费或非营利的方式面向全体社会公众提供服务。换句话说，公益性信息服务是社会群体中每个人都能够得到的服务。公益性物联网信息资源的提供，是信息社会文明程度的表现。

公益性物联网信息资源包括两个方面的含义：一是指信息资源的非专有性，另一个是指工作的非专用性。在物联网信息资源方面，用于公益性使用的物联网信息一类是本身就不存在专有性。例如：政府和各类社会组织机构为满足社会基本需求所发布的信息；另一类是物联网信息专有权人为了公益性目的而放弃了专有权的物联网信息。在工作方面，只要对社会、国家和个人无任何利益损害，不以谋取个人利益为目的，任何人都可以参与到提供公益性物联网信息的活动中来。

商业物联网信息资源：由 / 为商业机构或其他机构以市场化方式收集和生产的，以赢利为目的的各种物联网信息资源。商业性信息资源广泛存在于各企业物联网技术应用的各个环节，包括企业是生产、经营、管理、市场等多个领域，是企业的核心竞争力的重要组成部分。

随着物联网技术的发展和应用的推广，未来将形成的新的产业形态：物联网信息采集业——一种专业的物联网信息采集业。物联网信息商业化将成为未来物联网发展的趋势和特点。

（2）按信息的所有权划分

按信息资源的所有权划分为公共物联网信息资源（简称公共物联网信息）、私有物联网信息资源（简称私有物联网信息）和个人物联网信息。

公共物联网信息：公共物联网信息是属于公众物联网的信息，为公众所信赖的、并在法律允许的范围内为公众所享用。显然，公共信息不等于公开信息。它包括公开和不公开物联网信息，即包括政府机构打算或不打算公开的物联网信息。公开物联网信息包括那些由某个政府机构挑选出来作为自己主动公开的物联网信息，或被法庭强迫公开的信息。

私有物联网信息：与公共物联网信息相对的是“私有信息”（Private Information）。它指属于某个组织所专有，并打算自己单独使用的物联网信息，又称“专有物联网信息”。以公司为例，私有信息包括生产数据、供应链信息等许多商务信息都是严格专用的。虽然有些商务物联网信息按法律必须公开，但大部分公司自身建设的、用以服务本单位的物联网信息可以免于公开，受法律保护。

介于公共物联网信息与私有物联网信息之间有一个灰色区域，既不是完全公有也不是完全私有的，它属于受控使用的物联网信息，只限于合法用户使用。例如，某些行业协会提供的物联网信息，只限于其会员使用。

个人物联网信息：是指个人在生活、工作中，所产生的或者应用的物联网信息的总称。包括以任何形式记载的、有关某个可识别的个人的物联网信息，包括此人的位置信息、身体状态信息、工作状态信息、通信信息、血型、指纹、医疗史、生活信息等，这些信息都属于个人物联网信息。

私有物联网信息可能涉及某个组织核心竞争能力或商业机密，而个人物联网信息涉及个人的几乎全部隐私，所以，在信息社会里，物联网信息安全成为越来越被人们关注的焦点。

（3）按信息增值状况划分

基础性物联网信息资源：机构业务流程中产生的，未经过加工或加工程度较低的，保证各行业和机构正常运作必不可少的物联网信息资源。

增值性物联网信息资源：在基础性信息资源的基础上经过增值、加工程度较高的物联网信息资源。

3.“一座金山”

物联网技术的应用和物联网运营过程中产生了大量的信息资源，由于物联网的信息是由物直接产生的，其信息量较互联网时代人类产生的信息成指数形式倍增，大量的物联网信息资源。

在脑力劳动者成为劳动者主体，智能工具成为标志性劳动工具和信息资源成为重要的劳动对象的信息社会，无限的物联网信息资源将逐步替代物质的自然界，成为人类劳动的对象。

在信息社会，开发和利用无限的物联网信息资源，将成为人类的主要任务，无限是物联网信息资源将会再被人类开发利用的过程中，为人类带来无限的财富。

更进一步讲，随着物联网技术的发展和应用的深化，人类获取财富的途径将从对物质世界量的占有逐步转化为对物质世界利用效率的提高上。

只要占有很少量的物质世界，就可最大程度的满足人类生存条件。物质和能量的关系得到解决，称为人类生存的三大支柱：物质、能量和信息得到统一。

信息成为人们赖以生存的基本条件，人与社会和谐发展。

物联网信息资源——未来信息社会永不枯竭的“金山”。

4. 展开争夺

物联网信息资源开发利用的价值已经被诸多的商家所看到，对这座金山的开发权的竞争已经开始了。

（1）授权许可——政府物联网信息资源开发

为了推动物联网的发展，在物联网发展初期，政府投入了很多资源用于各种社会管理和服务的物联网系统建设，随着这些物联网系统的运行，大量的政府物联网信息资源开发利用的价值逐步体现。

政府物联网信息资源开发利用总体上分为两类情况，一类是对于政府的基础性物联网信息资源进行增值开发以后还用于政府对社会的管理、服务和政府决策服务，另一类是将政府物联网系统运行中、可以经过增值开发以后，再进行商业服务的物联网信息资源。这两种物联网信息资源开发利用的价值同等重要，并且开发利用的增值空间都很大，也都可以进行商业化的运作，因此，也就成为物联网信息资源开发利用企业竞争的重点领域。

无论哪一类，针对政府物联网信息资源开发的组织（或企业），都必须是要经过政府的认可或授权。

在第一类为政府管理、服务和决策的物联网信息资源开发过程中，政府可以通过向政府认可或授权的组织（或企业）以购买服务的方式获得增值性物联网信息资源，也可以是政府所属部门自行的进行增殖性开发。

而在第二类通过开发政府物联网信息后进行商业服务组织（或企业），也要取得政府认可或授权后，购买政府的物联网信息资源（也可以称之为经许可后的有偿使用）进行增值的开发和商业性服务。

政府物联网信息资源作为政府（或者国家）的公共资源，其有偿使用费用要符合相关的政策规定。

在现阶段，政府物联网信息资源的增值开发，将成为物联网信息资源增值开发的重要对象，取得政府认可或授权具备对政府物联网信息资源进行的资质，将成为相关组织（或企业）竞争的焦点。

（2）行为锁定——公益性物联网信息资源开发

向公众提供更多的公益性信息已经成为社会文明程度的重要标志。随着物联网的广泛应用，人们对物联网信息的依赖程度将越来越强。政府按照《政务信息公开条例》公开的政务信息已经不能够满足人们的人常生活的基本需求，公益性物联网信息资源将成为人们赖以生存的基本保证。

公益性物联网信息所涉及的信息通常是与公众的生产生活、交通出行、工作娱乐、文化教育乃至生存环境有关的基本信息。

公益性物联网信息资源所涉及的信息均是可以向社会公开的信息，而不涉及国家秘密、国家安全、企业商业秘密和个人隐私方面的信息。

从对公益性物联网信息的增值开发角度上来看，我国从事物联网信息资源公益性开发利用的主体主要包括政府部门、公益性社会组织以及企业、个人等。物联网信息资源公益性开发的资金渠道有两个方面，一是来自政府的投资，二是来自社会组织的投资。

为满足社会公众的基本信息需求，政府除进行信息公开以外，还提供多种公益性物联网信息服务，信息技术的飞速发展，为政府公益性信息服务提供了便捷的手段和途径，其中典型的有天气预报、地理信息、环境信息等。

从事物联网信息资源公益性开发的社会组织包括政府投资设立公益性信息服务机构和按照法律法规由社会力量兴办的公益性信息服务机构。政府投资设立公益性信息服务机构是公众获取公益性物联网信息的最主要途径。

由社会力量兴办的公益性机构主要指根据民政部《民办非企业单位登记管理暂行条例》、《社会团体登记管理条例》等有关法规规定成立的民办非企业单位、社会团体等非营利性机构。这些机构中有相当一部分（例如行业学会、行业协会等）从事物联网信息资源公益性开发，提供公益性物联网信息服务。

但随着经济的发展，企业、个人及其他社会成员基于自愿原则投资、资助和参与公益性物联网信息服务的活动日趋增多。企业、个人及其他社会成员所提供的公益性物联网信息服务正逐渐成为社会获取物联网信息的重要渠道之一。

公益性物联网信息资源增值开发的关键特征在于非营利性，其目的是满足社会的基本信息需求，追求的是社会效益。有一点需要注意，非营利并不等于不收费，而是不以营利为目的，收费的原则是价格低廉，旨在收回成本。

公益性物联网信息提供对于盈利组织（或企业）来讲，也有其非常积极的一面。专注于某一个领域的公益性物联网信息资源的提供，可以使人们对该组织（或企业）产生信息依赖。这种信息依赖对于该组织（或企业）来讲就是最大的社会认知度，或者说能够取得最好的广告效应。

利用其自身的优势，向社会提供公益性的物联网信息，将会成为一些大企业展现其社会责任的主要渠道。

公益性物联网信息增值开发，将成为行业性大企业或跨国公司为锁定客户而竞争的主要对象。

（3）“短兵相接”——商业性物联网信息开发

现阶段我们建设的物联网系统基本上都是为某一项工作直接服务的，对这些物联网系统产生的众多的物联网信息资源的增值开发，成为商业性物联网信息开发的主要内容。

从事商业性物联网信息增值开发的组织（或企业），其原材料是基础性物联网信息资源，而其提供的产品将是经过增值开发后的“综合性信息产品”。

从事商业性物联网信息增值开发的组织（或企业）面临两个市场的竞争，一个是基础性物联网信息资源获取的竞争，如果不能够及时准确地获取到第一手的物联网基础信息资源，这些组织（或企业）就不能够及时地提供有效的增值信息服务；同样，也面临着增值信息产品市场的竞争。

随着产业进入门槛的降低，众多的信息咨询企业将加入到商业物联网信息资源增值开发的产业中来，竞争将会非常惨烈。

商业性物联网信息增值开发“综合性信息产品”可以是多种多样的，有关联数据分析的、历史数据挖掘的、未来趋势预测的、突发性事件紧急处理的；有直接提供数据的、也有提供综合来信息咨询报告的。

当前的信息咨询公司，在物联网时代，都不得不大量依赖于物联网基础信息，因

零售市场快速反应信息咨询

基于 RFID 在各大卖场的广泛应用，快速消费品的市场销售情况在各卖场能够及时准确的得到。各个卖场应用 RFID 进行库存、销售和供应链管理。

M 公司是一家从事快速消费品市场信息咨询的公司。M 公司和多家卖场签订了合作协议，购买多家卖场的物联网信息资源（当然不会泄密），而后，通过对区域性卖场的进销存物联网信息进行分析，向快速消费品生产厂商提供咨询报告，效益非常好。

此，市场上的各类信息咨询公司，都将会成为商业性物联网信息开发的实体，并会展开短兵相接形式的竞争。

5. 加强规制

物联网信息已经成为重要的资源和战略性资产，物联网信息资源的增值开发将是最有诱惑力的产业，已经逐步被人们所认知。

然而对物联网信息增值开发的一知半解、狂躁冲动、不知所措一直困扰着人们。在这种时候，政府应加强引导，使这个未来的朝阳产业快速走向正规。

政府要研究加速制定物联网信息增值开发的政策；鼓励通过行业协会推动行业自律；研究物联网信息资产作为无形资产的评估和投资政策。发展壮大物联网信息增值开发的骨干企业，支持国内企业参与国际物联网信息增值开发的竞争。鼓励传统信息咨询产业向数字化、网络化的物联网信息增值开发方向发展。加快宽带通信基础设施的建设，为物联网信息增值开发提供优质传输平台。

加大政府物联网信息的采购力度。财政投资的物联网系统的信息采集，除了必须通过政府部门自身工作采集的之外，要充分利用市场获取高质量的物联网信息商品和服务。拉动物联网信息增值开发市场有效需求。

要加快物联网信息增值开发的市场化进程，逐步提高物联网信息增值开发服务的商品化程度，扩大有效需求，鼓励物联网信息消费和供给，营造公平的物联网信息增值开发市场竞争环境，促进物联网信息增值开发产业的发展，扩大就业，使物联网信息增值开发产业对 GDP 的贡献不断增加。

鼓励引导企业和公众扩大物联网信息消费。加快推进企业物联网系统建设，带动企业搞好自身物联网信息的增值开发，并重视利用物联网信息增值开发市场，获取商品化的物联网信息产品，扩大公众的信息消费。

（二）清点运营业

物联网的运营是物联网系统是否成功的唯一标识。

物联网的运营包括物联网硬件系统和软件系统的运行维护、物联网信息资源的开发利用、物联网系统的安全保证以及和其他系统的信息交流与共享等内容。

构建物联网是给予物联网的身体，而物联网的运营才是给予了物联网以生命，物联网的运营就是人和“物”的信息生命形态的交流，是物联网的核心。

1. 自建自营

自建自营的物联网运营模式在物联网发展的初期较为普遍。而初期的物联网系统主要是为了完成某一项具体的工作而建设的，一般来讲是项目的建设者来运营这个物联网项目。

企业自建自营的物联网项目一般是和企业的生产流程和经营模式密切关联。对于中小企业来讲，初期的物联网系统主要是提升企业的流程监控和管理水平，对提升企业的核心竞争能力有重要的贡献。而基于流程的大中型企业的物联网项目，大部分是基于工艺流程的可视化管理和智能控制开始的。

（1）动力

中小企业自建自营物联网的动力主要来源于以下几个方面：

成本主导型：这种模式的企业以成本降低作为企业物联网技术应用的主要目标和推动力，通过应用自建的物联网系统，对企业运营中各环节成本的削减获得经营效益和提升企业竞争力。企业通常运用物联网技术，对企业物流、资金流、信息流进行有效的管理，实现降低生产成本、管理费用、财务与销售费用的经营目标，提高企业内部运营效率和效用。

市场主导型：企业将以物联网系统作为供应链是市场智能化管理的主要手段，借助物联网技术来营造全供应链的可视化、准时化和敏捷化管理手段。企业通过物联网系统管理供应链、提供产品服务，实现企业的价值。主要业务活动包括销售产品的全寿命周期管理、增进顾客互动关系、改善为顾客服务等方面。

技术主导型：企业外部经营环境的不确定性和企业管理的复杂性，使得企业通过传统方式解决运营管理问题的效率低下、效果不理想。物联网技术的快速发展促进了企业生产和管理技术的开发和完善，企业一方面通过物联网技术解决经营管理问题，另一方面通过物联网与传统生产经营技术的结合可以创造新的价值增长点，实现在企业核心价值的提升。

（2）类型

自建自营的物联网项目从物联网建设的组织（或企业）性质来讲，分为：

单个项目的分散运营类型：这类项目较多，建设物联网系统的目的基本上是为了完成某一个项目（或功能），项目建设完成后，由项目的所以者自身运营该物联网项目。众多的中小企业物联网初期项目，数字城市不同的管理物联网系统等，都是采用的这种模式。

集团项目的集中运营类型：对于行业集团性公司或跨国公司，基于集团的集约化管理要求，其行业应用的物联网系统建设可能是分地区、分部门建设的，但当集团物联网项目建成之后，物联网的运营由集团公司的专业部门负责集中运营。

这种集团物联网项目的集中运营模式，可以通过大型企业集团在供应链上采购、研发、分销等环节的物联网技术应用和运营，来带动和促进供应链上下游中小企业的物联网运营活动，提高整体产业链的物联网运营能力。集团物联网项目的集中运营，可以实现集团企业内部资源充分共享，实现同企业供应商、客户的紧密协作。

（3）运营特点

自建自营的物联网系统，和建设物联网的组织（或企业）的业务联系比较密切，物联网技术的应用，达到传统生产、经营的全供应链可视化管理。物联网的运营就是该组织（或企业）的生产和经营的全过程，这种应用物联网技术将传统的生产和经营过程物联网化的运营模式，本身就是该组织（或企业）的核心竞争能力。这种情况下，一般不外包。

（4）优势

物联网的运行和本组织（或企业）的常规业务联系比较紧密，物联网运营和业务模式高度符合。对于大企业或者跨国公司来讲，有较强的物联网技术人才，物联网运营在提升组织（或企业）核心竞争力的同时又可以保持其竞争优势不外泄。

（5）劣势

对于中小企业来讲，规模较小、企业实力不强，内部资源不足，影响了企业物联网技术更新的步伐。物联网运营的重复性投资是最大的问题，其次是专业技术和人才的缺乏，以及物联网运营技术不足，企业应用物联网的效果不能够最大限度地体现。

（6）风险

无论大企业还是小企业，自建自营模式，物联网信息资源都几乎在一个封闭的系统内进行循环，基本上处于一次应用的基础性物联网信息资源，增值开发的空间不大，不能够最大限度的发挥物联网的优势，物联网运营的成本相对较高。

另外，非专业性的物联网运营，对先进的物联网技术和运营技术的更新换代的意识和能力也较差，使得原本建设的功能强大的物联网系统的功能发挥不到位。

（7）几种模式

龙头企业的物联网运营模式：这种模式通过大型企业或集团自有资金来建设和运营企业信息化与物联网运营平台系统。主要通过大型企业集团在供应链上采购、研发、分销等环节的信息化与物联网运营活动，来带动和促进供应链上下游中小企业参与物联网运营活动，提高其物联网运营知识水平和操作能力。大企业借此实现内部资源充分共享，实现同企业供应商、客户的紧密协作。

在龙头企业带动模式的物联网运营活动中，通常电子采购方式最为常见。电子采购一般是针对企业上游的供应商而言的并且常常指较大规模和经常性的原材料采购。由于互联网是基于全球的，在网上寻求供应商选择的余地大大增加，这有助于更好的压低成本，寻找质量更为优良的产品，并且在运输传送这样的问题上可以大大节省开支。在电子采购的过程中网上的协商和合同签订都可以进一步的降低成本，而对于供应商来说其产品有更多的潜在客户，整个交易过程的成本也很低，批量采购带来的产品销量增加往往成为他们的主要收入来源。

跨国公司的物联网运营模式：跨国公司在采购、配送和销售等环节的流程要复杂得多，他们进行物联网运营的最大的目的是节省费用和减少这些环节中的时间差。跨国公司已经具备了一定的计算机软硬件水平，有相对完善的网络系统，跨国公司利用其信息化优势，在全球范围内调配资源，不断在加强和扩大其优势，并更多地通过网络进行整个供应链的管理，包括物资采购、物流运输、产品协作开发、网络销售等活动。跨国公司在进行物联网运营活动时通常要求上下游企业通过物联网运营手段来进行配合企业的商务流程。跨国公司通常在全球范围内进行集团范围内一体化的物联网运营活动，投资建立物联网运营系统；而有些跨国公司通过联盟协作方式建立物联网运营系统。从物联网运营实践来看，通过 B2B 电子采购平台与合格供应商进行协作的方式比较常见。

最终客户大企业的物联网运营模式：一方面企业将信息化与物联网运营的应用作为企业重要的市场营销工具和营销方式的扩展，借助信息技术来营造网上经营环境，企业通过市场提供产品服务，实现企业的价值，主要目的是扩大收入主要来源。业务活动包括产品全供应链可视化管理、虚拟体验、提升品牌形象、增进顾客关系、改善为顾客服务。尤其是虚拟体验对促进销售业务与改善客户服务作用最为突出，对于销售业务可以增加销售额度、扩展销售渠道、节省市场营销费用；另一方面会促进顾客服务方式的演进。传统的顾客服务方式主要为电话咨询、上门服务、开设服务网点等，但毕竟受到服务时间和地理位置等因素的影响，顾客服务难以做到十分完美，或许要花很大代价。通过物联网与物联网运营系统可以为顾客提供更加快捷、更加方便、更加个性化的服务。

2. 专业运营

随着物联网系统的逐步增多，一个新兴业态——物联网专业运营业也就会应运而生。

自建自营的物联网运营模式在物联网发展的初期较为普遍。而随着物联网应用的普及，对物联网建设技术和物联网运营技术的需求将会越来越专业；同时，物联网砌块式结构使得不同的物联网系统之间的联系更加密切，砌块缝隙更趋于细化，信息交流更加频繁，各系统之间的依赖越来越明显，单一系统的物联网应用已经远远不能满足各类不断增长的需求。

于是，专业经营物联网的企业产生了，一种新的产业形态——物联网运营业产生了。

从广义角度讲，物联网运营业就是直接从事物联网建设、维护、更新和信息的收集、存储、加工、传递、交流，向社会提供各种物联网运行或服务的行业。

（1）动力

物联网在大规模基础设施到一个阶段之后，物联网技术和业务的融合以及物联网信息资源的开发利用将得到比较充分的重视，有越来越多的业务部门将依赖物联网与其他业务部门的沟通，并且采取多种方式进行沟通，沟通的内容也不仅限于业务需求，还逐步涉及业务战略和客户需求方面。

当物联网的基础设施的技术已经基本完成，投资重点将转向物联网的综合服务能力和物联网的运营。同时，随着物联网系统产品应用范围的拓展和应用水平的提高，企业对于物联网所提供服务的需求正在逐步细化和复杂化、投资日趋理性化，对于物联网服务价值的认可度和接受度也在相应提高，对物联网应用价值的判断力也在逐步增强。

物联网在完成第一阶段基础设施建设硬投资之后，社会将逐步转向物联网系统建设的软投资，重点在于物联网系统的充分使用——物联网运营层面。

物联网系统运营和基础设施建设不同，物联网系统运营的技术含量更高，应用技术更先进，系统更新换代周期相对更短，系统建设、实施、维护专业性更强，同时物联网运营产生的价值将和规模成正比。

随着物联网系统功能的越来越强大，系统越来越复杂，关联物联网系统之间的联系越来越紧密，单一的物联网系统运营将会越来越力不从心。

于是，企业选择将自己的物联网系统外包给专业的第三方物联网运营公司来实施——物联网运营业在物联网发展到一定程度之后就应运而生了。

而物联网运营的核心，就是物联网信息资源的运营。

（2）类型

平台推动型。在物联网信息资源运营过程中，由于在资金投入、人才储备、经验积累等方面受到约束，第三方物联网运营服务平台成为降低物联网运营成本的有效措施。第三方物联网运营服务平台通过物联网平台租赁形式提供物联网运营服务，可以显著降低企业在物联网软硬件、人力资源、系统运营与维护等方面的资金投入，可以获得更加专业的物联网技术服务。第三方物联网运营服务平台可以在一定范围内对企业物联网信息资产的运营信用、交易行为的约束机制等问题提供有效的解决方法。尤其对于中小企业来说，成熟的第三方物联网运营服务平台能够推动中小企业物联网信息资源共享应用的深度和广度。

这类第三方的物联网运营服务平台经过一定时间的积累，掌握了大量的物联网信息资源，就会成为专业的物联网运营企业。

物联网集成商转型。物联网集成商掌握大量的物联网建设资源，同时承担着其建设的物联网信息系统的维护工作，于是这些物联网集成商在物联网建设市场竞争激烈或建设高峰期过后，就理所应当的担任起物联网运营商的角色。

（3）运营特点

独立运营，大部分专业运营企业同时运营多个物联网系统，为多家提供多种物联网信息服务。一般具有云计算和云运营平台，通过分析物联网运营平台的功能和性能需求，发现其在以下几个方面显现出了云计算特征。

对资源有大规模、海量需求：未来专业物联网运营平台需要存储数以亿计的传感设备在不同时间采集的海量信息，并对这些信息进行汇总、拆分、统计、备份，这需要弹性增长的存储资源和大规模的并行计算能力。

资源负载变化大：有些行业应用的峰值负载、闲时负载和正常负载之间差距明显，例如无线 POS 刷卡应用在白天较忙，而在夜晚较空闲。不同行业应用的资源负载不同，例如低频次应用一般 10 分钟以上甚至 1 天采集、处理一次数据，而高频次应用会要求 30 秒采集、处理一次数据。另外，同一行业应用由于是面向多个用户提供服务的，因此存在负载错峰的可行性，例如居民电力抄表可以分时分区上报数据。

以服务方式提供计算能力：虽然不同行业物联网运营的业务流程和功能存在较大差异，但从物联网运营角度来看，其计算控制需求是相同的，都需要对采集的数据进行分析处理，因此可以将这部分功能从行业密切相关的流程中剥离出来，包装成面向不同行业的服务，以平台服务方式提供给客户，客户只要满足服务接口要求，就能享受到这些服务能力。例如可以在物联网运营平台实现一个大气污染监控的计算模型，并暴露服务接口，行业应用调用这个接口就能够获得监控数据分析结果。

（4）建设需求

专业物联网运营商要主导物联网发展，掌控物联网的计算控制能力，就需要构建物联网运营平台，集成产业链的上下游系统，为客户提供一站式电信级专业物联网运营服务。物联网运营平台需具备以下功能。

业务受理、开通、计费功能：要成为物联网业务的服务提供商，需要建立一套面向客户、传感器厂商、第三方行业应用提供商的运营服务体系，包括组织、流程、产品、支撑系统，其中支撑系统应具备业务受理、开通、计费等功能，能够提供物联网产品的快速开通服务。对于电信运营商来说，现有的电信业务运营支撑系统已经具备了较完善的受理、开通、计费等功能，根据物联网产品特点做相应改造即可，当然也可以在物联网运营平台中提供这部分功能。

网络节点配置和控制功能：在未来的物联网中，每个物品都可能被贴上一个标识，分配一个 IP 地址，接入电信运营商网络，数以亿计的传感网络节点需要进行配置、管理和监控，这就需要物联网运营平台具备节点参数配置、节点状态监测、节点远程唤醒 / 激活 / 控制、节点故障告警、节点按需接入、节点软件升级、节点网络拓扑展现等功能。

信息采集、存储、计算、展示功能：物联网运营平台需要支持通过无线或有线网络采集传感网络节点上的物品感知信息，进行格式转换、保存和分析计算。相比互联网相对静态的数据，在物联网环境下，将更多地涉及基于时间和空间特征、动态的超大规模数据计算，并且不同行业的计算模型不同。

例如在出租车车载定位应用中，一般要求每辆车每 30 秒发送一次定位数据，物联网运营中心应能根据每辆车的位置和时间信息进行实时分析，跟踪车辆运行轨迹，或快速匹配客户叫车地址，为车辆调度提供支持；再例如随着未来传感器的普及应用，Google 地球模式将会发展成为法律许可范围内对整个物理世界的搜索，专业物联网运营商也许不能做到全球，但可以做到提供一个城市、一个地区或一个国家范围内的商品、人流、车流、动植物生长等满足广大用户工作和生活所需的动态搜索服务，这些应用所产生的海量数据对物联网运营平台的采集、存储、计算能力都提出了巨大的挑战。

行业的应用集成：不同行业的业务规则和流程不同，其应用的功能和计算需求也有差别，例如在大气环保监控应用中，需要根据大气环境监测设备上采集到的降尘、一氧化碳、二氧化硫等数据，按一定的指标计算规则进行分析计算，得出分析结果，展现到监控中心计算机或监控人员手机上；而在电力抄表应用中，对于采集到的用户电表读数，将会用于计算当月用电量和电费，生成电费账单，进而支持收费销账。不同行业应用的性能需求也不相同，有些是大流量高带宽应用（如视频监控类业务），有些是小流量低频次非实时应用（如水质监测），有些是高频次小流量应用（如车辆轨迹连续定位）。

物联网运营平台不可能是一个面向各行各业都适用的通用系统，需要具备第三方行业应用的集成能力，并且能够满足不同行业应用的差异化性能要求。

（5）信息社会的基础

专业物联网运营企业的诞生，将物联网从一个应用为主体的产业转变成以信息服务为主体的产业，催生了新型的产业形态——物联网运营业。

在未来物联网技术得到广泛应用的前提下，物联网运营将成为物联网产业的核心和价值链龙头，将会催生基于物联网运营的一系列新技术和新产业链的诞生。信息服务将成为社会生活的最大需求。

物联网运营业将成为信息社会的重要基础。

（6）应当注意的问题

竞争将是物联网运营业初期的重要特征。物联网发展初期，系统相对简单，对信息的需求单一，信息资源增值服务市场需要不足，行业进入门槛降低，大量的物联网系统集成商转型成为物联网运营商，导致运营市场竞争混乱，行业服务水平和能力较低，行业利润降低。竞争的结果使得行业并购、整合风行，没有竞争力的企业将成为先烈，行业龙头将会轮番坐庄。

行业龙头的形成与产业主导。行业淘汰使得有竞争能力的龙头企业得以保留，成为物联网价值链的最高端，并主导者产业发展的方向。由运营业主导物联网产业的模式逐步形成，物联网产业链上的各个环节将会以运营业为核心，整合、理顺自己的发展方向，物联网及其运营业成为经济和社会发展的重要基础。

创新将成为常态。物联网运营业的发展，使得信息成为变的可能，信息将会与材料和能源一起，成为现代社会发展的三大支柱，创新将贯穿于整个物联网产业的各个环节。

（三）电信运营商的选择

1. 机遇

物联网的快速发展和应用对电信运营商来说是一个机遇。众所周知，当前电信运营商面对存量市场饱和、增量市场竞争激烈的现状，发展运营遇到了很大的困难，增量不增收、传统固话语音业务大量流失，企业利润逐年下降，如何寻找企业发展的蓝海是困扰整个运营商的难题，而物联网的发展无疑为解决这个困惑提供了有益的思路。

首先，物联网的提出拓展了电信运营商运营的领域，不仅运营语音通信，而且包括物与物、人与物的通信，这必将大大增加通信的需求，促进电信运营商的收入提升。

其次，物联网的发展促进了电信运营商的设备利用效率，有效提升设备的投入产出比：物联网大规模应用，必将与运营商目前的移动通信和互联网相结合：把它们作为信息传送的通道与计算和应用平台的获取途径，这将大大促进运营商网络利用率的提升，推进运营商网络建设和维护的良性发展。

再次，物联网的发展有力地促进网络融合的推进，传感网与3G技术的结合将使得运营商能够提供以前仅靠移动通信模块所不能提供的业务，传感网与互联网的结合可以实现智能的“感知地球”。这些美好的应用和远景必将促进运营商和技术、设备提供商加快网络融合的发展。

最后，物联网的产业链较长，系统集成在其中占有重要的地位，电信运营商在转型的道路上以物联网为着力点，充分发挥集成商和运营商的潜力，必将促进其向综合信息服务商转型的步伐。

从国外的应用特别是物联网中的M2M应用来说，除了运营商作为主要运营者参与其中之外，M2M的运营商异军突起，作为专注于M2M市场应用的企业，他们很早从事相关的应用并积累了重要的经验，因此是电信运营商的重要竞争对手。

以美国M2M服务商Jasper Wireless为例，于2004年成立，到2007年已经成为国际上有名的M2M移动运营商（MMO），Jasper Wireless提供网络连接、应用平台、行业解决方案以及测试认证服务，利用合适的产业环境，再加上公司的决策，一跃成为国际大企业。

物联网作为实现物与物通信和人与物通信的产业，具有一系列分布的产业链群，作为其中一环的电信运营商如何利用自身的网络优势推出有效的盈利模式而不仅仅充当通信“管道”的角色，是摆在运营商面前的突出问题。

传感网与3G结合所能带来的巨大价值和应用已经不言而喻，但问题是如何实现二者的结合并达到电信级的网络质量。目前物联网的应用还相对不多，与3G结合的案例更是稀少，这方面需要运营商进行仔细思考和应对。与此同时，即使实现了有效融合，面对数量众多的传感节点如何进行高效的网络故障判断和维护，也对运营商提出了巨大的挑战。

物联网运营业就如同摆在饥饿的电信运营面前的一张大饼，然后派分，但还要看各方的实力。

2. 挑战

在物联网领域，对于运营商而言，最为关注的问题是如何走向物联网服务商。

那么，在走向物联网服务商的过程中，运营商应当具备怎样的能力呢？

运营商推出物联网运营业务时采用的主要方式和流程是：分析已聚合的产业群能力和产业链优势，然后根据这一分析结果及客户（行业或细分用户群）需求提供规划方案，再确定重点拓展项目，提出实施路径以及具体的实施计划，进而通过试点环境进行验证和反复测试，最后大规模推广。

因此，引入服务集成商和产业链企业，借助电信运营商的行业应用知识，开发各种应用产品，丰富产品应用成为运营商向物联网服务商转型的关键命题。

未来物联网世界应用将面对不同的个体，不同行业和组织，种类和数量非常多，如果没有一种很好的业务生成环境，没有一个很好的业务系统体系，没有一个很好的通信标准，没有一个很好的网络，没有一批优良的终端等，产业链不能实现协同，数据融合和业务运营等都会遇到很多问题。

（1）挑战一：价值链的搭建

据了解，我国物联网产业链现已形成了以传感器、RFID、网络设备、嵌入式终端制造等为代表的物联网制造业，以通信网络为代表的物联网基础设施服务业，和以软件集成、应用开发等为代表的物联网服务业等产业链条。

在物联网的时代，无论是感知层、传输层，还是智能计算、分析以及应用，在每一个层面上用户都有更多的选择来实现物联网所具备的能力。

届时，将出现物联网的网络运营商、应用运营商、虚拟运营商等。

电信运营商大举进入物联网运营业务领域，开展应用示范，寻找产业链模式，推动物联网市场最终将达到一个成熟期的关键是形成符合市场需求的价值链模式。

任何一种物联网应用，要么带来社会效益，要么形成经济效益，有这两种效益才会形成可持续的商业运作。运营商最大的功能就是要诱导一个巨大的市场，使得产业链把长处发挥出来。只有应用收到了费用，价值链才可能获得分摊的收益。

针对行业用户普遍认为的应用成本高的问题，物联网运营业务的开发和推广，应当采用灵活的商业模式，如分期付款，甚至是以租代卖，或者是以维修服务来带动产品的推广等等模式。

（2）挑战二：产业链的终端能力

物联网用户关注的最主要的问题集中在终端上，即运营商如何整合资源，使得终端小型化、低成本化。

例如，工业领域的物联网应用对传感器提出了很高的要求。传感器的精度以及可靠性、使用年限、寿命等，能否满足工业高温等特殊环境的具体要求，是用户最为疑虑的问题。

此外，目前传感器种类有4000多种。以前传感器主要在各个行业使用，不存在进入互联网、移动互联网的问题。现在要进入电信网络，技术标准如何协调？设备如何认证？相关生产厂商是否需要许可证？等都是问题。

目前，物联网产业链获益主要依靠终端销售。未来只有真正能够将终端当成信息发布的平台，或者服务承载的平台，面向终端提供服务，产业链才能获益。物联网业务的成功，一定是具备了提供服务的模式。领科无线射频系统（上海）有限公司总经理钱国平也表示，将卖设备转变为卖信息服务，是物联网的核心的工作。

（3）挑战三：应用的互动能力

目前运营商的重点工作是开发业务中间件平台，通过与社会各界的合作开发应用提供服务。

作为物联网使用者，用户是用手机、RFID 读写器、摄像机还是触摸屏进行互动，用户如何感知事务，用什么样的传感器，从中获取什么信息等等都是需要考虑的问题。

在此领域，解决产业链的兼容性问题是关键所在。

由一家企业单独来设计自己的一套识别系统，然后申请知识产权是不大可能的事，因为整个世界变化非常快，所有一切要相互兼容。

这不单单是技术上的挑战，同时也是产业链上各种各样机构的挑战。运营商与产业链等必须加强合作，分享信息，使物联网商业与信息流在各个部门各个区域都能够实现自由交互。

此外，行业壁垒也是困扰物联网发展的一个重要命题。以智能交通为例，中国智能交通技术委员会主任史其信表示，在智能交通领域采集到的信息很分散；而现状是很多部门不能建立一个共用平台，基本上在自己小范围的孤岛平台上从事交通智能管理，这种状态下的智能交通将很难实现。制约智能交通发展的重要原因不是技术，而是体制①。

3. 分析

从电信运营商的角度分析物联网商业模式结构的目的，是为了给物联网商业模式的创新设计提供依据和理论思路。在传统的互联网时代，电信运营商仅起到了透明的“管道作用”，尽力而为地“传递信息”。在物联网产业领域，电信运营商的“管道作用”虽然是实现物联网的重要基础，但物联网需要新的商业模式。电信运营商应改变狭隘的“管道”思想，转变单纯提供信息通道的角色，发挥资源优势，在整个物联网产业链中起到主导作用，引领物联网产业链中各参与环节共同创新商业模式。

（1）优势

① 网络覆盖。拥有国内覆盖最广的无线通信网络，城市的网络覆盖率到达 100%，乡村的网络覆盖率超过 97%，为物联网终端的接入奠定了极为优越的网络条件。

② 用户规模。拥有超过 6 亿的用户规模，移动通信的市场占有率达到 70%，为物联网业务的开展创造了客户基础。

③ 物联网业务。已经在重庆建立了物联网基地，开发了多种物联网典型应用，广

① http://www.ccpitecc.com，运营商向物联网服务 商转型 面临三大挑战。

东、江苏、浙江等地（市）公司也开展大量物联网相关业务（如污染监控、电力抄表、气象检测、车辆管理、水文检测、物流运输、移动 POS 等），中国移动在物联网产业中起步早、发展快，已经领先于其他运营商。

④ 物联网标准。在物联网标准领域的推进力度较大、速度较快，加入了国家传感器网络标准化协会及物联网产业联盟，成立了中国移动物联网研究院，并开发出有自主知识产权的物联网终端设备无线机器通信协议（WMMP）。

（2）劣势

① 固网资源。固网资源和用户数远远落后于其他运营商，阻碍了部分使用固网传输的物联网业务的开展。

② 集团客户资源。集团客户资源不足，不利于物联网集团业务的拓展。

③ 研发实力。作为传统的通道提供商，在物联网终端和应用侧研发实力欠缺，作为产业链集成者或整合者能力不足。

（3）机会

① 下一代网络。3G、4G、下一代互联网的建设为部分有高速数据传输需求的物联网业务的开展提供了较为充裕的通道资源。

② 政策支持。国家对物联网产业的发展提供了强大的政策支持和保障，创造了良好的发展环境。

（4）风险

① 行业壁垒。物联网应用领域广泛，产业链涉及的环节较多，运营商在介入部分物联网行业应用时存在行业壁垒，需要通过政府部门支持、利益分配协调等途径突破壁垒。

② 竞争对手。物联网产业还处于起步阶段，三大运营商和产业链各环节的公司都在积极布局，争取获得物联网产业的话语权，产业竞争十分激烈。

③ 商业模式。与传统的移动通信相比，物联网产业的商业模式还不成熟，还有待进一步摸索和完善。

4. 三岔口

从世界范围来看，我国在物联网应用的广度和深度方面都处于领先地位，物联网运营业的推广或将成为推进信息产业及经济发展的又一个驱动器。

不过就运营模式看，我国的情况不容乐观。现阶段物联网的运营是零散的，远未形成规模。目前，市场上传感网应用的模式大多集中在对传感器网络的定制应用上，包括以对特定应用场景的感知为基础集成的智能化应用，例如对水质的监控、对机场的安全监控、对排污口水质和气体排放的实时在线监控等。

运营商所推崇的平台化的物联网运营模式迄今为止尚未得到实质性的规模化商用，已有的应用大多采用单一的通道模式，运营商在物联网运营方面仅仅提供管道而已。

从电信运营商的角度，物联网的运营有三种方式：纯通道运营模式、智能通道运营模式、端到端运营模式。

（1）纯通道运营模式

即在具体的物联网应用场景中，借助普通或者工业级的SIM卡及终端应用，通过提供通信服务来收取服务费用，这是电信运营商运营社会神经网络系统基本价值的体现。这方面的应用如远程抄表终端，在该终端中直接插入普通的SIM卡，用户即可使用远程抄表业务。另外，不少工业级SIM卡应用场景需要系统抗高温，耐严寒，对有害接触物具有免疫能力，比如核辐射监测以及重点污染源排污口的监控等，这些应用场景均可通过装置SIM卡的物联网终端以及相关传感器来实现。

纯通道运营模式是运营商利用网络资源优势形成的最后一道应用防线，在目前应用为王的时代，这样的通道运营模式让运营商面临着被边缘化的挑战。目前运营商所涉及的大多数物联网运营均采用这样的纯通道运营模式，基于此也构成了复杂的垂直化物联网应用局面。

（2）智能通道运营模式

与纯通道运营模式相比，这里的智能体现在对终端的维护管理和对障碍的排查以及资费策略制定等方面，该模式主要面向对通信服务质量需求较高的集团业务市场。通过这种运营模式，运营商可以为行业客户提供更高质量的M2M通信服务，甚至可以实现对不同行业客户的差异化服务，可以查询和分析通信失败的原因，并且能以灵活统一的资费策略实现专用卡号管理、结算、资费管理以及用户预欠费管理。

智能通道运营模式是运营商在自有网络及终端的协议体系内的运营模式，这种运营需要产业链各方对规范及标准化的终端给予支持。虽然拥有号召聚合产业链的能力，但是面对集团客户的行业应用市场，尤其是在诸多行业巨头的领衔下，运营商应该放低姿态着力配合，毕竟这一次的“主角”是物联网化运动中的各行业集团客户。

（3）平台化乃大势所趋

第三种模式是提供端到端应用的M2M业务类应用，这是基于专用的M2M网络和平台，为各行业客户提供端到端的通信和应用服务的模式。

公共服务平台是物联网运营核心。行业客户可以通过租用M2M终端来实现其所在行业的信息化应用。同时，承载在M2M终端上的应用数据流和管理数据流可以采用集中或者分离的模式，终端接受M2M系统的远程管理，可实现终端远程配置、软件升级、版本管理、故障告警、远程控制等电信级服务。

上述平台化的业务运营模式一旦获得成功，便可以最大化运营商的资源和规模优势，这种技术架构层面的“塑形”将奠定运营商领导物联网产业的基础。目前，由于存在第三方数据托管的信任和安全问题，以及行业集成能力较为欠缺，已有的传感器网络垂直化应用导致物联网出现“混沌”局面等，平台化应用还面临着诸多阻力和障碍。但是，随着语音业务市场的饱和，蜂窝通信竞争的日益加剧，以及互联网业务分流的挑战，电信运营商开始寻找新的收入渠道，并且全力投入其中。从目前三家运营商对物联网产业的密集动作来看，运营商正努力找到扭转现状的良方，因此笔者相信运营商会意识到平台化运营模式的优势，并且会不遗余力地发力该模式的规模化试点和商业运营。

为了突破应用规模化的障碍，驱动物联网产业由启动期走向成长期，电信运营商应该从关键应用发力，以触发各行业的“物联网效应”和撬动物联网产业发展杠杆，扩大和增强物联网应用效果，提升物联网运营的产业份额，形成物联网产业与传统产业广泛融合互动的发展格局。最终，建成完善的物联网产业链，建立与经济和社会发展需求相适应的物联网信息服务体系 ①。

物联网公共服务平台应包括五大内涵，统一的物联网终端管理、精细化的物联网信息交换服务、电信级的物联网信息监管、物联网网络系统测试和验证检测、物联网共性技术工具库和解决方案库的提供。只有建设好了物联网公共服务平台，才是物联网应用低成本、高复制、避免低水平重复徘徊的关键。

利用统一的物联网公共服务平台，聚集多领域的资源和能力，整合各种信息、内容和应用，将不同主体提供的各种业务和服务有机地结合在一起提供给客户，从而满足客户物联网泛在化和一体化地需求，为客户创造额外价值的服务，既能满足物联网公共管理需要，同时也满足公众用户应用需要，即提供以运营商为核心的聚合服务。

运营商已经具备了构架“物联网公共服务平台”的基础。中国联通的宽带商务平台、VDC 平台、应用商店等都是公共服务平台的先例。而行业物联网运营必须借助运营商的网络才能形成物联网的广域应用运营，以此运营商建设的物联网公共服务运营平台才能打破行业壁垒，形成“大共享运营平台”，在物联网产业和市场发展中真正形成运营商搭台、所有物联网产业角色共同唱戏的物联网运营产业规模化拓展的态势。

中国联通目前推出的主要物联网应用，如汽车信息化服务、智能公交、食品溯源、智能电力、平安校园；还是即将推出的智能医疗等都是以行业（政府监管）为切入，渗透服务于关联客户。国内外运营商的物联网业务模式也基本雷同。

---

① http://news.xinhuanet.com/eworld/2010-06/29/c_12275347.htm，物联网中的运营商定位：管道工还是平台商？

5. 五路出击

除了建设与运营好物联网公共服务平台外，如何让物联网持续健康发展，还应做好以下几个方面工作：

（1）不同客户差异化

物联网应用目前以行业、城市公共管理为切入点，聚类市场公众服务为推广方向。针对个性化特征明显的行业与公共管理应用研发应采用应用社会化模式，应积极引进虚拟运营商（物联网业务提供商）。一种情况是运营商当前主要以提供智能网络能力、渠道能力为主，即提供智能管道，以及开放和融合运营商存量最终用户、销售与收费渠道，业务提供商（虚拟运营商）提供完整的一体化应用服务。针对需求共性化的聚类市场客户，运营商应以物联网公共服务平台为基础，整合产业链各方能力和运营商非物联网通信能力，提供完整的、标准化的物联网应用服务，本质上讲物联网公共服务平台同时还是开放的物联网应用研发生态环境。另一种情况是构建运营商和行业龙头企业双核心的物联网公共服务架构，双方为行业客户服务的同时，开放平台，为公众用户提供针对性信息服务。

（2）资费设计科学化

运营商应根据物联网应用特征，有针对性地制定相应的物联网产品资费。资费设计应考虑物联网应用交互所产生的仅为本网流量、无结算成本的特点，以及考虑在不同时间段传送流量，如针对及时性要求不高，可以设定在网络空闲时间段传送信息等特殊应用。

（3）使用成本廉价化

一是以智能手机为物联网应用接入网关，配备相应的传感终端，传感终端不集成通信模块，以蓝牙、ZIGBEE 等近场无线技术与智能手机交互信息，主要应用于围绕人本身信息服务的场景，如人体健康信息采集与监控等。二是单独的物联网应用终端或接入网关设备。可分为两种，一种是传感终端直接带有通信模块，用于单体传感及交互信息量大的场景；另一种是物联网接入网关，传感终端不集成通信模块，以蓝牙、ZIGBEE 等近场无线技术与物联网接入网关交互信息，主要应用于智能家居、农业大棚等小范围环境需要交互多种信息的场景，比如家庭需要交互煤气泄漏、安防、家电控制、家居控制等信息，农业大棚需要采集温湿度、土壤酸碱度、采光、安防等。应根据不同场景选用合适的终端，这不仅仅能降低应用成本，也是充分考虑运营及降低运营成本的需要，比如采用物联网接入网关，因为减少了通信模块，直接降低了应用成本；同时，因为传感器不带通信模块，有效地提高了有源传感器使用时间，减少更换电源的运营成本。

（4）营销渠道多样化

物联网应用的推广，应充分利用社会化资源，特别是政府监管、行业龙头企业（处于上游企业），逐步渗透到公众客户。特别是针对公众服务的稀缺社会资源，比如医院；监管部门，如环保、质检；目标客户一致，又能提升自身服务的企业，比如保险；以及行业需求研究深刻的服务提供商，都应该是物联网应用推广的最佳合作伙伴和渠道。

（5）商业模式创新化

商业模式是物联网应用生命力的保证，商业模式的创新，运营商首先需要学习互联网公司业务模式，特别是其后向收费模式。物联网由于比互联网更加全面感知，因此更多的应用收益，不应该仅仅盯着应用本身网络流量与功能收益，而应该充分考虑利用因为有了物联网应用而获取增量的资源，依靠后向收费获取收益。比如智能公交，其利益点更多来自车内监控屏与车站站牌的广告收益，其后向收益往往会超过前向收益，同时也是下一代运营商盈利的必选模式。

6. 五大类商业模式并存

运营的角度看，目前物联网主要有移动运营商主导运营和系统集成服务商主导运营两种商业模式。从长远来看，未来物联网可能有以下五种商业模式并存：

模式 1：运营商在应用领域挑选系统集成商，由系统集成商开发业务和售后服务，而运营商负责检验业务运行情况，并代表系统集成商推广业务，以及计费。这种模式运营商占主导地位，而合作的系统集成商多为小型企业。目前这种模式是运营商进入物联网市场的主流方式。

模式 2：运营商提供网络连接，收取流量费用，系统集成服务商在其网络上运行业务。这是目前使用最多的商业模式，电信运营商不管对物联网是否感兴趣都可以使用这种方式。

模式 3：运营商直接提供给已经使用了物联网业务的企业所需的数据流量，而不通过物联网服务商。例如 Verizon 直接为通用的 OnStar 业务提供数据流量，然后收取费用。这种模式适合一些有实力自行定制物联网业务的大企业。

模式 4：电信运营商自行开发业务，直接提供给客户。电信运营商制定全套业务和解决方案，直接提供给客户，而不与其他企业合作。目前国内实行这种模式的还比较少。

模式 5：运营商为客户量身制定业务。物联网业务范围非常广，电信运营商提供的业务往往不能满足客户需求，这就需要运营商根据客户的具体需求而特殊制定物联网业务。目前国内实行这种模式的还比较少。

7. 云计算与物联网运营

针对物联网运营平台的云计算特征，考虑引入云计算技术构建物联网运营平台。基于云计算的物联网运营平台主要包括如下几个部分：

（1）云基础设施

通过引入物理资源虚拟化技术，使得物联网运营平台上运行的不同行业应用以及同一行业应用的不同客户间的资源（存储、CPU 等）实现共享。例如不必为每个客户都分配一个固定的存储空间，而是所用客户共用一个跨物理存储设备的虚拟存储池。

提供资源需求的弹性伸缩，例如在不同行业数据智能分析处理进程间共享计算资源，或在单个客户存储资源耗尽时动态从虚拟存储池中分配存储资源，以便用最少的资源来尽可能满足客户需求，减少运营成本的同时提升服务质量。

引入服务器集群技术，将一组服务器关联起来，使它们在外界从很多方面看起来如同一台服务器，从而改善物联网运营平台的整体性能和可用性。

（2）云平台

这是物联网运营云平台的核心，实现了网络节点的配置和控制、信息的采集和计算功能，在实现上可以采用分布式存储、分布式计算技术，实现对海量数据的分析处理，以满足大数据量且实时性要求非常高的数据处理要求。例如可采用 Hadoop 的 HDFS 技术，将文件分割成多个文件块，保存在不同的存储节点上；采用 Hadoop 的 MapReduce 技术将一个任务分解成多个任务，分布执行，然后把处理结果进行汇总。在具体实现时，需要根据不同行业应用的特点进行具体分析，将行业应用中的计算功能从其业务流程中剥离出来，设计针对不同行业的计算模型，然后包装成服务提供给云应用调用，这样既实现了接入云平台的行业应用接口的标准化，又能为行业应用提供高性能计算能力。

（3）云应用

云应用实现了行业应用的业务流程，可以作为物联网运营云平台的一部分，也可以集成第三方行业应用，但在技术上通过应用虚拟化技术，实现多租户，让一个物联网行业应用的多个不同租户共享存储、计算能力等资源，提高资源利用率，降低运营成本，而多个租户之间在共享资源的同时又相互隔离，保证了用户数据的安全性。

（4）云管理

由于采用了弹性资源伸缩机制，用户占用的电信运营商资源是在随时间不断变化的，因此需要平台支持按需计费，例如记录用户的资源动态变化，生成计费清单，提供给计费系统用于计费出账。另外还需要提供用户管理、安全管理、服务水平协议（SLA）等功能。

8. 实施策略

上述基于云计算的物联网运营平台架构是面向各行各业、大数据量、高性能计算的信息处理系统，而在现阶段物联网应用还未大规模普及的情况下，电信运营商在建设物联网运营平台时，不需要也不可能一步到位，因此可以采用分步实施的策略。

首先，从提供无线传输通道、网络节点配置和监控功能入手，与传感器厂商、行业应用厂商共同配合，为客户提供物联网服务。在这个阶段，可以将物联网运营平台部署在云基础设施上，实现资源的虚拟化和弹性伸缩，从而在小规模应用下最大限度地降低成本。

其次，以 1 ~ 2 个行业为突破口，将云平台的网络节点配置和监控功能向计算功能延伸，采用分布式计算等技术实现行业计算模型，包装成对外服务；同时与行业应用提供商合作，由行业应用提供商按云平台接口标准开发云应用，集成到云平台上，形成物联网运营平台的平台服务化和应用服务化雏形。

最后，不断拓展云应用的行业领域，优化云平台服务和计算模型，提升云管理能力，以增强物联网运营平台应对业务量不断增长的要求。这是个长期发展的过程，物联网应用和用户的规模越大，构建在云计算上的物联网运营平台的作用越明显，就越能发挥电信运营商在物联网产业链中的价值[①]。

（四）移动带来新机

物联网运营业以一种新的产业态势发展，将带来重塑市场以及在整个产业链地位的机会。在通信网络上运营商一家独大，融合物联网是发展趋势，对于电信运营商而言与物联网的融合必须打破“封闭”的产业体系结构，开闸放水，以更开放的姿态与产业链上的企业合作，协同产生更大效益。与产业链上的企业合作不仅可以有效避免沦为通信管道商的产业地位，还可以拓展业务领域，增加收益，有效将传统优势移植到移动物联网产业中。

1. 管道垄断

移动运营商将保持移动物联网运营市场管道服务商主导者的地位。宽带移动物联网

① http://www.cww.net.cn，构建基于云计算的物联网运营平台。

无线接入技术的发展相对滞后与蜂窝宽带技术的发展，因此，移动运营商将保持移动物联网市场主导者的地位，其不仅通过与物联网业务提供商的合作来提供新型业务，也将大力发展自主的新型移动物联网运营业务，以巩固其市场主导地位。

面对移动物联网产生的巨大价值空间，内容服务提供商、软件服务提供商、芯片厂商等更多的新进入者将分割原本由电信运营商垄断的移动物联网价值链系统。

移动通信和物联网融合发展产生的移动物联网使得移动通信和物联网相关产业的主体有机会参与到其他产业竞争，终端厂商、软件厂商和信息服务提供商等产业主体进军移动物联网的战略部署和市场布局早已开始。这些非传统电信行业的竞争者对电信运营商的传统核心地位形成有力挑战。移动运营商应对价值链各个环节竞争的工作刻不容缓。

2. 群雄竞起

电信运营商在物联网运营产业上的竞争对手竞争实力不断增强。移动物联网运营的快速发展使得产业各环节主体也在各自领域快速成长。成长过程中，新的竞争者已经发展成为最具活力和竞争力的领先企业，且各个领域的竞争对手以不同的优势在争夺产业整合者的地位。竞争实力除了包括技术、资金、业务研发元素外，企业的用户控制能力也是最为值得关注的竞争点。移动物联网是聚合时代，而聚合时代就是用户体验的时代，掌握用户的体验就具有控制用户的能力。

在新移动物联网运营产业格局形成之中，移动运营商产业地位有被弱化的风险，传统网通通信产业主导者地位受到严重挑战。对移动运营商而言，尽管存在着成为产业主导者的诸多便利之处，但是在物联网业务提供商、终端设备商、内容服务提供商、电子产品制造商等多个产业主体的共同努力下，移动运营商的地位受到了前所未有的挑战。

3. 宽带带动创新

无线宽带网络战略将推动移动物联网技术的再次飞跃。无线宽带网络战略成为无线通信界发展的主要动力，无线领域的新技术、新方案和新应用纷纷呈现，并展示出广泛的应用前景，加上美国政府对无线宽带网络的推动，必将推动无线通信技术的再次飞跃，催生产业升级。WLAN、WiMax、UWB[①] 等技术的相互渗透和演进，将朝着互补的方向迈进，实现物联网接入层的多元化和一体化，提供对物联网不同环境和不同需求用户的优化业务支持。

---

① Ultra Wideband：是一种无载波通信技术，利用纳秒至微微秒级的非正弦波窄脉冲传输数据。有人称它为无线电领域的一次革命性进展，认为它将成为未来短距离无线通信的主流技术。

4. 市场广阔

无线宽带网络战略为移动物联网运营产业开辟了广阔市场空间。从全球看，宽带已经被许多国家视为信息化的必要基础设施和战略资源，作为其国家信息化战略计划的核心目标，并采取多种措施推动宽带的升级和普遍应用。美国无线宽带网络战略刺激了全球宽带市场的发展。除美国外，日本、韩国、德国、英国等发达国家相继实施了国家宽带战略，并出台了很多政策促进宽带发展。网络融合的加速，为宽带产业发展开拓了新的市场。未来在3G、数字电视、数字内容、终端产品与信息服务等领域均可能形成巨大的市场需求。从长远看，宽带无论是对国家还是对城市而言，都蕴含巨大的战略价值

无线宽带网络战略为移动物联网运营发展带来新的经济增长点。美国无线宽带网络战略给宽带产业带来很大机遇。一方面宽带产业不断催生新的业态，移动物联网、手机电视、TPTV等新业务在未来必将是发展的热点和重点；另一方面宽带网络产业的兴起必然会带动物联网相关电子产品、设备的大规模生产，以及相关内容和服务业的繁荣。随着3G、移动视频、数字电视产业链的逐步形成与完善，宽带产业对物联网信息技术、内容制作和增值服务的需求也日益迫切，宽带产业将迎来运营商、服务商和上亿终端消费者的设备更新，以及与宽带物联网产业相关的软件开发、系统集成和信息增值服务。无线城市等宽带网络建设不仅对经济的发展有积极的贡献，同时也将对城市建设产生重要影响。

（五）商机无限

1. 竞争信息采集业

物联网运营产业和核心价值是物联网信息的运营，海量的信息采集点、特殊的信息采集渠道等，都对物联网运营业带来挑战。面对复杂的物联网信息，物联网运营业的基础：信息采集业将以一种新型的产业态势出现，并成为物联网运营业的最底层，为运营平台提供可以运营的信息资源。

感知是信息产业的基础，物联网信息采集业通常具备较多的物联网信息采集传感器，或是通过整理加工的二次信息，通过自动或自动的方式传给物联网运营系统。其计费方式一般可以按照流量和内容方式进行计费。

在向物联网运营系统平台提供信息获得费用的同时，信息采集者也可通过提供增值服务向用户收取相关费用。

这种增值服务包括：信息采集和加工、定向广告投放、地理位置信息、产品展示等多种多样。

2. 鏖战传输产业

传输业的问题又被提出，在人们的印象中，传输业一直是电信运营商垄断的核心，但是，在物联网运营产业里，区别于电信网络和互联网，短距离、低成本、高可靠的近场传输业是物联网运营的基础。

物联网的基本概念应该是对有关“物”的身份信息，位置信息和状态信息的“感知”和传输，以及对这些信息的处理和反馈。而物联网技术能够得以推广应用的关键，在于如何低成本，低功耗地实现公网以下，具体“物”与PC之间相关信息的无线远距离双向传输。

从传输方式区分，物联网近场传输分为有限和无线两类：

有线通信技术可分为短距离的现场总线（Field Bus，也包括PLC电力线载波等技术）和中、长距离（WAN）的广域网络（包括PSTN、ADSL和HFC数字电视Cable等）等。

和有线通信一样，无线通信也可分为长距离的无线广域网（WWAN）和中、短距离的无线局域网（WLAN），但无线网络中还有一种超短距离的无线个人网（Wireless Personal Area Networks，WPAN）等类别。

物联网新需要从采集点上传到物联网信息系统或者主干网，这就是物联网特有的近场传输产业。

对于一个物联网信息采集端，可能有不同的传输企业负责传输到不同的物联网运营平台上；也可以有同一个传输企业负责传输不同的采集系统到不同的运营系统。

对于物联网近场传输产业，因其技术和产业进入门槛相对较低，竞争将是十分激烈的。

3. 赚钱的增值服务业

物联网虽然说是基于物与物的网络，但毕竟是人们将赖以生存的环境系统，物联网运营系统增值服务业也就随之而生。

和互联网增值服务也一样，蓬勃发展的物联网增值服务业将是物联网运营产业的主要赢利点之一。

（六）物联网信息市场

1. 物联网信息市场及其形成

物联网信息市场是一种新兴的市场，它是商品市场的重要组成部分，是物联网信息商品化的必然结果，它的出现使得商品经济发展到了更高阶段。

对于物联网信息市场的界定，主要有狭义和广义的两种。狭义的物联网信息市场是指组织供求双方进行物联网信息交换的场所；而广义的物联网信息市场则包括了物联网信息从生产到消费的整个流通过程，是物联网信息生产者、经营者和用户之间一切交换关系的总和。

物联网信息市场活动是伴随着一般商品市场活动而开展的。它既高于一般市场，同时又渗透于一般市场之中，彼此依存，相互支持。作为一种生产要素市场，物联网信息市场有其专门的社会分工，是独立性的市场。由于物联网信息产品有其特殊性，因此物联网信息市场既具有一般商品市场的功能，又具有一般市场所不具有的特殊功能。

首先，沟通物联网信息、加快物联网信息流通的功能。在生产和再生产过程中，物联网信息市场处于一种中介地位，它为生产者、经营者和用户提供了交易的场所和空间，并通过其市场活动，沟通了物联网信息，加速了物联网信息的流通。通过市场这一社会交易功能，促进了物联网信息的有序传播，避免了重复物联网信息的产生，有效地克服了物联网信息产需脱节的矛盾。

其次，促进物联网信息价值和使用价值实现的功能。物联网信息同其他商品一样，具有使用价值和价值，但是在物联网信息还未进入市场之前它的使用价值和价值只能以一种抽象化的形态存在于物联网信息之中，只有通过物联网信息市场的买卖行为，才能实现其价值和使用价值，从而使物联网信息和服务从生产领域进入消费领域。物联网信息只有到了用户手中，它的使用价值才能真正得到实现。

再次，对物联网信息进行监督的功能。物联网信息市场对于进入市场的物联网信息都要进行评价、检验和监督，这是由生产者、使用者、中介及管理者四方共同完成的。这种监督使得物联网信息市场上的物联网信息较之非物联网信息市场上的商品更为可靠、可信。物联网信息市场的监督管理，使交易双方的权利与义务受到维护和明确，从而大大提高了物联网信息流通活动中的经济效益。

最后，在物联网信息经营者与用户之间建立联系的功能。物联网信息市场的活动使得物联网信息生产者、中介和用户之间建立了各种各样的联系，随着物联网信息市场的扩大以及活动的日益活跃，这种联系功能也日益突出。这种联系功能的增强，可以有效地避免物联网信息流通通道的堵塞。

2. 物联网信息市场的结构与类型

无论哪种类型的物联网信息市场，一般都包括物联网信息、供给方、需求方、中介及管理者等基本要素。

物联网信息是物联网信息市场赖以存在和发展的基础。需求方是物联网信息市场的主体，是物联网信息市场经营的导向。供给方是物联网信息的提供者和直接来源。中介方与管理方则是维护和促进物联网信息市场有效运行的重要因素。物联网信息市场的这五个要素缺一不可，他们相互作用，相互依存，并决定了物联网信息市场的结构。

物联网信息市场的结构是指物联网信息市场各要素之间相互结合形成的有机整体。传统微观经济学将市场结构分为完全竞争、不完全竞争、垄断和寡头市场四种类型，同样的物联网信息市场根据竞争状况、物联网信息产品提供者数目、产品差别度及对价格的控制程度等方面的情况也可划分为这四种市场结构。

一般来说，从物联网信息资源利用的有效程度来说，完全竞争型物联网信息市场最高，不完全竞争型物联网信息市场其次，寡头型物联网信息市场再次，完全垄断型物联网信息市场最低。而从物联网信息产品价格高低及对物联网信息产品价格控制的难易程度来说，则顺序恰恰相反。

随着物联网信息市场的发展，有必要对市场类型进行细分。物联网信息市场的细分，有利于供方集中必要的人、财、物，开发、生产出更多的适销对路的物联网信息产品。同时也可及时掌握用户需求变化，有针对性、灵活地做出调整。

依据不同的标准，物联网信息市场主要可以根据市场交易形式可区分为产品与服务两大类。

产品型物联网信息市场提供的物联网信息是连同载体一起在市场上流通的，如：报刊、数据库等；服务型物联网信息市场则是以向用户提供物联网信息服务为主的物联网信息市场。

根据物联网信息市场交易的物联网信息的内容，可区分为经济物联网信息市场、社会物联网信息市场、科技物联网信息市场、文化物联网信息市场、金融物联网信息市场等各类专业物联网信息市场。

这些物联网信息市场以先进的物联网信息处理技术和通信设备为支持，各有自己的重点和特色，相互补充，进而形成一个有特色的物联网信息市场系统。

根据市场存在的方式，可区分为固定型物联网信息市场和临时型物联网信息市场。

固定型物联网信息市场有固定的交易场所，可进行长期的物联网信息交易活动。如各种咨询公司、人才交流中心等。临时型物联网信息市场是根据市场需要不定期、临时设立的无固定场所和时间的市场，如产品物联网信息发布会、展览会等，它们具有灵活性的特点。临时型物联网信息市场是固定物联网信息市场的有益补充。

根据市场规格可区分为提供专门化物联网信息的单一市场、进行大规模物联网信息服务的超级物联网信息市场和提供广泛服务的混合性物联网信息市场。

对物联网信息市场的划分还有其他标准，以上只是其中的一部分。对物联网信息市场类型的划分并不是绝对的和固定的，在很多时候，各种类型的物联网信息市场往往出现彼此交叠、互相融合的现象。

3. 物联网信息市场的特殊性

物联网信息的特殊性决定了物联网信息市场的特殊性。与其他市场相比，物联网信息市场不为各经营者提供经营活动所需要的物质条件，也不为社会提供最终可供消费的产品。虽然如此，它与其他市场又有着密切的联系。对于各生产要素的取得与配置来说，物联网信息市场为各个经营者提供一定的物联网信息，这些物联网信息通过经营者的管理活动而转化为劳动组织结构的调整，从而使经营者在原有的物质条件下取得更大的成果，或者这种物联网信息直接方便了企业或经营者生产要素的取得，从这种角度看，物联网信息市场提供了一种类似于资源的初级产品。

对于微观经济组织来说，物联网信息市场的独特作用在于减少他们认识上存在的不确定性或未知数，增加他们对商品经济发展和市场变化的认识能力，提高他们对市场关系要求的适应性。对消费者来说，物联网信息市场使其更充分地了解市场行情，减少消费的盲目性和狭义性。

因此，物联网信息市场使微观组织或经营者，或消费者的经济活动更有协调性，组织性和秩序性。这是它区别于其他市场的一个重要特征。从物联网信息市场作为交换关系的总和这样的角度来看，其独特性表现在物联网信息市场的交换对象是物联网信息，物联网信息具有使用价值的抽象性和价值量的虚拟性，于是供求关系起着非常重要的作用。

物联网信息市场包含了物联网信息生产者与物联网信息消费者之间的关系。

物联网信息市场上任何一种物联网信息其生产者都是单一的，生产物联网信息的劳动也是非重复的，不能批量生产。而物联网信息的消费情况却恰恰相反，一件物联网信息可以被众多的消费者依次消费，或者同时共享，生产者因此可以把一件物联网信息售卖好多次。由于物联网信息生产的非批量性和非重复性，就使物联网信息市场具有了一种不断更新的特性。

物联网信息市场的交换关系还具有间接的性质。一个生产单位生产某一新产品以后，就以各种形式发出商品物联网信息，例如通过电视广播、报刊等播放、登载广告。运无疑问，实际商品的生产者也就是物联网信息的出售者，然而他却首先因出售物联网信息而付给物联网信息传播者费用。实际上，真正物联网信息的购买者也就是新商品的购买者，物联网信息传播费用只是生产单位因出售商品而多获得的收入（表现为产品销售收入）中的一部分。物联网信息的购买者只是在现实地购买实际产品时，才支付物联网信息价格。由此可见，物联网信息市场的交换关系较之一般市场的交换关系更复杂。物联网信息的交换关系不仅具有间接的性质，而且还具有对于其他商品的依附性质。

因此，物联网信息市场不仅具有一般市场的性质，而且还包括了组织性、秩序性和市场的关系；抽象的使用价值与虚拟的价值量的关系；生产的单一性、非批量性，与消费本身的多元性、重复性的关系；以及供求的决定性、交换的间接性，对其他物质商品市场的依附性等。物联网信息市场是一种高级的市场，只是商品经济发展的较高阶段它才会出现并且还要以其他商品市场的存在及一定程度的发展规模和程度为前提条件。

4. 物联网信息市场运行机制

物联网信息市场的运行机制同物质市场运行机制一样，主要由价格机制、供求机制及竞争机制三部分构成。在物联网信息市场中，供求、竞争、价格等市场要素相互制约、互为目的，形成了特有的联结系统和运转方式。

（1）供求机制

与一般物质商品需求不同，物联网信息需求是一种派生性的需求。物联网信息用户希望获得潜在价值大、物联网信息效用高的物联网信息，从而为自己带来最大的利益。要满足用户对物联网信息的需求必须具备两个条件：首先是在市场物联网信息不完全的条件下，用户对物联网信息的需求在一定时间内无法通过无偿形式得以满足；其次，用户的这类需求必须是具有支付能力的需求。

物联网信息市场中的用户种类繁多，差异较大，他们的需求特性呈现多元化状态，但无论其具体形式如何，都可将其划分为两大类，即生产性物联网信息需求和生活消费性物联网信息需求。生产性物联网信息需求是指在生产过程中产生的物联网信息需求；而生活消费性需求则是指个人在生活消费中所产生的对物联网信息的需求，这两种需求在日常生活中往往无法严格区分。

物联网信息市场运行中，需求决定生产，物联网信息提供者往往需要在对消费者作全面分析的基础上才能有针对性地生产出适销对路的商品。当然，供给也并非是完全被动的，供需之间存在相互联系、相互对立的关系。需求指导生产，然而在需求不足的情况下，有效的生产与供给也能刺激消费。目前我国的物联网信息状况是物联网信息内容短缺，结构性供需矛盾十分突出，供不应求和供过于求的局面在市场中并存。在这种情况下，强化供求机制，调整生产结构，增强供求双方联系是推动物联网信息市场良性运行的重要措施。

（2）价格机制

价格机制是市场运行机制中的核心机制，供求机制、竞争机制作用的发挥都是借助价格机制的作用实现的。同物质产品市场相比，物联网信息市场的价格机制相对薄弱一些。

物联网信息的特性决定了物联网信息市场具有极强的动态性和变化性，用户关注的并不是物联网信息的价格，而是物联网信息的内容和效益，即物联网信息能否为购买者带来超额利润。当然物联网信息市场价格的规范化问题仍需引起注意，物联网信息交易中的暴利行为等各种不合理行为都将破坏合理的价格机制，从而使物联网信息市场的正常运行受到影响。

（3）竞争机制

竞争机制是市场机制的重要内容，通过竞争，市场的生产者可以取得目标市场，从而实现利益的最大化。物联网信息提供者的数量、物联网信息的可替代程度、物联网信息生产者的信誉等都影响着物联网信息市场竞争。

可见物联网信息市场竞争是全方位的竞争，通过市场竞争可以促使物联网信息生产者合理配置资源，积极采用先进技术，降低成本，提高物联网信息产品质量。竞争机制不仅使生产者增加利润，同时也给社会带来了利益，使用户获得了最大满足。

与其他市场竞争相比较，物联网信息市场竞争有其自身的特点。物联网信息消费是一种“个性”的消费，物联网信息用户的需求是一种“个性”需求，因此具有多样性、特殊性和针对性；物联网信息的供给也具有方向性，物联网信息的不可替代性较物质商品强，因此，物联网信息市场的竞争不像物质市场那般激烈。

然而，竞争终究是市场不可避免的，优胜劣汰法则始终控制着物联网信息市场参与者，在市场不断发展的过程中，合理的竞争机制将保证市场双方参与的有序性和方向性。

5. 物联网信息用户

（1）物联网信息用户

物联网信息用户是物联网信息市场活动的主要服务对象，是物联网信息市场发展的重要力量，研究物联网信息用户对于物联网信息市场的发展具有重要意义。

所谓物联网信息用户，是物联网信息的使用者、购买者、消费者，是指在社会实践活动中利用物联网信息和物联网信息服务的一切个人和团体。物联网信息用户的范围十分广泛，按照不同的角度和标准可分为不同的类型。

按用户使用物联网信息的情况可分为潜在用户、期望用户、现实用户、受益用户；根据人们所从事的工作范围可分为农业用户、工业用户、自然科学用户、社会学科用户……

根据用户年龄可分为老年用户、中年用户、青年用户和少年用户……

物联网信息用户类型不是绝对的，各种类型的用户常常混合交错。对物联网信息用户进行分类，目的是有针对性研究不同类型的用户对物联网信息需求的特点，因此在实践中应结合具体情况选择合理的分类方法。

（2）用户的物联网信息需求

所谓用户的物联网信息需求是指一种意识到的物联网信息需要。人们心中以物联网信息为对象的欲望在未被意识之前，处于一种内在状态，这是物联网信息需要，一旦意识到，就会成为外在反应，即成为物联网信息需求。

物联网信息用户的物联网信息需求是一个系统，具有一定的内在构成和外部联系，其中内部构成表现为生活中的物联网信息需求、职业中的物联网信息需求以及社会化的物联网信息需求。同时由于物联网信息用户是处于社会环境中的，因此物联网信息用户的个性特点以及自然、社会、物联网信息环境等因素都将影响到用户的物联网信息需求。可以说，用户的物联网信息需求是内外因共同作用的结果。

从物联网信息需求的对象出发，用户需求构成可分为三个方面：

① 用户对物联网信息主体的需求。包括对物联网信息内容、类型、载体等有关物联网信息本身的需求，包括非文献物联网信息需求和文献物联网信息需求两类。

② 用户对物联网信息检索工具和系统的需求。这是一种中间需求，是为满足获得物联网信息这一最终目标而产生的需求，是物联网信息用户对获取物联网信息途径和方法的需求。

③ 用户对物联网信息服务的要求。用户对物联网信息服务的需求有多个方面，包括一次、二次、三次文献服务。

（3）用户的物联网信息心理和物联网信息行为

用户的物联网信息行为是指用户为解决问题而自觉地查询和使用物联网信息的活动。

用户的物联网信息行为是内因、外因共同作用的结果。在物联网信息刺激下，用户开始产生物联网信息意识，并转化为一种潜在的物联网信息需求，这种需求一旦被唤醒，即成为需求认识状态，需求认识状态一经表达，便引发物联网信息行为。

一般来说，物联网信息行为可分为几个阶段。首先是物联网信息需求的目标化阶段，用户根据当前的实际情况预先选择出最需要解决的问题。其次订出行动的方案。最后进入行动方案的实施阶段。用户的物联网信息查询行为由此发生，当物联网信息查询行为获得了所需的物联网信息后，用户将进一步进行吸收和消费，从而完成了物联网信息用户行为的全过程。

6. 物联网信息市场管理

（1）物联网信息市场管理

管理是为达到某一目的而对人和物所实行的组织、协调、控制等活动，物联网信息市场管理是指经济管理机构运用经济、法律、行政等管理手段，对物联网信息市场的各要素及其运行状况所进行的科学的计划、组织、监督、调控的过程。物联网信息市场是一种新型的市场结构，同物质商品市场相比，它的管理要复杂得多，有效的管理将对物联网信息市场的发展起重大的作用。

首先，它可以维护良好的市场秩序。众所周知，在物联网信息市场中，市场主体是一个独立的实体，它们都有自己的目的和动机，都希望获得最大限度的利润。物联网信息提供者之间，物联网信息生产者与物联网信息消费者之间，既存在着协作关系，又存在相互对立的矛盾。为了维护物联网信息市场秩序，国家管理部门必须运用各种管理手段，协调生产者、经营者、消费者之间的关系，维护正常权益，保护合法经营，同时对一些危害性行为做出限制，惩治违法行为。

其次，它可以有效地沟通供求。物联网信息市场管理是对物联网信息生产和流通各个环节进行的管理，它通过对物联网信息用户的需求进行调查、研究来消除供求双方之间的障碍，并指导物联网信息生产者生产出更多适销对路的物联网信息产品，从而最大限度地发挥物联网信息市场的作用。

（2）物联网信息市场管理手段

根据我国的实际情况，物联网信息市场管理者在对市场进行计划、组织、监督调控的过程中，一般采用经济的、行政的、法律的等管理手段实现对物联网信息市场的管理。所谓经济手段，即采用经济杠杆、经济责任、经济计划对物联网信息市场进行组织、协调、控制、监督。

如通过控制资金借贷来防止不可靠、不成熟的物联网信息进入市场，或利用税收限制或扶持某些物联网信息的生产与消费等。所谓行政手段，即物联网信息市场管理部门或国家经济监督部门按照国家有关政策法令和规章制度，对物联网信息市场主体进行指导监督。

行政手段具有一定的强制性和权威性。所谓法律手段，即国家政权机关通过制定有关物联网信息工作的各项法律法规，对物联网信息市场进行管理。近些年来，我国已制定了版权法、专利法、商标法等一系列法律、法规，这些法律、法规在国家强制力保证下得以实施，对于培育市场主体规范的市场行为，形成良好的市场秩序起了十分重要的作用。

（3）物联网信息市场管理环节

众所周知，管理的关键是决策。要保证决策的科学性必须对物联网信息市场进行市场调查，在市场调查的基础上进行市场预测，为决策提供科学的、可行的预测方案。

物联网信息市场调查是关系到有效管理的重要问题。一般来说物联网信息市场调查的内容不外乎对市场资源的调查、对市场供需状况的调查和流通渠道变化的调查，其调查过程大致可分为准备、实施、分析总结等三个基本步骤。

物联网信息市场预测对于决策具有重要意义。所谓决策也就是对预测方案的选择，可见决策正确与否同预测方案的科学性关系极为密切。

因此，物联网信息市场预测者必须对市场调查获取的物联网信息进行认真的研究，并根据准确数据、资料对物联网信息市场的现在和未来的发展趋势做出准确的判断，在此基础上编写出可行的预测方案。

（七）相关建议

1. 注重接口

制定物联网与互联网尤其是移动互联网互联的接口规范标准：物联网是真实物理世界的信息交换网络，物理世界在与以人为本的（移动）互联网互联互通的时候，必须有一个统一的标准。运营商做这个标准的好处在于这是两个网络交互的入口。控制入口的重要性不言而喻。

2. 解决安全

解决物联网安全问题：物联网要求允许公开的数据在设定的范围内公开，不能超出这个范围，私有数据需要保护，建议运营商在信息共享的前提下实现数据及用户隐私的保护。此外，在终端能力受限前提下，运营商实现数据的安全传输也是物联网运营的基本前提。

3. 规模部署

降低物联网的建设成本，实现物联网的规模部署：根据预测未来物联网终端数量将是手机终端的 6 倍以上，对于众多的终端数量，单纯依靠大中型企业客户承担开发成本显然不现实，也不利于物联网的推广。

因此建议运营商积极跟进终端技术研发，降低应用开发和部署成本，同时快速响应用户的个性化需求。由于未来苛刻的部署环境（如温度、湿度、震动、供电条件、功耗要求、交通条件等）、当前前端传感器及设备的远程 OAM 支持能力的不健全等难题，建议运营商丰富在复杂环境下的部署技术及提高运营管理能力。

4. 建设平台

提供物联网信息的存储平台：未来在物联网上，哪个运营商能够控制更多的行业物理信息，将能够获得更多的行业市场竞争优势，海量的行业物理信息将极大丰富可以拓展的行业信息化解决方案，而且也很便利。

5. 平衡发展

提高网络支撑能力，引进复合型人才，寻求规模运营与产品增值间的平衡：由于物联网中占重要份额的 M2M 应用未来具有超大用户规模、超低每用户平均支出的特点，建议运营商在规模运营与产品增值间寻求平衡。要成为物联网发展的战略性伙伴，运营商在组织架构上需要不同的商业组织和 KPI 考核，建议引进复合型人才。在技术方面需要逐步具有泛在化的融合网络支撑能力，能够规模化地提供服务质量、业务优先级和相应的安全能力。

电信运营商立足传输网络与传感网络和应用网络开展产业合作，并借助物联网与下一代移动通信网络结合的机遇在产业链中占据更加重要的位置。不同运营商在跟踪和发展物联网时，要根据自身的实力和特点开展有针对性的部署。比如中国联通的优势在于高速的 3G 网络、丰富的固定接入和可以存储海量信息的 IDC 存储服务器，因此应该充分考虑有线、无线传感网混合组网，实现特定行业应用。

六　云计算与物联网

（一）云计算之于物联网

云计算与物联网，从字面上讲，前者讲的是计算，后者讲的是网络，概念都很“新”，很“广”，也实在很“模糊”。某种程度上，云计算是互联网计算模型的一次升华，而物联网则是互联网向现实世界的一种延伸。能否将两个领域进行匹配，进而促进二者在技术和商业层面的融合与发展。

1. 广义的云计算与物联网

广义的云计算与物联网，可以形象的用大脑（及中枢神经）与遍布全身的末端神经细胞（及其突触）来比喻（见图 6–1）。对比自然界生命体的复杂神经系统，尤其是人

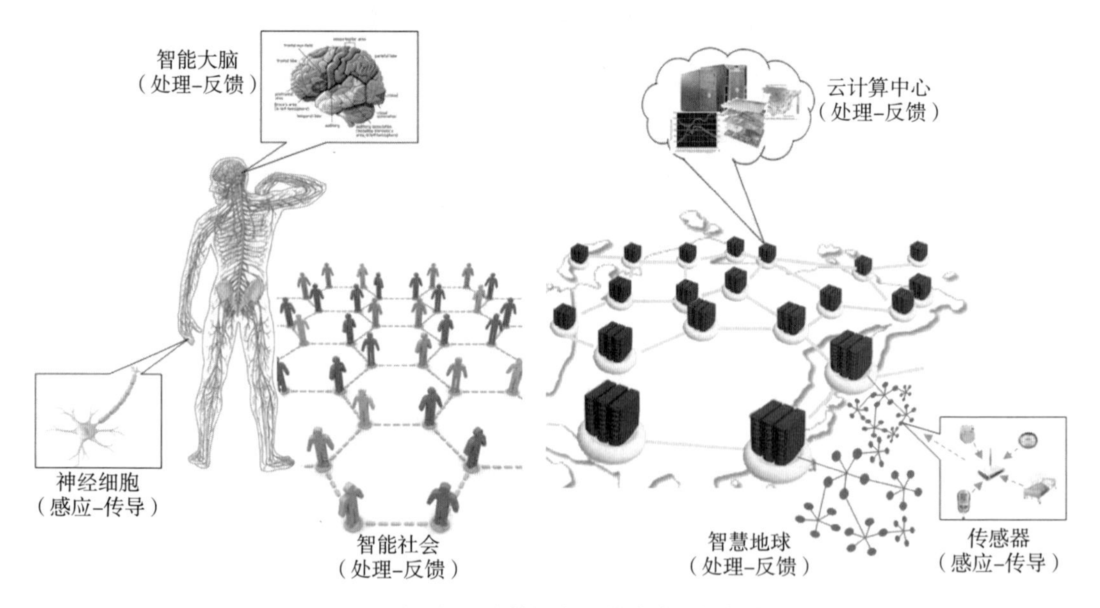

图 6–1　物联网与云计算构成智慧地球的复杂神经系统

类的大脑系统以及人类社会的演进历程，物联网和云计算正是地球这个“生命体”向具有复杂神经系统进化所产生的两级“神经组织”。

物联网不断拓展的感知能力，一方面使得信息系统更加的灵敏，能处理更多的感知内容，从而产生更准确、及时，更高水平的反馈；另一方面，也对处理这些信息的能力提出更高的要求。没有云计算的超强计算能力，物联网中传感器所能够采集上来的数据，只能够在特定领域被有限的应用系统所使用，正如简单神经反射（某些只具备初级水平的神经反射弧）一样，它只针对特定的刺激产生简单有限的反射活动。而作为神经系统发展的极致，大脑及中枢神经系统才是使得神经感受器所感受到的刺激得到海量、复杂处理的场所，并由此对环境刺激产生了有意识、复杂且高水平整合的反馈，智慧由此诞生！

云计算与物联网还是现实世界和数字世界统一的“基石”。20 世纪以来，人类最伟大的成就之一，就是逐步迈入数字时代，其显著特征就是实体系统（农业、工业、金融、贸易、服务、医疗等）被数字化，从而极大地释放了生产力并提高了生产效率。

进入 21 世纪，人类社会开始加速向数字社会迈进，对以数字世界反映实体世界的需求越来越高，也越来越迫切。物联网的提出，以及云计算的产生，正是这一需求的综合反映。物联网所解决的感知问题，已不仅仅是某一个行业领域的专属问题，而成为整个世界向数字化世界演进的基础需求，即物联网以更普遍的办法，建立现实世界与数字世界沟通的桥梁；而云计算所带来的综合计算能力，也将不仅仅为特定领域（即使规模庞大）解决计算资源等的高效整合问题，而成为整个数字世界的驻留空间、计算平台和呈现平台，即云计算以更有效的方式，成为将现实世界映射为数字世界的运行环境（见图 6–2）。

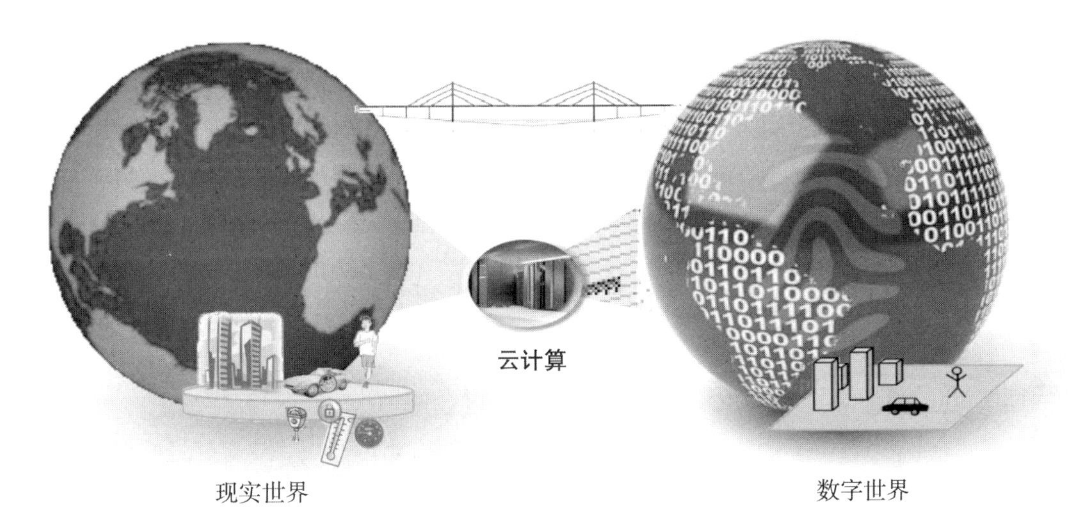

图 6–2　云计算与物联网是实现现实世界与数字世界统一的基石

当由云计算所映射的“数字世界”，能够通过物联网真实地反馈和协调现实世界时，人类就能以更加精细和动态的方式管理生产和生活，提高资源利用率和生产力水平，以达到“智慧”的状态。人类的生活、工作方式、教育、社交以及娱乐等方方面面都将以崭新的方式进行。

2. 物联网与云计算的关系

物联网与云计算的具体关系还体现在：一方面，物联网中的基础网络设施（包括传感器及网络部分）是云计算的基础设施；另一方面，物联网应用建立在云计算服务平台之上。

作为物联网的组成部分，物联网基础网络设施必须结合已有的各种互联网资源（网络接入、网络传输、网间交换等），才能形成现实世界与数字世界完整的信息传导和反馈通路。面对如此复杂的网络形态，只有通过云计算平台所整合的网络基础设施服务，使之如同网络、存储资源一样，能够按照标准的方式向应用开放服务，才能屏蔽异构网

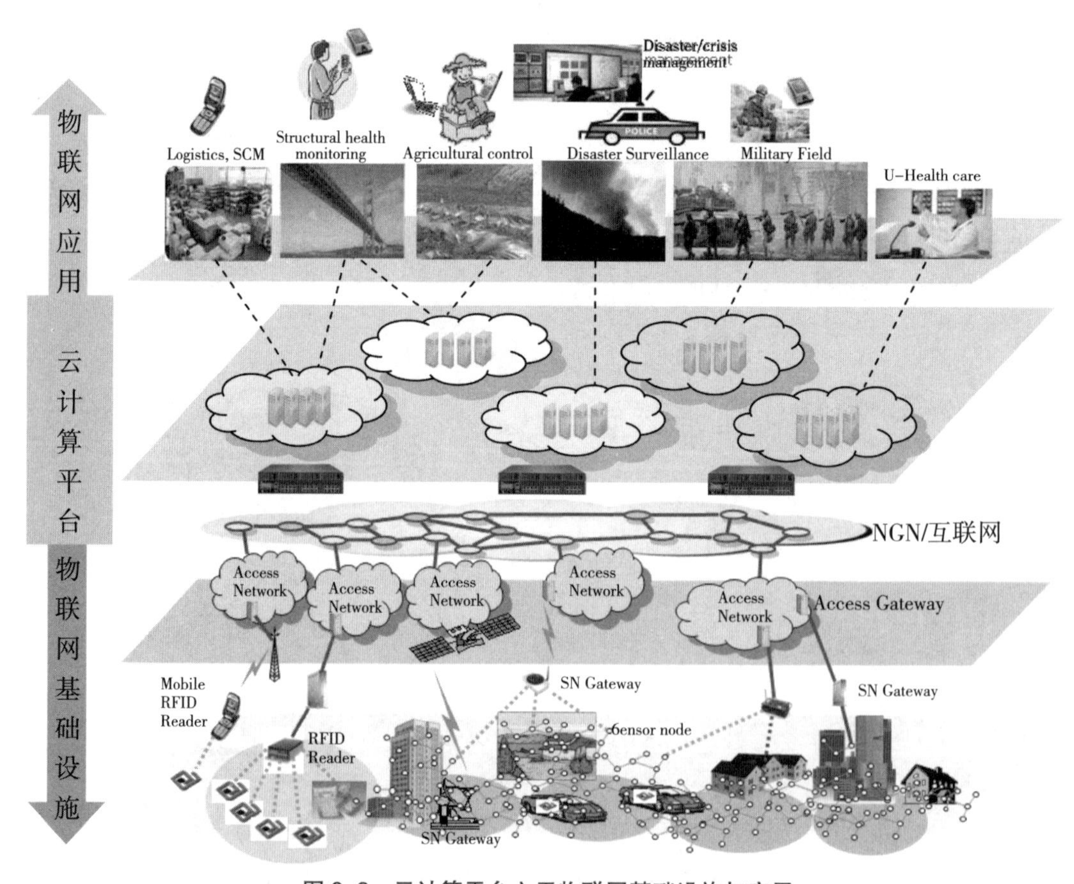

图 6-3 云计算平台之于物联网基础设施与应用

络的差别，形成统一有效的运行机制（见图 6–3）。

物联网基础网络设施作为云计算的基础设施，其所部署的传感器及网络资源就能够以服务的方式，被多种业务、多个应用、更多的客户所使用，从而可以极大地摊薄初期投入成本；而传感器所探测到的诸如环境数据等信息，也可以通过云计算被多次的利用，从而降低包括能耗、通信带宽等的物联网使用成本，并极大地提高物联网的使用效率。

物联网基础网络设施作为云计算的基础设施，还可以利用云进行监控和管理，并通过云实施整合。物联网的网络、传感器状态等数据，以及网络配置、传感器升级或重置等管控行为，可以通过云计算平台进行高效处理。与此同时，云计算还可以按照业务需求的不同，对部署在不同地域，面向不同领域的物联网网络资源、传感器等资源进行重新或虚拟的整合，以更好的方式为用户提供服务。

物联网应用的高效运行，还依赖于云计算所提供的高性能计算、海量存储、数据库、中间件、加密平台等关键服务。首先，物联网中的数据每时每刻都在大量产生，对如此海量数据的处理，需要有云计算的超级计算能力，并且在云计算科学模型的指导下，才能高效地发现有用的决策信息，并智能地处理；其次，物联网所产生的数据，其数据质量良莠不齐，既有对决策有很大贡献的数据，也有无关紧要的数据，还存在噪声数据。

没有云计算平台中诸如数据融合、数据分析等中间件的支持，物联网应用将难以脱离不实用、不好用、不管用的范畴；另外，物联网的数据由于都是来自于现实（非人工生成），因此更加真实，并涉及企业生产、社会运行的方方面面，对国家的经济运行更加有价值，也因此必须实施有效的维护和安全的管理。而只有通过云计算所提供的海量数据存储、加密等基础服务，才能得到有效的支持和保障。

物联网应用的开发、部署依赖于云计算平台和开发工具，而云计算平台也将成为物联网的运营平台。早期的物联网应用开发，多面向特定的领域需求，所部署的传感器网络及传输网络往往都是企业内部的系统，即“垂直式”的私有系统，系统规模很小。

成熟的物联网应用，是建立在公共物联网平台上的大规模应用，既有“水平”式的公有系统，也有“垂直”式的领域私有系统，甚至还有“混合”式跨行业跨地域的复杂系统。不同的物联网，如面向领域的或面向地域等的物联网，可能由不同的物联网运营商所维护和管理。

用户使用物联网的时候，不用再部署专有的网络，而是通过运营商和第三方机构得到相关服务。在这些物联网运营系统上，由于规模庞大、地域分布，因此其上所开发的应用和运维系统，必须支持标准接口、开放部署、开放管理以及允许第三方厂商扩展和接入等功能。而只有依赖于云计算平台和工具，才能满足开发大规模部署和运营管理的需求。

物联网应用还将催生出更多面向物联网应用需求的云服务。例如家庭电表、煤气表自动抄表和管理等物联网应用具体实例，就包含了对云服务的需求。这些家庭内部的电表、煤气表，不仅可以把所采集到的用电数据、用气数据直接传输至数字家庭应用系统中，为住户的合理使用提供方便；同时还可以把这些数据上传至电力公司或天然气公司，以供计费、运营和维护所使用。

然而，对物联网应用的需求并未“止步于此”，作为物业管理部门，甚至于政府部门，希望通过对电表、煤气表实时数据的采集，产生有效的物业管理行为或服务，等依据。简单的物联网应用模型难以解决如此复杂并不断演进的真实需求，而只有通过不断复用和组合云服务，才能够通过开放、标准的方式为上层应用或其他云服务提供支持。无论是数字家庭系统，还是电力公司、天然气公司的运维系统，抑或是物业管理部门、税务部门，以及未来有新需求的部门，都可以通过物联网之云服务所提供的标准接口对这些电表、煤气表数据进行有效实时的采集和使用，而无需重新部署新的物联网设施或者通过“行政命令”接入某个不开放的系统中以获取有效数据。

随着面向物联网的应用和软件越来越成熟，云计算的“软件即服务”模式在物联网应用领域将得到更有效的使用和体现。一方面，未来面向物联网的数据融合、数据管理、数据检索等的软件将以服务的形式，从原始物联网应用系统中分离出来，以 SOA 服务的形式，供不同领域、不同地域、不同业务的物联网应用或非物联网应用（建立在其上层）所共享，从而有效地降低未来物联网的开发需求和成本，并能够提供更好的服务质量和效率；另一方面，物联网应用也必将越来越依赖于其他云计算所提供的服务，并与其他服务融合，形成未来物联网 / 互联网的创新应用。例如，物联网应用结合地图服务，以提供感知数据的呈现；物联网应用结合云计算中的金融、商业等服务，以为用户，诸如上述家庭用户或电力公司、煤气公司提供更准确的计费信息，成本核算等功能。

3. 物联网给云计算带来的挑战

物联网的出现，对云计算平台的网络、计算、存储、安全等各个方面都带来了新的需求和挑战，同时也为云计算的普及与推广带来机遇。

首先，物联网所产生的海量物理世界感知信息，对云计算的海量数据处理能力提出了更高的要求：

物联网所产生的海量物理世界感知信息，其规模将超过当前互联网应用的成千上万倍；与此同时，由于传感器往往工作在恶劣的环境中，以及自身还有诸多资源限制，这些由传感器所产生的海量数据往往存在质量问题；另外，从物联网的感知数据，到能够指导应用系统进行“智慧”反馈的有用信息，需要更高层次的数据分析和融合能力。

面对上述问题，云计算只有更好的支持数据共享与整合，解决数据异构性（来源异构，结构化/非结构化数据、不标准数据）等的问题，解决不同管理域之间的数据查询服务（如跨部门或跨省的食品安全认证数据）等的问题，以及数据和事件管理，静态与动态（历史数据、实时数据、空间/时间相关数据等）数据分析、数据转换、数据存储、数据分发、商业智能等数据融合问题，才能够使物联网应用提供有效的服务能力；

其次，物联网对云计算的基础网络架构及硬件设施带来新的挑战：

物联网的网络形态、网络部署以及网络接入等问题的复杂性，对云计算的现有网络设施带来了巨大的冲击；与此同时，由于物联网面向的领域非常广泛，设备间的互操作接口也将千差万别；另外，物联网应用的规模化扩张，传统数据中心的硬件资源和维护成本，将难以满足物联网的发展需求。

面对上述问题，云计算平台需要具有开放、灵活、异构的架构，不但能够与传感器网络、移动接入以及有线网络等无缝集成，而且能够与现有的网络运营商已有的承载网和业务网无缝集成，以更好的支持异构网络资源共享与融合。云计算平台还应该更好的结合物联网设备标准化的推进，以降低设备接入的成本。与此同时，云计算平台还应该开发并部署更高效的面向“流计算”模型的高性能硬件处理设施，以减轻不断扩张的物联网应用对云计算平台的处理需求。

第三，物联网的安全、可靠管理也对云计算提出了更高的要求：

物联网安全管理包括数据安全和隐私保护等方面。一方面，由于传感器大部分部署在开放、无线通信、恶劣环境中，物联网系统容易暴露很多被监听和恶意攻击的机会。而由于物联网的数据又往往涉及企业生产、社会运行的方方面面，对国家的经济运行更加有价值，因此必须实施有效的维护和安全的管理。另一方面，由于物联网应用不仅包括数据分析与决策支持等功用，还具有通过实时反馈以控制企业生产、社会运行的重大职能，如果没有可靠性保障，物联网系统能否有效运行将难以想象。

面对上述问题，云计算平台的数据加密、传输加密、认证鉴权机制必须面向物联网需求进行有效升级改造才能保证物联网对数据安全的需求满足；而由云计算所支撑的物联网运维管理平台，则需要通过统一的综合网管界面，对物联网网络状态、服务质量、故障告警、远程控制、远程部署实施有效的平台支持，并实现诸如服务质量、网络健康状况分析与预测等的高级服务功能。

（二）云计算的 3456

云计算到底是什么？它不是一种产品，而是提供 IT 服务的一种方式。自己开发程序服务于本单位和个人，是一种服务方式；委托专业的软件公司开发软件满足企业需求也是一种方式；随时随地享受云计算提供的服务，而不必关心计算发生的位置和实现途径，则是到目前为止最高级的服务方式。云计算的美妙之处就在于，通过网络为用户提供所需的计算力、存储空间、软件功能和信息服务。毫无疑问，这将是一种革命性的举措。

这就好比从古老的挖井取水、钻木取火转变到了水厂、电厂集中供应水电，每家每户按需使用，而不必关心这水电是来自何方，存储在哪里。与传统 IT 架构相比，云计算在效率、成本、可靠性和扩展性等方面优势突出，具有极为广泛的商业用途。

用业内人士的话来讲，任何一个看起来与互联网毫不相干的终端，都可以因为云计算而变得强大。“云计算的应用体现着这样一种思想——把力量联合起来，给其中的每一个成员使用。”

也许一般人会认为云计算还很遥远。实际上，它早已在你我身边。最简单的云计算技术在网络服务中已经随处可见，例如搜索引擎、网络信箱等，使用者只要输入简单指令即能得到大量信息。进一步的云计算不仅具有资料搜寻、分析的功能，未来如分析 DNA 结构、基因图谱定序、解析癌症细胞等，都可以通过这项 技术轻易达成。对于企业而言，云计算的商业价值更加巨大。IT 系统早已渗透到现代企业运营的方方面面，成为核心业务的重要支撑，以及各业务模块之间彼此配合、衔接的重要纽带。大型企业和机构往往具有庞大的业务规模和复杂的业务流程，为此它们都配备了庞大的数据中心。但由于很多 IT 系统都是滚雪球式发展起来的，缺乏中长期规划。

经过多年修修补补，IT 系统异构性严重，信息孤岛普遍存在，系统稳定性和安全隐藏巨大风险等等。快速成长的中小企业，则格外关注 IT 系统的成本和效率。与大型企业相比，它们往往 IT 预算更紧张，缺乏专业 IT 人员，因此它们更需要一种“保姆式”的信息化解决方案，帮助它们简化 IT 管理，使它们能专注于核心业务，在复杂环境中实现快速成长。

对于商务人士来说，面对快速变革的复杂环境，必须从烦琐的事务性工作中解脱出来，将时间用于分析和思考。面对信息爆炸，他们需要实时获得最具价值的财经等资讯，需要随时随地收发邮件、访问企业 IT 系统实现移动办公，需要高效有序地安排商旅。为此，他们需要极致便携的移动互联终端，实现随时随地移动办公，并能与其他个人计算设备轻松同步，简化信息管理，尽享高效商务。

云计算的基本原理是，通过使计算分布在大量的分布式计算机上，而非本地计算机或远程服务器中，企业数据中心的运行将更与互联网相似。这使得企业能够将资源切换到需要的应用上，根据需求访问计算机和存储系统。这可是一种革命性的举措，这就好比是从古老的单台发电机模式转向了电厂集中供电的模式。它意味着计算能力也可以作为一种商品进行流通，就像煤气、水电一样，取用方便，费用低廉。最大的不同在于，它是通过互联网进行传输的。云计算的蓝图已经呼之欲出：在未来，只需要一台笔记本或者一个手机，就可以通过网络服务来实现我们需要的一切，甚至包括超级计算这样的任务。从这个角度而言，最终用户才是云计算的真正拥有者。

1. 三类服务模式

云计算模型的三种模式：基础架构即服务（IaaS）、软件即服务（SaaS）和平台即服务（PaaS）。

云计算软件即服务。提供给客户的能力是服务商运行在云计算基础设施上的应用程序，可以在各种客户端设备上通过瘦客户端界面访问，比如浏览器。消费者不需要管理或控制的底层云计算基础设施、网络、服务器、操作系统、存储，甚至单个应用程序的功能，可能的例外就是一些有限的客户可定制的应用软件配置设置。

云计算平台即服务。提供给消费者的能力是把客户利用供应商提供的开发语言和工具（例如 Java，python，.Net）创建的应用程序部署到云计算基础设施上去。客户不需要管理或控制底层的云基础设施、网络、服务器、操作系统、存储，但消费者能控制部署的应用程序，也可能控制应用的托管环境配置。

云基础设施即服务。提供给消费者的能力是出租处理能力、存储、网络和其他基本的计算资源，用户能够依此部署和运行任意软件，包括操作系统和应用程序。消费者不管理或控制底层的云计算基础设施，但能控制操作系统、储存、部署的应用，也有可能选择网络组件（例如，防火墙，负载均衡器）。

2. 四种部署构架

私有云。云基础设施被某单一组织拥有或租用，该基础设施只为该组织运行。

社区云。基础设施被一些组织共享，并为一个有共同关注点的社区服务（例如，任务，安全要求，政策和准则，等等）。

公共云。基础设施是被一个销售云计算服务的组织所拥有，该组织将云计算服务销售给一般大众或广泛的工业群体。

混合云。基础设施是由两种或两种以上的云（内部云，社区云或公共云）组成，每种云仍然保持独立，但用标准的或专有的技术将它们组合起来，具有数据和应用程序的可移植性（例如，可以用来处理突发负载）。

每种服务模型实例有两种类型：内部或外部。内部云存在于组织的网络安全边界（指防火墙）之内，外部云存在于网络安全边界之外。

3. 五个特点

按需自助服务。消费者可以单方面按需部署处理能力，如服务器时间和网络存储，而不需要与每个服务供应商进行人工交互。

通过网络访问。可以通过互联网获取各种能力，并可以通过标准方式访问，以通过众多瘦客户端或富客户端推广使用（例如移动电话，笔记本电脑，PDA 等）。

与地点无关的资源池。供应商的计算资源被集中，以便以多用户租用模式服务所有客户，同时不同的物理和虚拟资源可根据客户需求动态分配和重新分配。客户一般无法控制或知道资源的确切位置。这些资源包括存储、处理器、内存、网络带宽和虚拟机器。

快速伸缩性。可以迅速、弹性地提供能力，能快速扩展，也可以快速释放实现快速缩小。对客户来说，可以租用的资源看起来似乎是无限的，并且可在任何时间购买任何数量的资源。

按使用付费。能力的收费是基于计量的一次一付，或基于广告的收费模式，以促进资源的优化利用。比如计量存储，带宽和计算资源的消耗，按月根据用户实际使用收费。在一个组织内的云可以在部门之间计算费用，但不一定使用真实货币。

4. 六个基本要求

足够大的硬件系统。是云计算的基础，很难想象一个简单的硬件搭建的系统能够提供云服务。

足够快的网络通道。众多的用户和众多的服务必须保证有足够的网络通道带宽。

足够多的应用系统：既然是能够提供完美的在线服务，云平台就必须具备大量的应用软件，以满足不同用户的个性化需求。

足够廉的使用成本。必须让大多数人都能够用得起，云计算才能够发扬光大。

足够简的入门技术。必须让大多数人能够很快的掌握应用，才会有更多的应用客户。

足够强的安全防范。安全是云计算永远的主题。

总之，面对快速变革的复杂环境，无论是大型企业、中小企业还是商务人士，都渴望借助简约、易用的 IT 系统，打造持续竞争优势，实现卓越绩效。云计算在这种形势下凭借自身的一些优势成为时代的宠儿。

（三）云计算的优势

1. 优化产业布局

进入云计算时代以后，IT 已经从以前的自给自足的作坊模式，转化为具有规模化效应的工业化运营，一些小规模的单个公司专有的数据中心将被淘汰，取而代之的是规模巨大而且充分考虑资源合理资源配置的大规模数据中心。而正是这种更迭，生动地体现了 IT 产业的一次升级，从以前分散的、高耗能的模式转变为集中的，资源友好的模式，顺利了历史发展的潮流。

云计算将企业原先自给自足的 IT 运用模式改变为由云计算提供商按需供给的模式。IT 业界将出现一些实力雄厚的云计算提供商，他们拥有雄厚的技术实力和管理经验，雇佣专业管理和研发人员。更重要的是，云技术将地理上分布的各个数据中心连接起来，根据能源价格、安全要素、自然条件、政策等因素调度云中服务在不同的机器上完成。

2. 推进专业分工

不同于中小型企业的数据中心只能在距离企业不太远的地方选址以便维护，专业公司的大型数据中心可以充分利用选址灵活的优势合理配置资源。此外，大型数据中心具有实力雄厚的科研技术团队、丰富的维护管理经验来体现专业分工的优势。

云计算提供商普遍采用大规模数据中心，比中小型数据中心更专业，管理水平更高，提供单位计算所需的成本更低廉。同时专业的云计算提供商可以有更多的科研和经费投入来推动数据中心。除了在硬件上更加专业，云计算提供商还具有更完善的软件，这包括具有丰富知识和经验的管理团队及其配套的管理软件。在中小型的数据中心，平均每个工作人员最多可以管理 170 台服务器。而在大型数据中心中，由于有专业团队和工具的支持，每个工作人员可以同时管理的服务器数量可以达到 1000 台以上。因此，人力成本这一项可以被大幅度削减。

由此可见，云计算带来的是更加专业的分工，更进一步优化的 IT 产业格局。通过让专业的人做专业的事，各取所长，扬长避短，有效避免了 IT 产业中可能产生的内耗。

3. 提升资源利用率

在云计算模式下，高科技企业、传统行业甚至是互联网公司的 IT 业务都可以在不同程度上外包给专业的云计算提供商进行管理。但是传统的数据中心无法兼顾业务的可用性和资源的高效利用，只能在二者之间达到某种程度的平衡。一般来说，企业为了保证业务系统的高可用性，会牺牲掉资源的高效性。据统计，多数企业数据中心的资源利用率在 15% 以下，有的还不到 5%。

在云计算的平台中，若干企业的业务系统共用同一个大的资源池，资源池的大小可以适时调整，还可以通过动态资源调度机制对资源进行实时的合理分配。即使有突发事件对某一个业务系统产生冲击，也不会对整个资源池造成很大影响。通过这些手段，云计算平台的资源利用率可达 80% 以上，与传统数据中心的资源利用率相比有较大幅度提高。

4. 减少初期投资

从云服务提供商的角度来看，同时托管多个服务提高了资源利用率，也降低了其长期的运营成本。同样，对于将自己的 IT 业务外包给云计算提供商的公司，他们的一次性 IT 投入也降到了最低，从而有效地规避了财务风险。

云计算将取代传统的企业专有数据中心。企业无需拥有硬件，而是直接使用云中的计算资源。云计算即用即付费的方式消除了企业的一次性投入，包括数据中心的营建，以及硬件设备的购置和定期更换。这种一次性投入对企业的现金流冲击较大，意味着企业预付了若干年的投入。IT 设备的平均寿命是 3~5 年；制冷设备、监控设备、门禁系统等其他设备的使用寿命则是 10~20 年；如果再考虑上数据中心的建筑寿命，就可以得到几十年之久。这样巨额的一次性投入将使企业背负沉重的负担。此外，一旦企业发生较大变化，如业务转型、系统下线、政策变化等，前期投入的资产就有可能面临被打折出力的困境。

在大多数情况下，软件同样也是一项高昂的支出。如果需要一套高质量的行业解决方案，企业首先要构建该解决方案所必需的中间件软体的许可证，然后在这个基础上购买或者开发自己所需的特定解决方案。除此之外，当这些服务器或者软件被购入以后，很多时候它们其实并没有被充分利用。云计算帮助用户降低 IT 成本体现在两个方面：一方面用户不再需要进行巨大的一次性投资，替代的从云提供商得到 IT 资源和服务；另一方面用户在使用这些 IT 资源时，可以按照自己的实际使用量付费。

5. 降低管理开销

对于云计算的用户来说，除了降低 IT 的使用门槛，更重要的是云计算平台还可以帮助他们实现应用的自动化的管理。对于应用的运行和管理来讲，云计算的出现能够使用户获得更高的灵活性和自动化。

对应用管理的动态、高效率、自动化室云计算的核心。它要保证用户在创建一个服务的时候，能够用最小的操作和极短的时间就完成资源分配、服务配置、服务上线和服务激活等一系列操作。与此类似，当用户需要停用一个服务的时候，云计算能够自动完成服务停止、服务下线、删除服务配置和资源回收等操作。在应用的整个生命周期中，时时刻刻需要按照其当前状态进行动态管理，比如根据业务需求增删供能模块、增减资源配置等。在云计算种，这些工作也将在不同程度上由云平台自动完成，为用户提供了灵活的业务管理和便捷服务。

6. 云架构

典型的云架构分为三个基本层次：基础设施（Infrastructure）层、平台（Platform）层和应用（Application）层。在这三种层次向上提供服务的方式有公有云、私有云和混合云三种类型。

基础设施层是经过虚拟化后的硬件资源和相关管理功能的集合。云的硬件资源包括了计算、存储和网络等资源。基础设施层通过虚拟化技术对这些物力资源进行抽象，并且实现了内部流程自动化和资源管理优化，从而向外部提供动态、灵活的基础设施层服务。

平台层介于基础层和应用层之间，具有通用性和可复用性的软件资源的集合，为云应用提供了开发、运行、管理和监控的环境。平台层是优化的“云中间件”，能够更好地满足云的应用在可伸缩性的、可用性和安全性等方面的要求。

应用层是云上应用软件的集合，这些应用构建在基础设施层提供的资源和平台层提供的环境之上，通过网络交付给用户。云应用种类繁多，既可以是受群众庞大的标准应用，也可以是定制的服务应用，还可以是用户开发的多元应用。第一类主要满足个人用户的日常生活办公需求，比如文档编辑、日历管理、登录认证等；第二类主要面对企业和机构用户的可定制解决方案，比如财务管理、供应链管理和客户关系管理等领域；第三类是独立软件开发商和开发团队为了满足某一类特定需求而提供的创新型应用，一般在公有云平台上搭建。

云架构中的每一层都可以为用户提供服务，进而出现了基础设施即服务（Infrastructure as a service，IaaS）、平台即服务（platform as a service，PaaS）和软件即服务（software as a service，SaaS）。

基础设施即服务交付给用户的是基本的基础设置。用户无需购买、维护硬件设备和相关系统软件，就可以直接在基础设施及服务层上构建自己的平台和应用。基础设施向用户提供了虚拟化的计算资源、存储资源和网络资源。这些资源能够根据用户的需求进行动态分配。相对于软件即服务和平台即服务，基础设施即服务所提供的服务都比较片底层，但使用也更为灵活。

平台即服务交付给用户的是分股的“云中间件”资源，这些资源包括应用容器、数据库和消息处理等。因此，平台即服务面向的并不是普通的终端用户，而是软件开发人员，他们可以充分利用这些开发资源来开发定制化的应用。

软件即服务交付给用户的是定制化的软件，即软件提供方根据用户的需求，将软件或应用通过租用的形式提供给用户使用。软件即服务这使得用户不再关心软件的安装和升级，也不需要一次性购买软件许可证，而是根据租用服务的实际情况进行付费，也就是“按需付费”（见图 6–4）。

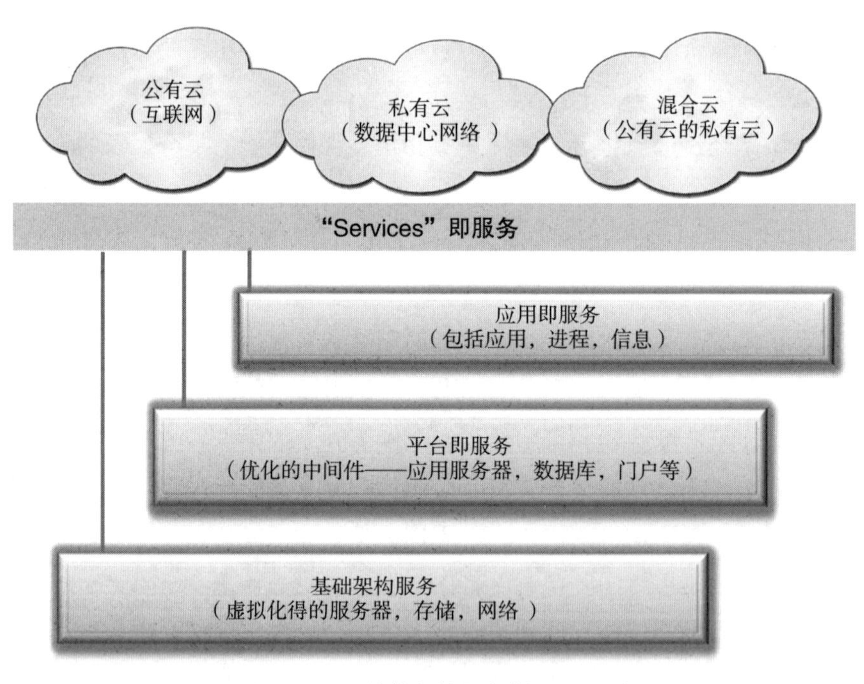

图 6–4　云计算架构图（来源：IBM）

（四）云计算的关键技术

根据市场的成熟程度和发展趋势，云计算视为三类技术的组合：基础技术、平台技术和管理技术。更加具体的看，基础技术主要包括虚拟化技术、自动部署技术和分布式存储技术；平台技术主要包括弹性资源管理技术、端到端的成本分析、和用量度量和计费技术；管理技术包括远程管理和分布式数据中心互联技术等。

1. 基础关键技术

（1）快速部署

自从数据中心诞生以来，快速部署就是一项重要的功能需求。数据中心管理员和用户一直在追求更快、更高效、更灵活、功能更齐全的部署方案。云计算环境对快速部署的要求会更高。首先，在云计算环境中资源和应用不但规模变化范围大而且动态性高。用户所需的服务主要采用按需部署的方式，即用户随时提交对资源和应用的请求，云环境管理程序负责分配资源、部署服务。其次，不同层次云计算环境中服务的部署模式是不一样的，比如虚拟化的基础设施云上的应用都被打包在虚拟机里面，而多租户平台上的应用则会选择更加轻量级的打包方案。另外，部署过程所支持的软件系统形式多样，系统结构各不相同，部署工具应能适应被部署对象的变化。

（2）资源调度

资源调度指的是在特定的环境中，根据一定的资源使用规则，在不同的资源使用者之间进行资源调整的过程。这些资源使用者对应着不同的计算任务（例如一个问题恢复方案），每个计算任务在操作系统中对应于一个或者多个进程。通常有两种途径可以实现计算任务的资源调度：在计算任务所在的机器上调整它的资源使用量，或者将计算任务转移到其他机器上。

海量规模为资源调度带来了新的挑战。资源调度需要考虑到资源实时使用情况，折旧要求对云计算环境的资源进行实时监控和管理。云计算环境中资源的种类多、规模大，对资源的实时监控和管理就变得十分困难。此外，一个云计算环境可能有成千上万的计算任务，这对调度算法的复杂性和有效性提出了挑战。

（3）多租户技术

传统的软件运维模式要求软件被部署在用户所购买或租用的数据中心当中，这些软件大多服务于特定的个人用户或者企业用户。在云计算环境中，更多的软件以 SaaS 的方式发出去。并且通常会提供给成千上万的企业用户共享使用。与传统的软件运维模式相比，云计算要求硬件资源和软件资源能够更好地共享，具有良好的可伸缩性，任何一个企业用户都能够按照自己的需求对 SaaS 软件进行客户化配置而不影响其他用户的使用。场景而生。多租户技术是一项云计算平台技术，该技术使得大量的用户能够共享同一堆栈的软、硬资源，每个用户能够按需使用资源，能够对软件服务进行客户化配置，而且不影响其他用户的使用。这种技术满足了云计算资源共享的需要。

（4）海量数据处理

作为以互联网为计算平台的云计算，将会更广泛的涉及海量数据处理任务。海量数据处理指的是对大规模数据的计算和分析，通常数据的规模可以达到TB甚至是PB级别。在互联网时代，互联网时代，数据的统计和分析很多是耗量数据级别的，一个典型的例子就是搜索引擎。由于数据量非常大，一台计算机不可能满足海量数据处理的性能和可靠性等方面的要求。以往对于海量数据处理的研究通常是基于某种并行计算模型和计算计算机集群系统的。并行计算模型可以支持高吞度量的分布式批处理计算任务和海量数据，计算机集群系统则在通过互联网连接的机器集群上建立一个可扩展的可靠计算环境。

（5）分布式存储

分布式存储的目标是利用云环境中多台服务器的存储资源来满足单台服务器所不能满足的存储需求。其特征是，存储资源能够被抽象表示和统一管理，并且能够保证数据读写与操作的安全性、可靠性、性能等各方面要求。

云计算催生了一些优秀的分布式文件系统和云存储服务。最典型的云平台分布式文件系统是Google的GFS（Google File System）和开源的Hadoop。这两种文件系统使用哪个大规模数据的伸缩性，利用容错和故障恢复机制，有效地克服单节点故障导致的系统故障；实现了大规模海量级的文件存储。

分布式存储系统构建于在分布式文件系统之上，用于存储海量结构化数据的。典型包括，Google的BigTable、开源的HBase等。这些系统可将结构化数据，存储为分布式的、多维的、有序的图，以便于查找和修改。

除了存储管理系统，如何并行操作这些数据依赖于分布式计算模式的设计。基于云平台的最典型的分布式计算模式是MapReduce编程模型。MapReduce将大型任务分成很多细粒度的子任务，这些子任务分布式的在多个计算节点上进行调度和计算，从而在云平台上获得对海量数据的处理能力。

2. 云计算平台与管理技术

云计算通过对各种能力资源共享（包括计算资源、网络资源、存储资源、平台资源、应用资源、管理资源、服务资源、人力资源，数据资源）、业务快速部署、人物交互新业务扩展、信息价值深度挖掘等多方面的促进带动整个物联网产业链和价值链的升级与跃进。同时物联网与云计算结合的数据中心需要更可靠和严谨的虚拟化平台实现支撑，而且对数据中心的规划、建设、运营、维护、管理等方面在节能环保、高可靠性、高可用性、安全性、可管理性及高性能等方面提出了更高的要求。其中的关键技术体现在如下五点：

（1）可伸缩的资源管理

云计算可以提供可扩展的资源池。不管是传感器，数据还是存储，各种资源都被管理在资源池中，供服务随用随取。然而在发展初期，资源使用量不大，政府的投入很少。随着业务的成熟，新的企业的加入，甚至新的行业的振兴，资源使用量将会逐步加大。可伸缩性是软件系统的一种特性，具备可伸缩性的软件系统可以通过资源的增加和减少来应对负载的变化，并保持一致的性能。云计算实现了可伸缩性管理的实现方法，分别是：垂直伸缩和水平伸缩。前者是指在现有的服务节点上增加或者减少资源，比如增加或者减少 CPU、内存、线程池和存储空间等等。而后者是指在现有的服务节点基础上增加或者减少服务节点，从而支持更多或者更少的服务请求。

（2）虚拟化技术

只有实现了 IT 虚拟化，才能真正实现资源共享和 IT 服务能力的按需提供，这其中关键技术就涉及服务器虚拟化、网络虚拟化和存储虚拟化，当然如果能够将服务器、网络和存储进行融合，让服务器与网络之间，网络与存储之间也能够达到资源共享的虚拟化，这将会在计算能力的有效利用，服务能力的错峰处理和绿色节电环保等方面更具有吸引力。

物联网需要引发多种资源（包括计算资源、网络资源、存储资源、平台资源、应用资源、管理资源、服务资源、人力资源，终端资源），多种产业的联合，这样一方面应该重点开发 KVM 等开源虚拟化技术。另一方面需要为传感等终端设备提供合适的虚拟化技术。虚拟化可以成就资源共享，将多种物理资源以统一的接口提供需要的服务，设备和用户。对于用户来说虚拟资源看起来和物理资源一样，除了可以有不同的属性，包括用量、可控制性等。

（3）弹性规模扩展技术

云计算提供了一个巨大的资源池，而应用的使用又有不同的负载周期，根据负载对应用的资源进行动态伸缩（即高负载时动态扩展资源，低负载时释放多余的资源），将可以显著提高资源的利用率。该技术为不同的应用架构设定不同的集群类型，每一种集群类型都有特定的扩展方式，然后通过监控负载的动态变化，自动为应用集群增加或者减少资源。

（4）自动化部署

物联网需要自动化来支持来简化任务执行。部署是基础设施管理中很重要的一个部分，也是有很大工作量花费的一个部分，包括操作系统、中间件和应用等不同层次的部署。自动化部署提供简化流程，用户提出申请后由自动化部署平台根据调度和预约自动完成相应的部署，这样用户只要花十几分钟，甚至几分钟就可以得到一个完整的环境，极大地提高了工作效率。物联时代需要在部署的同时需要考虑端到端的问题解决。比如端到端的自动回复要求，部署需要感知环境的具体限制，并配置好恢复功能以便自动触发。

（5）端到端的成本分析

物联网需要在可持续发展和有效地资源利用中间求得平衡，这就要求最大化规模效应。而成本控制和收益比较是评价规模效应的标尺。成本是由规划和配置决定的，在互联互通的模式下，不同的资源消耗有不同的关联性。识别这种关联，并且利用这种关系计算和预测成本对于了解规划和理性，以及扩展方案的参照都非常重要。此外成本提供了资源平衡调度的重要参照，比如端到端的问题处理往往涉及多种路由和解决方案。成本分析可以帮助选择合适的方案和配置以便以优化的方法完成任务。

（6）基于用量的计费

资源即服务的提供模式导致计费模式发生变革。在云计算场景下，用户可以按需付费或者按使用计费，获得更加有益的收益。在按需付费模式下，用户可以估计自己对于软件的使用情况，决定自己申请资源的数量。云计算环境会根据用户的支付给用户一定的初始用量，并按照用户的实际使用情况计算用量，提醒用户根据实际用量支付。然而，云数据中心的复杂构成以及资源的众多种类都给云环境中的用量测量和计费造成困难。一个标准化的、易于扩展的用量测量和计费框架在物联时代更加不可缺少以适应不同的设备和网络使用。

（7）分布式数据中心的远程管理和无缝连接

互联网技术在物联网的扩展，包括 IP 技术在各种物体的实现，无线接入网络，网络与信息的融合等方面。网关 / 物联网中间件 / 云计算平台的组合需要有效的管理、控制与应用这种融合，从而让其更好地实现可靠、安全、连续的服务。然而考虑成本以及政策法规等因素，云数据中心往往分散在不同的地点，这给管理和维护带来了挑战。远程管理技术帮助自动化的异地问题解决和恢复，降低异地维护的开销。另一方面，分布的数据中心需要连接在一起为硬盘那个用户提供连续的资源使用。所以如何在数据中心之间迁移服务和计算任务以及保持一致性也变得非常重要。

（8）数据分析优化

很多的企业经过多年的累积，有大量的数据，这些数据散布在企业里不同的部门，当我们在商业的发展上需要更进一步发挥更高价值的时候，因为不同的部门所掌管的系统跟它的数据没有紧密结合，没有在一个共同的平台上面，很难全方位地做分析和优化，所以新的价值就比较不容易产生。云的平台提供存贮资源为企业内部不同的部门公用，然后也共用这些数据所产生分析优化的成果，甚至共用能够提供做分析优化的这些人才，这是一个很大的差距。跨企业在产业链条里面的整合，尤其是在做供应链优化和上下游整合的时候，可以促进更进一步分析优化，判断同业之间的合作是否还有分析优化的空间，可以产生、创造新价值。

（五）中国云计算现状

2007 年，云计算提出之时还被作为一种概念刚刚开始被业界关注。仅仅两三年后，云计算就因为其业务模式和技术的创新性在全球范围内成为 IT 行业最为炙手可热的中心主题。业界普遍认为，云计算将成为全球增长最快的市场之一。例如全球知名的投行美林预计全球云计算市场规模到 2011 年将达到 1600 亿美元，其中商业和办公软件的云计算市场规模达到 950 亿美元；市场分析机构 Gartner 预测，云计算市场规模到 2013 年有望增长到 1500 亿美元；市场研究公司 IDC 也发表报告预测，到 2013 年全球云计算服务市场规模将增长至 442 亿美元。

作为全球最主要的新兴市场之一的中国同样孕育着巨大的商业机会。据 IDC 估计，从 2009 年底到 2015 年底，云计算将为全球带来 8000 亿美元的新业务收入，其中为中国带来超过 1 万亿元人民币（1590 亿美元）的新增业务收入。除了巨大的商业前景之外，云计算的推广和应用还具有巨大的社会效益，给中国信息产业和社会发展带来积极影响。作为经济高效的商务模式，云计算的“按需计算”、“现收现付”等特性会降低信息化普及门槛，简化 IT 管理，有效降低企业 IT 基础设施成本，全面提高整个社会的信息化水平。因此，中国政府非常重视云计算所带来的机遇。

各地政府 2015 年度工作报告里提出战略性新兴产业报告后，北京、上海、无锡等地提出了物联网、云计算发展规划和实施计划。上海市发布规划 31 亿元推进 13 个项目；北京市启动祥云计划，力争成为世界级的云计算基地。国家发展改革委和工业和信息化部联合发布了“关于做好云计算服务创新发展试点示范工作的通知”，进一步明确了现阶段云计算创新发展的总体思路，即“加强统筹规划、突出安全保障、创造良好环境、推进产业发展、着力试点示范、实现重点突破”；并选定北京、上海、深圳、杭州、无锡五个城市先行开展云计算创新发展试点示范工作。

尽管中国拥有广阔的市场前景和商业机会，以及政府的强力支持，云计算在中国的发展也面临着很多问题。例如，由 IT168 组织的 2010 年云计算调查结果显示，超过 45% 的受访者仅听说过云计算的概念而并不了解其具体含义；另外，缺乏成熟的云计算供应商和成功案例、网络带宽与费用限制、受传统 IT 应用模式和观念所限制等因素都阻碍了中国云计算发展。

1. 密布中国的“云”

中国政府越来越重视经济结构调整、信息化建设以及自主创新。温家宝总理在 2009 年的政府工作报告指出，“坚持把推进经济结构调整和自主创新作为转变发展方式的主攻方向，变压力为动力，坚定不移地保护和发展先进生产力，淘汰落后产能，整合生产要素，拓展发展空间，实现保增长和调结构、增效益相统一，增强国民经济整体素质和发展后劲”，“大力推进科技创新。科技创新要与扩内需、促增长，调结构、上水平紧密结合起来”。在国家“十二五”发展规划中，明确提出“全面提高信息化水平”。推动信息化和工业化深度融合，加快经济社会各领域信息化。发展和提升软件产业。积极发展电子商务。加强重要信息系统建设，强化地理、人口、金融、税收、统计等基础信息资源开发利用。实现电信网、广播电视网、互联网三网融合，构建宽带、融合、安全的下一代国家信息基础设施。推进物联网研发应用。以信息共享、互联互通为重点，大力推进国家电子政务网络建设，整合提升政府公共服务和管理能力。确保基础信息网络和重要信息系统安全。云计算作为战略性新兴产业的一个重要环节，国家发展改革委和工业和信息化部联合发布了“关于做好云计算服务创新发展试点示范工作的通知”，进一步明确了现阶段云计算创新发展的总体思路并选定了五个试点城市。

上海将致力打造“亚太云计算中心”，培育十家年经营收入超亿元的云计算企业，带动信息服务业新增经营收入千亿元。上海预计经过三年的努力，实现在云计算领域“十百千”的发展目标，即培育十家在国内有影响力的年经营收入超亿元的云计算技术与服务企业，建成 10 个面向城市管理、产业发展、电子政务、中小企业服务等领域的云计算示范平台；推动百家软件和信息服务业企业向云计算服务转型；带动信息服务业新增经营收入千亿元，培养和引进千名云计算产业高端人才。

有关部门还将制定完善的税收、补贴等配套政策，支持云计算产业发展。其目标是将上海建成全国云计算技术与服务中心。

甲骨文和戴尔将利用各自世界级的云计算技术和解决方案与上海数据港联合研发、建设、推广云计算服务，共同打造上海云计算产业基地，为广大中小企业、政府、医疗卫生和教育用户提供世界级的安全、可靠、成本优惠、便捷的云计算服务。一批国际、国内领先的云计算应用企业包括中国第一大、世界第三大的互联网公司腾讯公司、亚洲最大的电子商务公司阿里巴巴、中国电信上海分公司及杭州分公司、中国知名的电子支付平台付费通以及国家卫生部命名的居民健康档案管理平台示范工程等企业、机构和项目，作为上海数据港云计算基础设施服务平台的首批客户正式入驻上海市云计算产业基地。

杨浦区被命名为“上海市云计算创新基地”。国内首个云计算创投基金，云海创业基金，在上海成立，主导人是国内享有中国互联网教父地位的网通创始人、前任董事长田溯宁。此举将进一步完善本地的云计算“产业生态”，并吸引更多创新资源的集聚。初期募集规模为 3 亿元，资金来自田溯宁任董事长的宽带资本、上海市杨浦区政府、以及另一家上海政府背景的风投基金。

“祥云工程”作为北京市发展战略性新兴产业的重要工程。祥云将以云计算技术的兴起为新契机，全面优化和提升北京信息技术产业，使北京成为中国乃至全球的云计算中心。“祥云工程”将合理规划布局云应用、云产品、云服务和云基础设施，在中关村建立高水平云计算产业基地，成为产品创新中心、技术交流中心、应用示范中心和服务运营中心。推动云应用水平居世界前列，使北京成为世界级云计算产业基地。

“祥云工程”将五大领域列为云计算产业的发展重点，即云计算专用的芯片和软件平台、云计算服务产品、云计算解决方案、云计算网络产品及云计算终端产品。为此，北京将在电子政务、重点行业、互联网服务及电子商务等云计算的主要应用方向上实施一批重大示范工程，并计划在中关村核心区规划建设北京云计算产业基地。同时，北京已出台多项优惠措施支持云计算产业发展，其中包括以资本金注入、贷款贴息、投资补助等方式，支持云计算的技术改造、成果产业化、产业基地建设等项目；计划通过中央的“千人计划”及北京的“海聚工程”，在国际上引进 30 名云计算专业领军人才。

作为“祥云工程”的一部分，由联想、赛尔网络、中国移动研究院、百度、神州数码、用友、金山、搜狐等 19 家单位发起成立了中关村云计算产业联盟。成立后的联盟将以服务产业为导向、以共享资源为主线、以攻关技术为核心，联合北京云计算领域重点企业和研究机构，争取政府产业政策支持，汇聚产业链上下游资源，促进云计算领域产学研合作，带动全国云计算产业发展。

2. 中国电信“云”

云计算的技术和商务模式对传统电信和数据中心的运营商带来了巨大的机遇。世界主流的电信运营商都将云计算作为衡量其核心能力的主要手段，并试图努力拓展云计算市场，其中包括基础设施即服务（IaaS）和软件即服务（SaaS）等。据报告称，在过去一年中，AT&T、英国电信、Orange 和 Verizon 等电信巨头都已在这一市场取得很大进展，预计在未来两三年，电信市场对该领域的需求将迅速增强。

目前，运营商对云计算需求分内外两方面。内部需求方面，运营商的资源利用率有很大的提高空间，例如目前运营商 CPU 平均利用率是 12%，有些时候可 能会低于 3%，低于 IT 厂商的平均水平，尤其低于谷歌 80% ~ 90% 的平均利用率。外部同样也有较大需求，例如目前的 IDC 运营，每一个 IDC 的数据运营规 模不大，而且业务创新转型的周期比较长，业务开发上线的周期长，业务适配的门槛依然较高。

针对这两方面的需求，国内的运营商也纷纷推出各自的云计算规划和项目。尽管不同运营商的规划和项目不尽相同，但整体架构上都比较类似，如下图所示。物理层是物

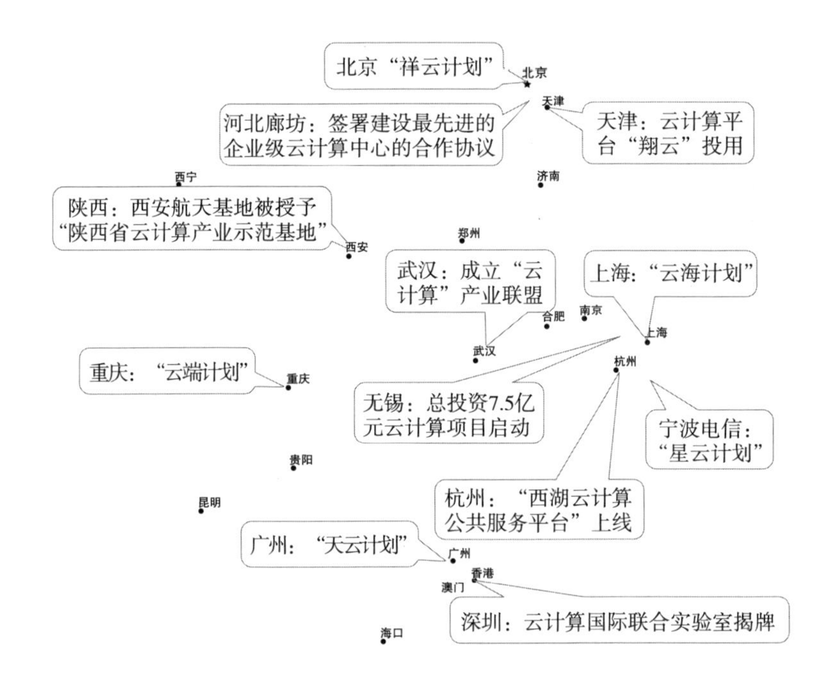

图 6-5　密布中国的“云”计划

理设备的集合，在这方面运营商具有很强的传统优势。虚拟层应用虚拟化技术将物理层的物理设备以虚拟、统一的形式进行管理、并为上层业务提供支持。管理层是运营的核心，一方面进行资源管理和自动化，另一方面提供业务支持功能。而业务层则面向不同的需求提供 IaaS、PaaS 和 SaaS 服务。

中国移动的“大云”项目于 2007 年 3 月启动，在 2008 年建立了 250 节点的云计算平台，2009 年 8 月发布了“大云”0.5 系统，2009 年搭建了 1024 节点的平台，2010 年 5 月发布了“大云”1.0 系统。到 2015 年底，中国移动已经建立了由 10000 台服务器、100000 个 CPU 内核、300PB 存储容量的“大云”实验室；“大云”的一些技术和应用也开始在中国移动内部某些分公司开始试点。

“大云”3.0 系统中已实现分布式文件系统、分布式海量数据仓库、分布式计算框架、集群管理、云存储系统、弹性计算系统、并行数据挖掘工具等关键功能。“大云”将满足中国移动的两方面需要：满足中国移动 IT 支撑系统高性能、低成本、可扩展、高可靠性的 IT 计算和存储的需要；满足中国移动提供互联网业务和服务的需要。

中国电信的智囊团队认为，云计算为满足用户对信息化、互联网、移动互联网业务应用需求提供了低成本、高性能、高可靠的运行架构，以及对应的服务提供模式。在这份规划中，中国电信以云计算为契机，履行信息化带动工业化职责，加速自身战略转

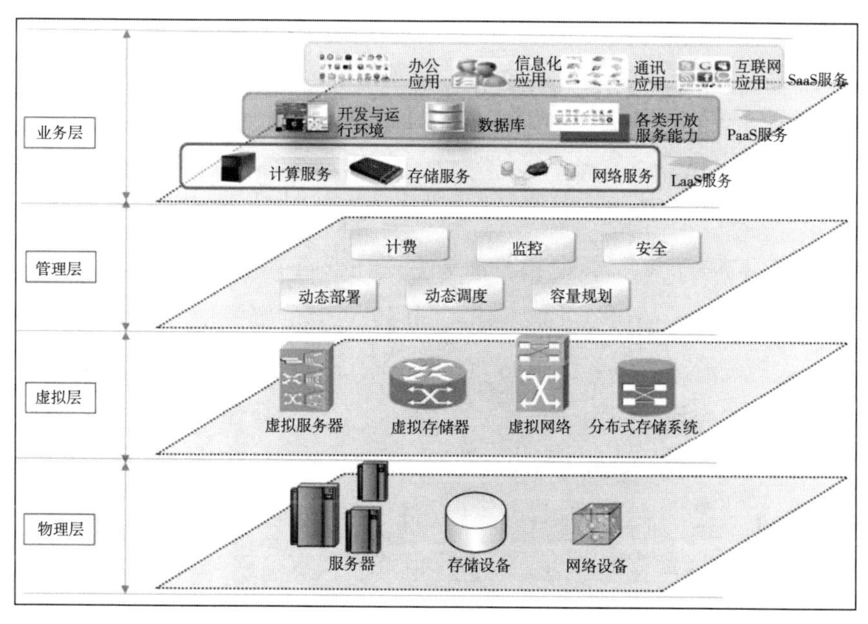

图 6-6 电信运营商云计算架构（来源：信息通信技术期刊）

型。中国电信认为，统一的开放云计算业务应用平台是参与信息化、移动互联网竞争的重要武器；以电信优势资源、采取合作共赢的方式打造运营商主导的信息化和移动互联网生态环境。

由此可以看出，中国电信对于未来的云计算期望颇高，并在此基础上延伸出了IaaS、PaaS 和 SaaS 等服务形式。

首先，云计算可以提升信息化服务能力：满足中小企业的信息化应用需求，具备大规模低成本推广中小企业信息应用能力；引入更多第三方开发者，形成信息化应用 生态系统，并与企业信息化终端系统结合；满足大量中小企业的弹性 IT 资源需求，降低客户信息化发展门槛。

其次，云计算可以促进移动互联网发展：将有助于中国电信在移动互联网的发展过程中获得更多的机会，有利于丰富移动互联网应用业务，且有效改进应用的使用体 验，吸引用户对移动互联网业务的使用。

最后，云计算应该提高 IT 效率，降低成本：加快新业务创新、孵化和部署速度，降低投入；提升 IT 支撑系统性能和响应能力，降低 IT 投入成本；利用云计算技 术特点实现节能减排。中国电信集团已经正式成立云计算研究院，以加速云计算的技术研究和行业应用。中国电信还同时启动了云平台方面的研究，范围包括分布式服务引擎的体系架构、能力定义、接口定义等关键技术。

与中国移动和中国电信不同，中国联通的云计算更多的是在 IDC 层面的拓展。在

2009年中国电信业的重组、与中国网通整合之后，中国联通的IDC业务也进入了一个全新的发展阶段。中国联通希望能够借云计算实现数据中心运维成本的大幅降低，并具备为更多客户提供增值业务的能力。中国联通选择青岛建设北方重要的“云计算”基地，从2010年起的5年内，投资5亿元，期望将该“云计算”基地发展为服务整个东北亚的数据中心。

中国联通提出了云计算运营架构，称为公众计算通信网，即以云计算技术为基础，融合电信网和计算网之后的信息处理网络；利用云计算的虚拟化技术建立支撑网、业务网、统一基础设施资源池；以云计算的理念对基础设施资源池进行组织和运用。在原有公众通信网的接入、交换、路由、传输要素的基础上，公众计算通信网还实现了计算处理能力、虚拟分配、调度管理以及业务开发等主要技术。这样，公众计算通信网将基于互联网以服务的形式提供平台、软件及其应用，增强电信的业务能力，降低运营商的投资成本（CAPEX）和运营成本（OPEX），降低终端要求，同时也利于运营商拓展新的市场领域。

中国联通也提出了“互联云”。通过“互联云”，中国联通将打造第三代互联网络基础架构。这个基础架构是一个集成了硬件、软件、网络、应用和服务的综合性的平台。中国联通利用Power-Allnetworks（PA）公司的技术和服务，与PA合作共同打造中国的“互联云”，建立私有云和私有云、私有云和公共云、公共云和公共云之间的连接。

3. 企业云

云计算在中国企业内部已经开始逐步应用。IT168的调查显示，有8%的企业已经使用云计算；10.6%的企业正在试用，32.4%的企业正在考虑使用云计算。从企业规模的角度看，大型企业的私有云部署进展明显要快于中小型企业：已经部署或正在测试的企业比例达到了48%，而中小型企业这一比例均不到40%。从应用云计算的出发点或目的角度，中国企业除了系统通过使用云计算缩减IT成本之外，还希望能够更灵活更高效地运营业务。70%的受访者认为未来五年内云计算为企业带来的最大好处是“速度和灵活性的提升以及响应时间的减少”。相比国外，中国企业很少将云计算视为一种开发创新产品或流程的手段。

2009年7月，IBM宣布为全球财富500强企业中化集团公司（以下称中化）成功打造企业云计算平台，使其企业内部的IT基础设施以及各类软件应用运行地更加灵活，提升了中化在全球的业务运营效率，以充分满足其全球化快速发展的业务需求。这是在中国落户的首个企业云计算平台，也是《财富》杂志全球500强企业首次部署企业云计算平台。

中化的IT基础建设成熟度高，信息部门对虚拟化技术有熟练掌握并已经有一定应用，再加上之前成功实施SOA，为中化实施云计算提供了良好的基础条件。IBM与中化共创的企业云计算平台，参考了IBM蓝云6+1解决方案中的场景设计。在IBM为中化搭建的企业云计算环境中，一方面通过使用IBM Power Systems的硬件虚拟化技术及相关开放的管理软件，使中化内系统的服务器虚拟化水平从10%~15%增至50%~60%。另一方面，IBM为云计算环境配备了IBM Tivoli自动化软件，从而使中化的开发团队能够自主访问所需的软件环境，同时管理整个流程。中化的企业云平台，能够支持中化员工访问整合的资源，并按需运行ERP系统和其他数据密集型应用提升中化在全球范围内的业务运营效率，以满足其全球化快速发展的业务需求。

《财富》世界五百强、世界第二大远洋运输公司——中国远洋运输集团具有庞大的航线网络、近百艘商船、覆盖全球的分支机构。在中远集团推广其物流和海运系统的过程中，系统用户数增加到1万以上，系统需要处理的数据也翻了几番。中远集团原有的服务器系统难以适应由用户、数据量上升带来的系统负载。在这种背景下，中远集团开始尝试使用云计算技术来应对这种挑战。

中远集团的私有云从使用虚拟化技术开始。借助虚拟化，员工都可以方便地接入分布于网络中的服务器。一方面，虚拟化帮助提升服务器的使用率、降低能源消耗；另一方面，使用虚拟化也便于在服务器负载增加是增加资源。在虚拟化之上，中远集团正在建立，覆盖海运、陆运、订单管理、传单和支付应用程序的SaaS服务，为其客户、子公司和分销商提供服务，以此避免自建系统带来的不必要投资和维护费用。尽管这些SaaS服务仍在试验阶段，但相关工作人员表示试验将在一年内完成。

事实上，与公有云相比，私有云建设在企业内部，具有较好的网络环境——网络传输速度快、环境封闭，可以较少的受到网络带宽的限制，也可以避免使用公有云带来的安全方面的隐患。因此，私有云相比公有云对企业、特别是大型企业具有更强的吸引力。

4. 公共云

公有云以中、小企业和个人用户为主要目标用户。在国际上，亚马逊的弹性云、Google的AppEngine、Salesforce.com等都是著名的公共云服务。在中国，IaaS和PaaS层的云服务相对较少，而SaaS层的云服务则非常繁荣。

目前中国还没有真正意义的IaaS层云服务提供商。尽管电信运营商和IDC都在应用云计算的技术，但基本上主要关注于自身系统成本的降低。中国相对并不足够的网络带宽所带来的网络传输延迟，也影响了以程序开发为主的IaaS层用户选择公共云作为平台。但可以预见，随着运营商对自身改造的陆续完成、网络基础设施的逐步改善，IaaS 层云服务是运营商的直接选择。而在此之前，以服务地理集中的软件企业为特点的区域型 IaaS 服务很可能首先出现。

在中国有很多聚集这软件研发等高新技术企业的“软件园”、“创新园”等。在园区内，具有很好的网络设施，网络传输不会成为瓶颈。而提供额外的技术服务，也可以成为园区吸引企业入园的一种方式。因此，这类园区内可以形成区域型的云服务。这种区域型的云服务一方面在服务初期可以很好地切合园区实际、满足园区需求并实行自身生存和技术积累；另一方面在条件允许的情况下也可以为园区外的用户提供服务，从而实现业务的增长。例如，上海浦东软件园于 2016 年下半年正式启动“汇智在线”云服务平台建设，预计将在明年上半年投入试运营，满足科技型中小企业 IT 服务共性需求。在其初期建设规划中，重点之一就是基础设施服务，即提供虚拟主机、数据计算、数据存储等服务。

中国的 PaaS 服务的目标定位是帮助独立软件提供商（ISV）实现由传统软件开发商到 SaaS 服务提供商的转变。由于在这个转变过程中，不同 ISV 的技术水平、产品特点等都存在巨大差异，除了服务本身之外，必要的培训、咨询等支持服务对转变的成功与否至关重要。因而，以 Salesforce 的 force.com 为代表的国际 PaaS 服务并未很好的进入中国市场。

相反，更贴近中国、能提供直接支持的 PaaS 服务则会比较容易得到应用。由无锡软件产业发展有限公司建设，IBM 中国研究院作为技术支撑的“盘古天地软件服务创新孵化平台”于 2009 年 7 月在无锡（国家）软件园正式投运。该平台致力于为全球软件企业提供开放式软件信息孵化服务，旨在帮助入驻园区的中小软件企业快速、低成本进入 SaaS 时代，实现从软件开发企业向服务提供商转型的目标。该平台已成功支持 51 不锈钢、德立软件等多家 ISV 的服务孵化过程，实现 20 余个 SaaS 服务的上线运行。

相比之下，中国在 SaaS 服务方面则比较活跃。这一点，不但体现在 SaaS 服务的使用者较多，还体现在出现了一批国内的 SaaS 服务提供商。

XTools 专业致力于研究和解决全球中小企业信息化过程中的各种问题，为中小企业提供优秀的信息化产品辅助提高管理，促进发展。XToolsCRM 是针对中小企业客户关系管理的信息化工具，它帮助掌控企业的售前、售中、售后完整的销售过程，管理企业的客户、联系人、合同等重要的商业数据，促进客户跟踪、热点客户提取、应收款回收等核心商务活动，以达到帮助企业提升销售业绩，降低销售成本的综合效果。

XTools 已经不是 CRM 的新起之秀了。XTools 在 2004 年首先推出了中国人自己的在线 CRM，至今已经有五年的时间了，其本土化的产品设计使其收获数千家企业客户持续租用的认可。在第三届中文大会上，计世资讯发布的《2008—2009 年中国软件运营服务（SaaS）产业发展状况与趋势研究报告》数据中显示，XTools 的在线 CRM 用户得到迅速提升，在线 CRM 付费用户数位居行业第一。在易观国际《2009 年第 3 季度中国 SaaS 市场季度监测》数据显示，XTools 以付费用户数排名在线 CRM 厂商第一。

2009 年 9 月 11 日，由原阿里软件、阿里巴巴集团研发院以及 B2B 与淘宝的底层技术团队组成的“阿里云”成立。阿里云专注于云计算领域的研究和研发，成为继阿里巴巴、淘宝、支付宝、阿里软件、中国雅虎之后的阿里巴巴集团第六家子公司。在对外提供服务之前，阿里云一直致力于为阿里巴巴集团内部客户提供云计算。阿里云与阿里巴巴收购的中国万网正在紧锣密鼓加紧合作。中国万网服务范围涵盖基础的域名服务、主机服务、企业邮箱、网站建设、网络营销等互联网基础应用。

（六）安全警示

自云计算的概念提出以来，有关云计算的安全问题一直是被关注的重点。虽然说最近两年云计算的产品不断充斥着整个市场，但是我们也不应该被包裹着云计算外衣的形形色色的产品冲昏了头。云计算还没有像表面上显示的已经成熟到了产品化的程度。它的安全问题一直还未完美解决。

1. 家里不安全

私有云是在企业自己的数据中心边界范围内部署的。一般性观点认为，私有云是比较安全的。但事实上，私有云的安全性远小于物理隔离数据中心的安全性。

云计算包含与传统的计算不同的两个关键区别：虚拟化和动态性。云计算的技术基础建立在一个应用的管理程序的基础上。管理程序能够把计算（及其相关的安全威胁）与传统的安全工具隔离开，检查网络通信中不适当的或者恶意的数据包。

由于在同一台服务器中的虚拟机能够完全通过管理程序中的通信进行沟通，数据包能够从一个虚拟机发送到另一个虚拟机，不必经过物理网络。而一般安装的安全设备通常会在物理网络检查通讯流量。

这意味着如果一个虚拟机被攻破，它能够把危险的通信发送到另一个虚拟机，传统的防护措施甚至都不会察觉。换句话说，一个不安全的应用程序能够造成对其他虚拟机的攻击，用户采用的安全措施对此却无能为力。云计算代表了虚拟化与自动化的结合。它还意味着任何必需的安全软件必须自动化地进行安装和配置，不能有人工干预。况且，云计算的自动化特征还没有扩展到软件基础设施的所有方面。

由于目前许多机构还必须依靠安全人员或者系统管理员人工安装和配置必要的安全组件，而且这通常是作为这台机器的其他软件组件安装和配置完毕之后的第二个步骤。许多机构在安全措施实践与云要求的现实方面是不匹配的，在用户的安全和基础设施实践与自动化的实例一致之前，肯定会产生安全漏洞。

2. 公共也不安全

目前是云服务安全规则是：云服务提供商领域的安全是提供商与用户共同承担的责任。服务提供商负责基础设施的安全以及应用程序与托管环境之间接口的安全；用户负责接入环境接口的安全，更重要的是负责应用程序本身的内部安全。

没有正确地配置应用程序，如环境安全接口，或者没有采取适当的应用程序级安全预防措施，会使用户产生一些问题。任何提供商也许都不会对这种来自用户应用程序内部的安全问题承担责任。

亚马逊提供了一个虚拟机级别的防火墙（称作安全组）。人们配置这个防火墙以允许数据包访问具体的端口。与安全组有关的最佳做法是对它们进行分区，这样，就会为每一个虚拟机提供非常精细的访问端口。

如果这个用户以为所有的安全责任都由云服务提供商来承担（在这个案例中是亚马逊Web服务），这将是一个严重的疏忽，因为用户本身没有采取重要的步骤来解决安全问题，而这个安全问题是任何一个云服务提供商都不会承担相关责任的。这就是共同承担责任的意义——双方必须建立自己控制的安全范畴。如果没有这样做，就意味着应用程序是不安全的。即使云服务提供商在自己控制的范围内所做的一切都是正确而且完善的，若是这个应用程序的所有者没有正确地履行自己的责任，这个应用程序也将会变得不安全。

用户正在越来越多地在公有云服务提供商环境中部署应用程序。安全组织保证自己采取一切可能的步骤尽可能安全地执行应用程序是非常重要的。这意味着用户本身也需要在这方面采取些相关的措施。

无论是公有云和私有云，自动化是其最先要实现的目标之一。而现实情况却是，安全设备的安装还得依靠人工的干预。

虚拟化带来的安全问题也只是刚刚起步，至少目前来看，虚拟环境中的安全与传统物理环境中的安全措施相比，还有很大一截需要追赶。

3. 以己之矛攻己之盾

云计算技术扩展了其攻击能力与攻击范围，其强大计算能力，让密码破解变得简单、快速。同时，云计算里的海量资源，给了恶意软件更多传播的机会。

使用云计算服务来替代在公司里设立维护大量服务器，显然对节省企业的成本有利。不过现在看来从云计算服务中受惠最大的恐怕是黑客等群体，黑客们开始利用亚马逊 EC2 等云计算服务来暴力破解并窃取用户信用卡密码。不过据安全专家 David Campbell 的计算，即便用户不使用安全专家建议的大小写字母混合式的密码组合，使用亚马逊提供的云计算服务进行密码暴力破解的黑客，出于成本过高的原因可能也将无法使用这种服务对具备 12 位长度的密码进行破解。

目前，亚马逊公司为用户提供一种名为 EC2 的云计算网络服务，这种服务按小时计费，而如果要利用这种服务来暴力破解长度为 12 位的密码，黑客需要为此支付 150 万美元以上金额的服务费。不过如果密码的长度缩短为 11 位，那么只需要不到 6 万美元服务费即可，而 10 位密码则需要支付不到 2300 美元的费用。而如果密码的长度较短，即使用户在设置密码时采用诸如“!@#$%”这类生僻字符，暴力破解密码同样比较容易。

同时，国家资助的高技术和高级持续性威胁（APT）多次爆发，传统的云安全保护措施无法抵御这些由国家支持的持续攻击。2011 年 4 月，恶意攻击者利用亚马逊弹性云计算服务对索尼服务发动攻击，利用亚马逊的云网络传播恶意软件，盗取了 9 家银行的用户数据。

其次，在云计算内部，云端聚集了大量用户数据，虽然利用虚拟机予以隔离，但对于恶意攻击者而言，云端数据依然是极其诱人的超级大蛋糕。一旦虚拟防火墙被攻破，就会诱发连锁反应，所有存储在云端的数据都面临被窃取的威胁。

另外，数据迁移技术在云端的应用，也给恶意攻击者窃取用户数据的机会。现在，没有任何技术可以验证虚拟机的位置。EMC 公司 VMware 技术副总裁 ChadSakac 表示，“没有任何失误可以阻止你将一个虚拟机转移到世界上任何位置，更重要的是，并没有办法对这种转移进行审计。”所以，用户的重要数据的真实位置在云中永远是不清楚的，及时被转移也不能够察觉和追踪。恶意攻击者可以冒充合法数据，进驻云端，挖掘其所处存储区域里前一用户的残留数据痕迹。

（七）云安全

1. 我们自己的东西

紧随云计算、云存储之后，云安全也出现了。云安全是我国企业创造的概念，在国际云计算领域独树一帜。

云安全通过网状的大量客户端对网络中软件行为的异常监测，获取互联网中木马、恶意程序的最新信息，推送到服务端进行自动分析和处理，再把病毒和木马的解决方案分发到每一个客户端。整个互联网，变成了一个超级大的杀毒软件，这就是云安全计划的宏伟目标。

“云安全（Cloud Security）”计划是网络时代信息安全的最新体现，它融合了并行处理、网格计算、未知病毒行为判断等新兴技术和概念，通过网状的大量客户端对网络中软件行为的异常监测，获取互联网中木马、恶意程序的最新信息，推送到Server端进行自动分析和处理，再把病毒和木马的解决方案分发到每一个客户端。

未来杀毒软件将无法有效地处理日益增多的恶意程序。来自互联网的主要威胁正在由电脑病毒转向恶意程序及木马，在这样的情况下，采用的特征库判别法显然已经过时。

云安全技术应用后，识别和查杀病毒不再仅仅依靠本地硬盘中的病毒库，而是依靠庞大的网络服务，实时进行采集、分析以及处理。整个互联网就是一个巨大的“杀毒软件”，参与者越多，每个参与者就越安全，整个互联网就会更安全。

2. 事实胜于雄辩

云安全的概念提出后，曾引起了广泛的争议，许多人认为它是伪命题。但事实胜于雄辩，云安全的发展像一阵风，瑞星、趋势、卡巴斯基、MCAFEE、SYMANTEC、江民科技、PANDA、金山、360安全卫士、卡卡上网安全助手等都推出了云安全解决方案。瑞星基于云安全策略开发的2014新品，每天拦截数百万次木马攻击，其中2015年1月8日更是达到了765万余次。趋势科技云安全已经在全球建立了5大数据中心，几万部在线服务器。据悉，云安全可以支持平均每天55亿条点击查询，每天收集分析2.5亿个样本，资料库第一次命中率就可以达到99%。借助云安全，趋势科技现在每天阻断的病毒感染最高达1000万次。

3. 思想体系

云安全的核心思想，与反垃圾邮件网格非常接近，垃圾邮件泛滥而无法用技术手段很好地自动过滤，是因为所依赖的人工智能方法不是成熟技术。垃圾邮件的最大的特征是：它会将相同的内容发送给数以百万计的接收者。为此可以建立一个分布式统计和学习平台，以大规模用户的协同计算来过滤垃圾邮件：首先，用户安装客户端，为收到的每一封邮件计算出一个唯一的“指纹”，通过比对“指纹”可以统计相似邮件的副本数，当副本数达到一定数量，就可以判定邮件是垃圾邮件。

由于互联网上多台计算机比一台计算机掌握的信息更多，因而可以采用分布式贝叶斯学习算法，在成百上千的客户端机器上实现协同学习过程，收集、分析并共享最新的信息。反垃圾邮件网格体现了真正的网格思想，每个加入系统的用户既是服务的对象，也是完成分布式统计功能的一个信息节点，随着系统规模的不断扩大，系统过滤垃圾邮件的准确性也会随之提高。

用大规模统计方法来过滤垃圾邮件的做法比用人工智能的方法更成熟，不容易出现误判假阳性的情况，实用性很强。反垃圾邮件网格就是利用分布互联网里的千百万台主机的协同工作，来构建一道拦截垃圾邮件的“天网”。

反垃圾邮件网格思想提出后，被 IEEE Cluster 2014 国际会议选为杰出网格项目在香港作了现场演示，在 2015 年网格计算国际研讨会上做了专题报告和现场演示，引起较为广泛的关注，受到了中国最大邮件服务提供商网易公司创办人丁磊等的重视。

4. 难题

要想建立“云安全”系统，并使之正常运行，需要解决四大问题：第一，需要海量的客户端（云安全探针）；第二，需要专业的反病毒技术和经验；第三，需要大量的资金和技术投入；第四，必须是开放的系统，而且需要大量合作伙伴的加入。

第一，需要海量的客户端（云安全探针）。只有拥有海量的客户端，才能对互联网上出现的病毒、木马、挂马网站有最灵敏的感知能力。目前瑞星有超过 1 亿的自有客户端，如果加上迅雷、久游等合作伙伴的客户端，则能够完全覆盖国内的所有网民，无论哪个网民中毒、访问挂马网页，都能在第一时间做出反应。

第二，需要专业的反病毒技术和经验。瑞星拥有将近 20 年的反病毒技术积累，有数百名工程师组成的研发队伍，近年来连续获得国际级技术认证，技术实力稳居世界前列。这些都使瑞星“云安全”系统的技术水平国内首创，国际领先。大量专利技术、虚拟机、智能主动防御、大规模并行运算等技术的综合运用，使得瑞星的“云安全”系统能够及时处理海量的上报信息，将处理结果共享给“云安全”系统的每个成员。

第三，需要大量的资金和技术投入。目前瑞星“云安全”系统单单在服务器、带宽等硬件上的投入已经超过 1 亿元，而相应的顶尖技术团队、未来数年持续的研究花费将数倍于硬件投资，这样的投入规模是非专业厂商无法做到的。

第四，必须是开放的系统，而且需要大量合作伙伴的加入。瑞星“云安全”是个开放性的系统，其“探针”与所有软件完全兼容，即使用户使用其他杀毒软件，也可以安装瑞星卡卡助手等带有“探针”功能的软件，享受“云安全”系统带来的成果。而久游、迅雷等数百家重量级厂商的加入，也大大加强了“云安全”系统的覆盖能力。

5. 功能强大

（1）木马下载拦截

基于业界领先的反木马技术，拦截中毒电脑通过网络下载更多的病毒和盗号木马，截断木马进入用户电脑的通道，有效遏制“木马群”等恶性木马病毒的泛滥。

（2）木马判断拦截

基于强大的“智能主动防御”技术，当木马和可疑程序启动、加载时，立刻对其行为进行拦截，阻断其盗号等破坏行为，在木马病毒运行时发现并清除，保护 QQ、网游和网银的账号安全。

（3）自动在线诊断

瑞星“云安全”（Cloud Security）计划的核心功能。自动检测并提取电脑中的可疑木马样本，并上传到瑞星“木马 / 恶意软件自动分析系统”（RsAutomated Malware Analyzer，RsAMA），随后 RsAMA 将把分析结果反馈给用户，查杀木马病毒，并通过“瑞星安全资料库”（Rising Security Database，RsSD），分享给其他所有“瑞星卡卡 6.0”用户。

（4）漏洞扫描

应用全新开发的漏洞扫描引擎，智能检测 Windows 系统漏洞、第三方应用软件漏洞和相关安全设置，并帮助用户修复。用户也可以根据设置，实现上述漏洞的自动修复，简化了用户的操作，同时更加及时的帮助用户在第一时间弥补安全隐患。

（5）强力修复

对于被病毒破坏的系统设置，如 IE 浏览器主页被改、经常跳转到广告网站等现象，卡卡助手会修复注册表、系统设置和 host 文件，使电脑恢复正常。

（6）进启管理

帮助用户有效管理电脑中的驱动、开机自启动软件、浏览器插件等，可有效提高用户电脑的运行效率。

（7）高级工具集

针对熟练电脑用户，卡卡上网安全助手 6.0 提供了全面的实用功能：垃圾文件清理、系统启动项管理、服务管理、联网程序管理、LSP 修复、文件粉碎和专杀工具。

（8）七大监控

卡卡上网安全助手 6.0，具有自动在线诊断、U 盘病毒免疫、自动修复系统漏洞、木马行为判断与拦截、不良网站防护、IE 防漏墙和木马下载拦截 7 大监控体系。全面开启保护用户电脑安全。

（八）热潮的云计算产业

1. 颠覆传统

云计算的发展会彻底颠覆现有 IT 产业的格局。个人计算机的蓬勃发展造就了操作系统提供商微软、芯片制造商英特尔，使他们成为个人计算机时代的垄断巨头，分享了整个 IT 行业 85% 的利润。实现了云计算后，一方面在个人计算机不再需要操作系统，链接网络的浏览器将可以实现现有计算机的所有功能。另一方面，云计算通过规模效应，实现廉价但高效的计算能力，这就使得芯片个体性能的意义大为减弱。我国现有和潜在的巨大网络用户数量是云计算规模基础，现有数量庞大的 IT 中小企业，将会是云计算的产业基础。云计算领域的特性，将很大的发挥我国 IT 产业的“规模”优势，是我国科技振兴的王牌产业。

云计算正在颠覆现有的产业竞争局面。今后，更多的软件将不再采取授权的销售模式，将会放到互联网上去付费或是免费使用，这将彻底打破传统软件的商业模式。SaaS 就是付费使用的模式，而今年在安全软件领域已经开始掀起免费使用的浪潮，不知会不会很快涉及更多的应用软件。

传统的计算机产品和数据中心将不复存在，多媒体终端将大量普及，即插即用的服务模式将改变现有软件产业的竞争格局。跨国公司寡头垄断加剧形成，全球信息产业将重大调整，对我国信息产业将会形成重大冲击，很可能使我们刚刚构筑的信息产业体系整体成为国外标准体系下的低附加值代工产业。

目前云计算产业还是战国纷争的状态，互联网、软件、硬件、服务的各类巨头，都想成为未来云计算的提供商，直接掌握庞大的用户资源。一个产业真正做到成熟，必须要有一个很好的价值链，比较明确的分工，所以云计算版图还远未形成。云计算技术与应用，对我国构建自主信息技术体系是一个非常重要挑战和机遇。

（1）战略性新兴产业的“重头戏”

狭义的云计算是指 IT 基础设施的交付和使用模式，指通过网络以按需、易扩展的方式获得所需的基础设施资源。提供这些资源的网络被称为“云”。广义云计算是指服务的交付和使用模式，指通过网络以按需、易扩展的方式获得所需的服务。这种服务可以是和软件、互联网相关的，也可以是任意其他的服务，它具有超大规模、虚拟化、可靠安全等独特功能。

云计算的本质，是在软硬件技术发展到一定阶段后，必然要出现的一种计算资源整合模式，它以市场需求为导向，以降低成本为主旨，利用网络来进行资源整合。云计算不仅仅是技术上的突破，更多的是一种商业模式或者管理模式的创新。

云计算不仅仅是业界热门的话题，它已成为全球未来信息产业发展的战略方向和推动经济增长的重要引擎。各国都在认真研究云计算将为社会和经济发展模式带来的变革，并积极部署国家战略。我国“十二五”规划纲要和《国务院关于加快培育和发展战略性新兴产业的决定》均把云计算作为“新一代信息技术”产业的重要组成部分来强调，成为战略性新兴产业中的“重头戏”。

同时，我国云计算标准化正在加快推进。在工信部的指导下，云计算相关标准的研究工作已经展开，云计算标准化主要涉及标准主体、切入点、运营、建设等方面，相关政策有望在年内率先出台，这将大大促进国内云计算产业的规范化发展。

（2）推动社会经济发展的新引擎

过去数十年中，IT 技术的进步极大地推动了全球社会经济发展。云计算引入全新的商业模式更将进一步提高企业的信息化水平，大大提高生产效率。同时，新兴技术将会带动传统产业的升级改造，调整经济结构，带动产业转型，还将孵化出一些新的产业。随着云计算生态链构建的逐步成熟，相关产业链主体均会在这一轮 IT 浪潮中找到自身的优势位置，加速自身业务优化升级，助推整体 IT 产业的跨越式增长。由此，云计算必将成为推动中国社会经济发展的新引擎。

推动信息基础设施建设和信息化进程。云计算能够提供可靠的基础软硬件、丰富的网络资源、低成本的构建和管理能力，能有效加速信息基础设施建设，解决政府、大型企事业单位目前面临的 IT 机房建设和信息系统运维难、人工成本和能源消耗巨大等问题。以此为基础，云计算可以推动我国信息化进程向更高的层级跃升。

构建更大规模的生态系统，提振 IT 产业。云计算产业具有极大的产业带动力量，包括从芯片、服务器、PC、网络设备、存储等硬件设备，到平台软件、中间件、应用软件、信息安全厂商，到 IT 服务运营和外包服务商，再到电信运营商以及政府、企业、个人用户，都将成为大规模生态系统的一员。在云计算的驱动下，新的业态和新的商业模式将层出不穷，各种融合式创新将不断涌现，从而推动我国整体 IT 业产值的大幅提升。

提升科技创新能力，提高业务动态性和敏捷性。通过提供海量数据存储和强大的数据处理能力，云计算能够为科技创新提供坚实基础，提高科技创新能力，并缩短产品和服务进入市场的周期。同时，云计算强大的管理系统可以实现业务的快速部署，并实现云计算平台同其他业务已有的数据库和能力组件的快速调用和整合，提高用户业务的敏捷性和动态性。

降低总体拥有成本，助力绿色 IT 和节能减排。云计算可以提高现有设备运行效率，并减少初期投资和运营成本（管理、更新成本），降低用户总体拥有成本。同时，云计算对 IT 资源的集中和整合使用可以减少设备规模，及时关闭空闲资源，有效降低能源消耗，提高资源利用率，实现绿色 IT，推动国家节能减排政策的落实。

支撑中小企业信息化升级，保障国家经济平稳较快发展。云计算服务的产生将有效地支撑中小企业的信息化应用，将企业的资本投入转变为日常开支和运营成本，大大减轻了中小企业的资金压力，降低其信息化门槛，弥补其在 IT 投资和维护方面的不足，促进中小企业生产、管理与市场开拓的升级，提高中小企业收入，从而保障国家总体经济的平稳较快发展。

2. 电信动力

在 4G、全业务运营与移动互联的时代背景下，云计算也将与相关技术创新要素、商业模式创新要素形成有机互动，成为推动电信业乃至广义 ICT 产业下一轮次突破发展的重要驱动力。

电信运营业的云计算发展将表现出以下 6 项趋势。

云计算的前景美妙，将成为电信业转型的重要助推器。从业务规模增收角度看，云计算的发展将同时驱动政企、个人、家庭 3 大市场的增收发展，全球范围内云计算的总体市场规模将保持多年不低于 35% 的增长趋势。尽管，从短期来看，云计算市场份额大部分由 IT 与互联网企业所占据，但从中长期来看，电信运营商将在平台层面与应用聚合层面占据越来越多的市场份额，并将在企业级市场与个人位置连接等业务市场越来越多地切割市场份额，逐渐成为市场主导力量之一。从商业战略角度看，云计算是电信运营业越来越多聚焦于非话业务与非管道信息化增值业务战略方向的集中体现，云计算将极大释放电信运营商强大的网络与计算能量，支持其通过基础能力的广泛扩散与泛在部署，实现汇聚更多优质应用资源，成就高品质客户体验的发展目标。从以上两个方面来看，云计算将越来越显著地被纳入电信运营商的转型战略之中。

电信运营业云计算战略需要与相关业务战略紧密融合，形成电信业的独有优势。总体而言，在云计算的发展初期，从技术标准发展与商业案例积累角度看，电信运营业并不占据先机，而是更多由大型主机企业、IT 外包企业、互联网企业、存储企业等占据发展先机。

这意味着，电信运营商需要在云计算发展之初，即围绕自身优势制定技术与商业战略。电信运营业发展差异化云计算的优势表现为以下几个方面。

首先，电信运营商自身作为云计算技术的主要受益者，海量数据存储与分析的需求、海量应用的集中管理支撑需求本身即可成为云计算发展的初期市场与试验田。事实上，从 AT&T、BT、Verizon 等国外运营商发展来看，通过利用自身的反复试用，与效益提升，本身即可成为后续发展最有说服力的案例。

其次，从业务的自然升级来看，伴随着IDC、Saas等业务的演进发展，云计算会在竞争激烈的电信运营市场中，成为各大运营商都不会放过的抢夺市场份额的自然演进方向，以技术的跳变实现市场的跨越。移动互联网、物联网、带宽提速等都会形成对于云计算发展的有力牵引。

最后，也是电信运营商最核心的优势在于，没有任何一类企业比电信运营商更善于打造一条从终端到网络再到计算的完整链条，通过对于客户行为链条的整体支持，电信运营商所构筑的高度耦合的云计算价值链，将成为自身差异化优势的最明显体现。

云计算在电信运营业的实质性商用尚待时日，需要多点协同发力。2015年，电信运营业的云计算发展将继续呈现叫好不叫座的局面，市场整体处于培育阶段。在培育阶段中，电信运营商需要同步完成技术体系的构筑与技术标准的完善，包括从基础设施层到平台层、从应用层到服务层的分层建设与资源整合，这需要有足够的时间进行完善。

同时，电信运营商很大程度上需要通过内部的试用完善对于云计算商业实践的理解、解决方案与定价模式的完善。此外，电信运营商还需要以相当大的努力与资源投入完成云计算的基础资源建设，以及电信级品质的运维能力建设。

电信运营业的云计算演进路径逐渐清晰，形成产业同步发展。电信运营业的云计算的摸索发展过程中，也将形成自身明确的业务发展路标与策略，并以之作为信号的释放，形成整个生态体系的同步与配合。从近期来看，云计算与智能终端相互配合、与定位等业务的交互、与物联网终端的广泛部署相配合，将成为在3G、4G、移动互联与Web3.0浪潮下的现实演进之道。但从中长期角度来看，电信运营业需要深入开发企业级市场的方向，通过于大型企业IT部门计算、开发、测试任务的外包应用，以及企业客户海量数据的存储与处理，作为发挥云计算威力的重要战场。

电信运营的云计算启动部署极为重要，需要系统平台构筑与试点速胜并举。云计算作为海量信息互联与计算技术，从管控模式上需要建立整体性的规划管控机制与基础设施建设模式。

但在应用层面的运营模式上，需要结合基地运营模式，寻求在局部区域、业务与行业市场的快速突破，为云计算形成足够坚实的运营能力基础与商业实践基础。从这个意义上，需要系统平台构筑与试点速胜并举。

云计算将进一步推动产业融合趋势，有利于形成广义ICT产业的生态聚合格局。云计算将进一步加速电信运营业的平台化趋势与生态聚合趋势，电信运营商将把云计算更多定位于平台型业务而非应用型业务，这意味着在整个云计算价值链中，从智能终端到第三方程序应用，从存储平台到安全防毒，从企业应用到运维服务，将以整个生态产业链共同发展的局面形成系统性的联结。从短期来看，包括电信运营商在内的整个产业链的重点在于快速形成链条内部的标准、合作模式与品质承诺，以自觉的生态体系打造推动产业成熟。

3. 移动和通信

云计算技术提出后，对客户终端的要求大大降低，瘦客户机将成为今后计算的发展趋势。瘦客户机通过云计算系统可以实现在超级计算机的功能，而智能手机就是一种典型瘦客户机。受体积的限制，手机的计算能力和存储能力都不能做得太高，这大大限制了智能手机的应用领域。4G 技术的出现使智能手机突破了网络通信速度的瓶颈，从而为应用云计算技术提供了可能，在云计算系统的支持下，智能手机的功能将出现质的飞跃。

现在我国已有几亿的智能手机用户，通过云计算系统将大量的计算和存储工作放在后台服务器来完成，智能手机的许多功能将不再驻留在本机，用户只需通过网络定制就可实现功能的添加与删除。这样智能手机的软件功能、计算能力、存储能力将没有任何的限制，小小的智能手机也能完成现在大型机的计算和存储功能。由于同样是采用浏览器作为交互的窗口，PC 机上的云计算和手机上的云计算在计算实现上差别不大，因此可以预见智能手机上的云计算系统会在未来成为一种云计算的主流应用，将大大改变人们的工作和生活方式。

可以设想今后通过手机可以实现视频文件的实时拍摄和存储，可以实现需要强大计算能力的 3D 智能游戏，可以实现手机图像渲染，甚至实现手机上的高性能计算。云计算技术和智能手机的结合将实现随时、随地、随身的高性能计算。

谷歌 CEO 埃里克·施密特（Eric Schmidt）在接受外界采访时表示，在云计算（Cloud Computing）服务得到普及后，今后普通消费者的手机功能将日益复杂化，并逐步演变成可便携的“超级计算机”，全球数十亿人手上拿的将一部超级计算机。

智能手机要演变成“超级计算机”，就必须有云计算作为后台服务来提供强大支持，以云计算服务来发展智能手机产业，其产业规模甚至将大于 PC 产业，而 PC 产业也将向移动计算领域转型。事实上，作为传统 PC 产业代表的微软，目前也非常重视向移动计算领域发展。

基于云计算的手机服务得到发展后，将改变人们当前的沟通交流方式，就公众而言，目前他们获得信息的主要渠道仍为各大媒体公司。基于云计算的手机服务得以扩大后，人们将通过亲友、同事获得更多信息。

云计算很好地解决了智能手机所面临的问题，而智能手机的本身的特性与智能手机广泛的潜在用户基础大大增加了云计算的使用机会。云计算和智能手机两者必将相互促进，共同发展，两大市场必将共同繁荣。

4. 浮云飘散

据 IDC 预测，用于云计算服务上的支出在接下来的 5 年可能会出现 3 倍的增长，到 2020 年将达到 1 万亿美元的市场规模，占据 IT 支出增长总量的 25% 份额。不过，专家亦指出："云计算应用是趋势，但尚处培育发展期，短期内不会爆发性增长。"

云计算产业链由基础设施提供商、系统集成商、服务提供商和应用开发商组成，分别提供基础即服务（IaaS）、平台即服务（PaaS）、软件即服务（SaaS）。由于国外厂商在基础设施和关键领域的优势地位一时难以撼动，而国内厂商对于客户需求有着深刻理解，因此，国内云计算上市公司主要集中在产业链的应用开发、系统集成等下游环节。

（1）系统集成商率先盈利

云计算的兴起令系统集成商找到了新的发展方向。有业内人士指出，云计算本身就是一个系统集成：一个融合了底层 IaaS，中间层 PaaS，上层 SaaS 的一整套服务集。目前，金融、电信、政府、电力等行业的信息系统集成市场格局已经形成，大型系统集成商暂居渠道优势，随着产业转型升级及其他行业信息化的加速，系统集成商有望近水楼台。

（2）应用服务商乘势转型

除本土集成商外，以用友软件、金蝶软件等为主的应用服务商是云计算产业链的又一主力。中小企业和个人是应用服务商的主要消费者。

据预测，国内应用软件市场将保持至少 15% ~ 18% 的年均复合增长率。更重要的是，国内企业在应用软件市场具有较强的实力。以竞争激烈的企业管理软件为例，国内品牌在高中低端市场均已达到或超过国外品牌，而且，这一市场优势会随着价格和服务竞争力的保持，向云计算应用服务市场扩展。

（3）基础设施服务商后发制人

在云计算产业链中，基础设施提供商是上游。随着下游 IT 企业"公有云"和"私有云"建设陆续展开，新"云"建设和旧 IT 系统向"云"架构的改造，将带来规模庞大的 IT 基础设施支出。

按照产业发展进程，基础设施提供商应该最先获益，但受技术门槛限制，称得上云计算基础设施提供商的上市公司并不多。云计算基础设施包括服务器、云操作系统等，但是迄今为止，国产服务器的生产厂家仅有浪潮信息、联想等少数公司，操作系统方面，业界更仅有微软的 Windows Azure，Google 的 Google App Engine 等少数几种。实力微弱，没有商业成功先例的国内厂商要想短期内开发出业界支持、市场接受的操作系统，难度很大。

七　能源互联网

（一）背景和基本概念

1. 背景

随着经济社会发展，能源生产和消费持续增长，化石能源的大量开发和使用，导致资源紧张、环境污染、气候变暖、冰川消融、海平面上升等突出问题，严重威胁人类生存和可持续发展。

能源安全的挑战。全球化石能源资源有限，2013 年煤炭、石油和天然气剩余探明储量分别为 8915 亿吨、2382 亿吨和 186 万亿立方米，按目前开采强度仅能开采 113 年、53 年和 55 年。同时，能源资源与能源消费分布不均衡，能源开发越来越向少数国家和地区集中，一些资源匮乏国家能源对外依存度不断提高，能源供应链脆弱、安全问题突出。2013 年，我国煤炭、石油、天然气储产比分别为 31 年、11.9 年和 28 年，远低于世界平均水平；能源消费总量达 37.5 亿吨标准煤，约占世界能源消费总量的 22%；石油和天然气对外依存度分别达到58.1%和31.6%，能源形势尤为严峻。随着新型工业化、信息化、城镇化、农业现代化不断推进，人民生活水平不断提高，我国能源消费仍将持续增长，能源需求压力巨大。

环境污染的挑战。全球化石能源消费总量从 1965 年的 51 亿吨标准煤增加到 2013 年的 158 亿吨标准煤，半个世纪就增长了 2 倍多。大量化石能源在生产、运输、使用的各环节对空气、水质、土壤等造成越来越严重的污染和破坏。大多数发达国家都曾发生重大污染事件，发展中国家也面临日益突出的大气污染问题。我国煤炭占能源消费比重高达 66%，高出世界平均水平 37 个百分点。煤炭的大量开采带来严重生态损害，造成大面积采空区、地面塌陷等地质灾害，导致地下水、耕地资源破坏。我国 85% 的二氧化硫、67% 的氮氧化物、70% 的烟尘排放来自以煤炭为主的化石能源燃烧。北京夏天 50%、冬天 70% 的细颗粒物（$PM_{2.5}$）来自燃煤和汽车尾气排放，导致雾霾频发，严重威胁群众身体健康。

气候变化的挑战。化石能源燃烧产生的二氧化碳占全球人类活动温室气体排放的56.6%和二氧化碳排放的73.8%，是导致全球气候变暖、冰川消融、海平面上升的重要因素。根据联合国政府间气候变化专门委员会（IPCC）第五次评估报告，1880—2012年，全球地表平均温度上升0.85℃；1983—2012年是北半球自有测温记录1400年以来最暖的30年。自1750年工业化以来，全球大气二氧化碳浓度已经从278ppm增加到400ppm。如不尽快采取实质行动，到21世纪末大气二氧化碳浓度将会超过450ppm的警戒值，全球温升将超过4℃，对人类生存构成严重威胁。我国以煤为主的能源结构导致二氧化碳排放长期居高不下，2013年达到100亿吨，占世界排放总量的29%。最近，我国与美国发布《中美气候变化联合声明》，首次正式提出2030年左右我国碳排放达到峰值，且届时非化石能源占一次能源消费比重达到20%，节能减排任务十分艰巨。

能源问题涉及能源政策、能源科技、能源市场、能源环境等诸多方面。建立在传统化石能源基础上的能源生产和消费方式已经难以为继。解决好能源问题，关键要树立全球能源观，以全球视野、历史视角、前瞻思维、系统方法研究解决能源问题，转变能源发展方式，统筹能源与政治、经济、社会、环境协调发展。根本出路是构建全球能源互联网，加快清洁替代和电能替代，实现清洁能源大规模开发、大范围配置、高效率利用，保障能源安全、清洁、高效、可持续供应。

全球能源互联网技术领军企业远景能源率先提出了“能源互联网”这一概念。远景能源认为，能源的市场化、民主化、去中心化、智能化、物联化等趋势将注定要颠覆现有的能源行业。新的能源体系特征需要“能源互联网”，同时“能源互联网”将具备“智慧、能自学习、能进化”的生命体特征。眼下，远景能源进入硅谷，与谷歌为邻，探索新能源与互联网结合所产生的巨大创新与商业机会。

美国著名经济学家杰里米·里夫金的第三次工业革命和能源互联网的提法最近引起广泛关注。杰里米·里夫金认为：“在即将到来的时代，我们将需要创建一个能源互联网，让亿万人能够在自己的家中、办公室里和工厂里生产绿色可再生能源。多余的能源则可以与他人分享，就像我们现在在网络上分享信息一样。”

2. 基本概念

当前世界范围内信息通信、新能源、智能电网等技术快速发展，给能源、制造、交通等多个领域带来深刻影响。能源互联网被视为信息通信技术与能源技术融合的产物，将为转变能源发展方式、实现可持续发展提供可能的解决方案，引起了国内外学者的广泛关注。当前对能源互联网的研究正在兴起，技术方案百花齐放，概念理解尚未达成统一，可以按照缘起和特点分为 3 类。

（1）源于互联网发展而来的能源互联网

主要针对用户侧分布式可再生能源、电动汽车等智能终端大量接入产生的设备即插即用、能量信息双向流动等需求，借鉴互联网开放对等的理念及体系架构，对电网的关键设备、形态架构、运行方式及发展理念等进行深刻变革。里夫金提出了人们可分散自由生产可再生能源并共享的能源互联网发展愿景。在互联网发展理念下，能源互联网的核心设备是电力路由器，它起着与信息网中路由器类似的关键作用，多位学者就电力路由器开展了研究。美国北卡罗来纳州立大学研制了基于电力电子技术和信息技术实现电力流和信息流融合的能源路由器（energyrouter）装置。日本早稻田大学和 VPEC 公司联合研制了集群电网电力路由器，根据蓄电池的剩余电量改变输出电力的频率。东京大学研发的数字电网电力路由器可根据“IP 地址”识别电源及区域电网。美国克莱门森大学 Corzine 教授则借鉴互联网中传输信息包的方式研制了传输能量包（energypacket）的电路。清华大学信息技术研究院的研究团队认为能源互联网是以大电网为主干网，以微网和分布式能源等能量自治单元为局域网的新型信息能源融合广域网。另外，中国电力科学研究院、国防科技大学等研究团队均基于互联网思维对能源互联网进行了研究。

（2）源于大电网发展而来的能源互联网

主要针对电网在配置范围、调控能力、双向互动等方面存在的局限性，利用信息通信技术与能源电力技术的融合，全面提升电网性能，促进清洁能源大规模利用。德国联邦经济技术部与环境部提出 E-Energy 促进计划，基于面向服务体系结构使得电网和信息网深度融合，实现电网从最初大型发电厂统一供电的方式，转变为分布式发电主导的供电方式。刘振亚提出以特高压电网为骨干网架，以输送清洁能源为主导，全球互联泛在的坚强智能电网的全球能源互联网理念。赵俊华等提出了基于信息物理融合系统（cyber-physicalsystem，CPS）的电网、信息网融合的基本理论和方法，讨论了模型的建立、分析和控制等问题。

（3）源于多种能源综合优化发展而来的能源互联网

主要强调多种能源网络的高度耦合。瑞典联邦理工学院 Favre-Perrod 等提出了能量集线器（energyhub）的概念，能够实现电能、天然气、热能等多种能源相互转化和存储。董朝阳教授将能源互联网视为电力系统、交通系统、天然气网络和信息网络 4 个紧密耦合而成的网络。武建东提出了包含水、电、气甚至热力的智能能源网。新奥集团提出由基础能源网、传感控制网和智慧互联网组成的泛能网。

从已有的研究成果可以看出，能源互联网的范畴有广义和狭义之分。广义上，能源互联网涵盖电力系统、油气管网、能源运输物流网络等网络集合；狭义上，能源互联网涵盖智能电网、发电设备设施及分布式能源系统。虽然范畴上有所差异，但其本质上均蕴含着信息通信技术与能源系统深度融合而引起的能源系统价值创造方式的深刻变化。以互联网为代表的信息通信网络迅猛发展，并衍生出了互联网经济业态，“互联网 +”全面兴起。以分散、共享、扁平、高效、透明、开放等为代表的互联网思维背后蕴含着新的基于信息网络的经济发展规律的变化。

能源互联网其实是以互联网理念构建的新型信息能源融合“广域网”，它以大电网为“主干网”，以微网为“局域网”，以开放对等的信息能源一体化架构，真正实现能源的双向按需传输和动态平衡使用，因此可以最大限度地适应新能源的接入。微网是能源互联网中的基本组成元素，通过新能源发电、微能源的采集、汇聚与分享以及微网内的储能或用电消纳形成“局域网”。大电网在传输效率等方面仍然具有无法比拟的优势，将来仍然是能源互联网中的“主干网”。虽然电能源仅仅是能源的一种，但电能在能源传输效率等方面具有无法比拟的优势，未来能源基础设施在传输方面的主体必然还是电网，因此未来能源互联网基本上是互联网式的电网。能源互联网把一个集中式的、单向的电网，转变成和更多的消费者互动的电网。

事实上，美国和欧洲早就有能源互联网的研究计划。2008 年美国就在北卡州立大学建立了研究中心，希望将电力电子技术和信息技术引入电力系统，在未来配电网层面实现能源互联网理念。效仿网络技术的核心路由器，他们提出了能源路由器的概念，并且进行了原型实现，利用电力电子技术实现对变压器的控制，路由器之间利用通信技术实现对等交互。德国在 2008 年也提出了 E-Energy 理念和能源互联网计划。

物联是基础:“能源互联网”用先进的传感器、控制和软件应用程序，将能源生产端、能源传输端、能源消费端的数以亿计的设备、机器、系统连接起来，形成了能源互联网的“物联基础”。大数据分析、机器学习和预测是能源互联网实现生命体特征的重要技术支撑：能源互联网通过整合运行数据、天气数据、气象数据、电网数据、电力市场数据等，进行大数据分析、负荷预测、发电预测、机器学习，打通并优化能源生产和能源消费端的运作效率，需求和供应将可以进行随时的动态调整。

近一年来，伴随着美国未来学家里夫金《第三次工业革命》一书的出版，能源互联网领域的概念在国内逐渐被炒热。多次往返于中美之间的里夫金在他的新书中阐述了这样一种观点，在经历第一次工业革命和第二次工业革命之后，“第三次工业革命”将是互联网对能源行业带来的冲击。即把互联网技术与可再生能源相结合，在能源开采、配送和利用上从传统的集中式转变为智能化的分散式，从而将全球的电网变为能源共享网络。

“能源互联网”将有助于形成一个巨大的“能源资产市场”（Marketplace），实现能源资产的全生命周期管理，通过这个“市场”可有效整合产业链上下游各方，形成供需互动和交易，也可以让更多的低风险资本进入能源投资开发领域，并有效控制新能源投资的风险。

“能源互联网”还将实时匹配供需信息，整合分散需求，形成能源交易和需求响应。当每一个家庭都变成能源的消费者和供应者的时候，无时无刻不在交易电力，比如屋顶分布式光伏电站发电、当为电动汽车充放电的时候。

能源是现代社会赖以生存和发展的基础。为了应对能源危机，各国积极研究新能源技术，特别是太阳能，风能，生物能等可再生能源。可再生能源具有取之不竭，清洁环保等特点，受到世界各国的高度重视。可再生能源存在地理上分散、生产不连续、随机性、波动性和不可控等特点，传统电力网络的集中统一的管理方式，难以适应可再生能源大规模利用的要求。对于可再生能源的有效利用方式是分布式的“就地收集，就地存储，就地使用”。

但分布式发电并网并不能从根本上改变分布式发电在高渗透率情况下对上一级电网电能质量，故障检测，故障隔离的影响，也难于实现可再生能源的最大化利用，只有实现可再生能源发电信息的共享，以信息流控制能量流，实现可再生能源所发电能的高效传输与共享，才能克服可再生能源不稳定的问题，实现可再生能源的真正有效利用。

信息技术与可再生能源相结合的产物——能源互联网为解决可再生能源的有效利用问题，提供了可行的技术方案.与目前开展的智能电网，分布式发电，微电网研究相比，能源互联网在概念，技术，方法上都有一定的独特之处.因此，研究能源互联网的特征及内涵，探讨实现能源互联网的各种关键技术，对于推动能源互联网的发展，并逐步使传统电网向能源互联网演化，具有重要理论意义和实用价值。

能源互联网可理解是综合运用先进的电力电子技术，信息技术和智能管理技术，将大量由分布式能量采集装置，分布式能量储存装置和各种类型负载构成的新型电力网络节点互联起来，以实现能量双向流动的能量对等交换与共享网络。从政府管理者视角来看，能源互联网是兼容传统电网的，可以充分、广泛和有效地利用分布式可再生能源的、满足用户多样化电力需求的一种新型能源体系结构；从运营者视角来看，能源互联网是能够与消费者互动的、存在竞争的一个能源消费市场，只有提高能源服务质量，才能赢得市场竞争；从消费者视角来看，能源互联网不仅具备传统电网所具备的供电功能，还为各类消费者提供了一个公共的能源交换与共享平台。

3. 能源互联网具备的五大特征

（1）可再生

可再生能源是能源互联网的主要能量供应来源。可再生能源发电具有间歇性、波动性，其大规模接入对电网的稳定性产生冲击，从而促使传统的能源网络转型为能源互联网。

（2）分布式

由于可再生能源的分散特性，为了最大效率的收集和使用可再生能源，需要建立就地收集、存储和使用能源的网络，这些能源网络单个规模小，分布范围广，每个微型能源网络构成能源互联网的一个节点。

（3）互联性

大范围分布式的微型能源网络并不能全部保证自给自足，需要联起来进行能量交换才能平衡能量的供给与需求。能源互联网关注将分布式发电装置、储能装置和负载组成的微型能源网络互联起来，而传统电网更关注如何将这些要素“接进来”。

（4）开放性

能源互联网应该是一个对等、扁平和能量双向流动的能源共享网络，发电装置、储能装置和负载能够“即插即用”，只要符合互操作标准，这种接入是自主的，从能量交换的角度看没有一个网络节点比其他节点更重要。

（5）智能化

能源互联网中能源的产生、传输、转换和使用都应该具备一定的智能。

4. 关键技术特征

（1）可再生能源高渗透率

能源互联网中将接入大量各类分布式可再生能源发电系统，在可再生能源高渗透率的环境下，能源互联网的控制管理与传统电网之间存在很大不同，需要研究由此带来的一系列新的科学与技术问题。

（2）非线性随机特性

分布式可再生能源是未来能源互联网的主体，但可再生能源具有很大的不确定性和不可控性，同时考虑实时电价，运行模式变化，用户侧响应，负载变化等因素的随机特性，能源互联网将呈现复杂的随机特性，其控制、优化和调度将面临更大挑战。

（3）多源大数据特性

能源互联网工作在高度信息化的环境中，随着分布式电源并网，储能及需求侧响应的实施，包括气象信息，用户用电特征，储能状态等多种来源的海量信息。而且，随着高级量测技术的普及和应用，能源互联网中具有量测功能的智能终端的数量将会大大增加，所产生的数据量也将急剧增大。

（4）多尺度动态特性

能源互联网是一个物质，能量与信息深度耦合的系统，是物理空间、能量空间、信息空间乃至社会空间耦合的多域、多层次关联，包含连续动态行为、离散动态行为和混沌有意识行为的复杂系统。作为社会 / 信息 / 物理相互依存的超大规模复合网络，与传统电网相比，具有更广阔的开放性和更大的系统复杂性，呈现出复杂的，不同尺度的动态特性。

（二）国外能源互联网的发展特点和趋势

能源互联网是第三次工业革命的重要支柱，是将先进的互联网技术应用到能源领域，从而实现能源分布式供应的一种有效模式。近年来，欧美等国都在积极探索和实践能源互联网战略。

1. 德国的 E-Energy 计划

（1）基本概况

E-Energy 是 2008 年德国联邦经济技术部与环境部在智能电网的基础上推出的一个为期 4 年的技术创新促进计划。它提出打造新型能源网络，在整个能源供应体系中实现综合数字化互联以及计算机控制和监测的目标。E-Energy 同时也是德国绿色 IT 先锋行动计划的组成部分。绿色 IT 先锋行动计划总共投资 1.4 亿欧元，包括智能发电、智能电网、智能消费和智能储能四个方面。为了分别开发和测试智能电网不同的核心要素，德国联邦经济技术部通过技术竞赛选择了 6 个试点地区团体。

通过现代信息和通信技术优化能源供应系统。E-Energy 充分利用信息和通信技术开发新的解决方案，以满足未来以分布式能源供应结构为特点的电力系统的需求。它将实现电网基础设施与家用电器之间的相互通信和协调，进一步提高电网的智能化程度。换句话说，其目标不仅是通过供电系统的数字联网保证稳定高效供电，还要通过现代信息和通信技术优化能源供应系统。

表 7-1 德国六大能源互联网试点

E-Energy 试点	试点内容
库克斯满港 eTelligence 项目	建立基于互联网的区域性能源市场
莱茵鲁尔地区 E-DeMa 项目	建立智能互联型的分布式能源社区
卡尔斯鲁厄和斯图加特地区 Meregio 项目	建立基于实时电价的错峰用电模式
莱茵 - 内卡城市圈 Mannheim 项目	建立分布式能源与水气的公用平台，将分布式能源和其他公用设施融入城市原有配电网和基础设施网络
哈茨地区 RegMod 项目	整合储能设施、电动汽车、可再生能源和智能家用电器的虚拟电站
亚琛 Smart Watts 项目	建立覆盖分布式的电力交易平台

（2）主要工作和应用领域

把信息通信技术和能源这两个领域综合起来是 E-Energy 项目的重点。在解决核心技术之后，德国准备从配电到循环电网打造一个全新的能源互联网。在不到十年的时间，“智能电网”概念已从最初的输配电过程中的自动化技术，扩展到电力产业全流程实现智能化、信息化、分级化互动管理。现在，电网正充分利用现代通信和信息技术成果，向着智能化的方向发展。

探索能源生产和消费的新模式。E-Energy 试图在“面向耗电的发电”基础上加上“面向发电的耗电”。换句话说，就是改变以前按需生产的模式，通过 E-Energy 协调用户实现按照生产情况来进行消费。实践中则是通过将可转移负荷转移到非峰值时间，从而减少峰值负荷。该理论模式影响深远，对电网进行“平峰填谷”不仅可以节约大量的能源，提高电网效率，还可以抑制不断攀升的峰值负荷。

综合考虑可再生能源和电动汽车的影响和应用。E-Energy 计划不仅涵盖了各种可再生能源的并网应用，还充分考虑了将来电动汽车的大量应用可能对电网产生的影响。根据该计划的安排，2009—2012 年除了进行智能电网实证实验以外，同时还将进行风力发电和电动汽车等的实证实验，并对互联网管理电力消费进行检测。其中包括合理调控电动汽车的充电，避免分支电网出现电力负荷。此外，通过智能调控系统，还可以把电动汽车用作备用电源和移动存储器，在用电较少的时段进行充电，在用电高峰时将电力反哺到电网，从而起到削峰填谷的作用。这样的综合考虑和试验，可以为电动车与电力系统的一体化提供必要的技术，把将来电动汽车对电网的影响降到最低，并且实现可再生能源发电的分散性与电动汽车的集成性之间的互补。

高度重视新式智能电网技术的标准化。从资金投入和试验范围来看，E-Energy 只是一个技术研发和综合验证项目，参加试验的范围并不大，多的不过 1000 名用户，有的示范模型中分散的小型发电厂也只是 20 个微型热电联产机组，似乎无法与投资巨大的电网改建项目相提并论。不过如果换一个角度来看，在目前智能电网技术尚未成熟，标准正在逐步制定的时候，德国通过 E-Energy 计划不仅推进了自己的技术研发，验证了相关的平台系统，综合了不同用户的反馈，更重要的是进一步制定出德国甚至欧盟的智能电网标准。这将为德国继续建设自己的智能能源网络打下坚实基础，也将为其进军世界智能电网市场备足“粮草弹药”。

2. 美国的 FREEDM 网络计划

FREEDM 网络是由美国北卡罗纳州立大学提出。美国政府自 2008 年开始资助该模型，每年仅官方资助经费就高达 1800 万美元，此外还联合了其他若干著名大学和跨国企业进行共同研究。

FREEDM 结构针对的问题是分布式发电大量发展可能引起的电网不适应性，各种分布式电源、分布式储能设备和负载通过固态变压器提供的接口接入系统，各个固态变压器连接的子系统采用并联结构，而其中的 FID 是一种新型电子断路器，其可以起到故障隔离的作用，同时还集成了通信单元可以实现对系统智能开关。

FREEDM 与现有电网的不同在于：传统电网中电能的流向是单向的，即只能由发电厂流向用户。而在 FREEDM 中，电能的流动是多向的，它是一个能源互联网，每个电力用户既是能源的消费者，也是能源的供应者，且用户可以将分布式能源产生的多余电能卖回给电力公司。FREEDM 系统的理念是在电力电子、高速数字通信和分布控制技术的支撑下，建立具有智慧功能的革命性电网构架吸纳大量分布式能源。通过综合控制能源的生产、传输和消费各环节，实现能源的高效利用和对可再生能源的兼容。

作为一个绿色网络，它的主要特点在于：① 系统内分布式电源、负载、储能设备可以即插即用；② 通过分布式智能网络通信中枢来管理分布式电源和储能设备；③ 供电稳定高质，供电效率高。

截至 2015 年 6 月，FREEDM 项目仍处于试验阶段。

（三）我国能源互联网的发展现状

1. 概念的提出

全球能源互联网是以特高压电网为骨干网架（通道）、以输送清洁能源为主、全球互联的坚强智能电网。全球能源互联网由跨洲、跨国骨干网架和各国各电压等级电网构成，连接“一极一道”（北极、赤道）等大型能源基地以及各种分布式电源，能够将水能、风能、太阳能、海洋能等可再生能源输送到各类用户，是服务范围广、配置能力强、安全可靠性高、绿色低碳的全球能源配置平台，具有网架坚强、广泛互联、高度智能、开放互动的特征。

依托全球能源互联网，在能源开发上实施清洁替代，以清洁能源替代化石能源，走低碳绿色发展道路，实现化石能源为主、清洁能源为辅向清洁能源为主、化石能源为辅转变；在能源消费上实施电能替代，以电代煤、以电代油，电从远方来、来的是清洁电，推广应用电锅炉、电采暖、电制冷、电炊和电动交通等，提高电能在终端能源消费的比重，减少化石能源消耗和环境污染。

全球水能资源超过 50 亿千瓦，陆地风能资源超过 1 万亿千瓦，太阳能资源超过 100 万亿千瓦，远远超过人类社会全部能源需求。随着技术进步和新材料应用，风能、太阳能、海洋能等清洁能源开发效率不断提高，技术经济性和市场竞争力逐步增强，将成为世界主导能源。过去 5 年，我国风电开发成本从 1 万元 / 千瓦降至 7000 元 / 千瓦，累计下降 30%；太阳能发电开发成本从 13 元 / 瓦降至 4.5 元 / 瓦，累计下降 65%。电能作为优质、清洁、高效的二次能源，是未来最重要的能源形式，绝大多数能源需求都可由电能替代。“两个替代”是世界能源发展的必然趋势，全球能源互联网是未来能源发展的战略方向。构建全球能源互联网，实施“两个替代”，是实现能源安全、清洁、高效、可持续发展的必由之路。

2. 全球能源互联网建设现状

2014 年以来，国家电网公司对全球能源互联网进行了深入研究，先后在国际电气电子工程师学会电力能源协会年会、联合国气候变化首脑峰会、埃森哲全球能源委员会会议、首届可持续城镇化首席执行官理事会会议，以及国际电气电子工程师学会科普论坛、《福布斯》杂志上发表成果，引起广泛关注。

构建全球能源互联网包括洲内联网、洲际联网和全球互联。2016—2030 年，推动形成共识和框架方案，启动大型能源基地建设，加强洲内联网；2030—2040 年，推动各洲主要国家电网实现互联，“一极一道”等大型能源基地开发和跨洲联网取得重要进展；2040—2050 年，形成全球互联格局，基本建成全球能源互联网，逐步实现清洁能源占主导的目标。届时，将建设北极风电基地，通过特高压交直流向亚洲、北美、欧洲送电，实现这三大洲电网互联；建设北非、中东太阳能发电基地，通过特高压交直流向北送电欧洲、向东送电亚洲，实现非洲、欧洲、亚洲电网互联；建设南美赤道附近地区、大洋洲太阳能发电基地，分别实现北美与南美、亚洲与大洋洲联网和输电；同时加快开发各大洲集中式和分布式电源，实现各洲内跨国联网和输电，总体形成承载世界清洁能源高效开发、配置和利用的全球能源互联网，保障全球能源安全可靠供应。通过分层分区、紧密协调的电力调控和交易体系，实现全球能源互联网安全、经济、高效运行。

3. 构建全球能源互联网的四个重点

（1）开发“一极一道”等大型能源基地

北极地区风能资源丰富，平均风能密度超过 400 瓦 / 平方米，风电技术可开发量超过 80 万亿千瓦时 / 年。赤道带是世界太阳能资源最富集的地区，综合考虑太阳能辐射量及地形地貌等因素，估算北非、中东地区、澳大利亚、南美中北部地区的年技术可开发量分别达到 27 万亿、9 万亿、15 万亿和 5 万亿千瓦时。全球水能资源年技术可开发量为 16 万亿千瓦时。

我国清洁能源资源丰富，水电可开发资源 6 亿千瓦，风能、太阳能可开发资源分别为 25 亿、27 亿千瓦。随着可再生能源发电技术和储能技术的突破，以“一极一道”大型能源基地为重点，优化开发各大洲风电、太阳能发电以及主要流域水电、近海地区海洋能和各地分布式电源，清洁能源完全能满足未来全球能源需求。

（2）构建全球特高压骨干网架

建设跨洲特高压骨干通道：形成连接“一极一道”大型能源基地与亚洲、欧洲、非洲、北美、南美的全球能源系统，实施清洁能源跨洲配置；建设洲内跨国特高压线路，适应洲内国家之间大容量、远距离输电或功率交换需求，提高洲内电网互济能力；建设国家级特高压电网，根据各国资源禀赋和需要，形成特高压交流骨干网架和连接国内大型能源基地与主要负荷中心的特高压直流输电通道。

（3）推动智能电网广泛应用

智能电网对风电、太阳能发电、海洋能发电等间歇式电源以及其他分布式电源具有很强的适应性，能够保障各类能源的友好接入和各种用能设备即接即用；能够与互联网、物联网、智能移动终端等相互融合，满足用户多样化需求。将智能电网建设与可再生能源发展、战略性新兴产业发展、互联网和物联网建设结合起来，服务智能家居、智能社区、智能交通、智慧城市发展。

（4）强化能源与电力技术创新

重大技术突破将大幅提高能源供应的安全性、经济性，破解能源发展瓶颈，带来发展格局和发展道路的重大变化。全球能源互联网发展进程很大程度上取决于重大技术突破。这主要包括清洁发电和用电技术：大容量和高参数风机、高效率光能转换、大规模海洋能发电、可再生能源大规模开发及联合调控、高效电能替代等；特高压和智能电网技术：特高压交直流及海底电缆、大容量柔性交直流输电、高压直流断路器、气体/固体绝缘管道输电、高温超导输电、新一代智能变电站等；先进储能技术：大规模储能电池制造和大容量成组、电化学储能、飞轮储能、超导储能、超级电容器储能等；电网控制技术：特大型交直流电网运行控制、大系统仿真计算、分布式发电协调控制、微电网集群控制、电力信息海量数据采集与处理等。

特高压技术为构建全球能源互联网奠定了基础。目前已投入运行的1000千伏特高压交流和±800千伏特高压直流，输电距离分别达到1500千米和2500千米，输电功率分别达到500万千瓦和800万千瓦。正在研发的±1100千伏特高压直流输电距离、输电功率分别可达5000千米和1200万千瓦。全球各大洲之间、洲内能源基地与负荷中心之间的距离都在特高压交（直）流电网输送范围内。特高压交流主要用于构建坚强的国家、洲、洲际同步电网，以及远距离、大容量输电；特高压直流主要用于大型能源基地超远距离、超大容量电力外送和跨国、跨洲骨干通道建设。

4. 构建全球能源互联网具有显著的经济、社会和环保综合效益

（1）保障能源安全

依托全球能源互联网，能够开发利用分布广、潜力大的清洁能源，保障能源长期稳定供应。2000—2013年，中国风电、太阳能发电年均增长分别达到52%和68%，世界风电、太阳能发电年均增长达到24.8%和43.7%。从现在起，如果风电和太阳能发电保持12.4%的年均增长速度，到2050年可再生能源将达到全球能源消费总量（300亿吨标准煤）的80%，届时风能和太阳能开发量还不到世界总资源量的0.05%。

（2）保护生态环境

全球能源互联网能够大幅提高清洁能源开发利用水平，从根本上解决化石能源污染和温室气体排放问题。从中国看，特高压电网可将我国水电开发利用规模由3亿千瓦提高到6亿千瓦，西部和北部地区的风电开发利用规模由8000万千瓦大幅提高到3亿千瓦以上。到2020年，可向东中部地区每年输送电量1.9万亿千瓦时，其中清洁能源发电5100亿千瓦时。而且，利用特高压技术还可以将周边国家清洁能源以及北极地区风电输送到中国。从全球看，到2050年可再生能源占全球能源消费总量的80%，每年可替代相当于240亿吨标准煤的化石能源，减排二氧化碳667亿吨、二氧化硫5.8亿吨。届时全球能源碳排放115亿吨（为1990年的一半），累计能源碳排放可以控制在9000亿吨左右，能够实现《联合国气候变化框架公约》提出的“将全球平均气温上升幅度控

制在2℃以内”的目标。

（3）实现共同发展

化石能源具有稀缺性、地域性，开发利用涉及领土主权、国家安全和政治外交问题，而可再生能源取之不尽、用之不竭，是人类社会的共同财富。通过全球能源互联网进行开发和配置，能够实现非洲、亚洲、南美洲等地区资源和平利用，将资源优势转化为经济优势，促进全世界和谐发展。同时，全球能源互联网作为世界最大的能源配置系统，能够将具有时区差、季节差的各大洲电网连接起来，提高经济效益，降低社会成本。共同推动全球能源互联网建设近年来，在党中央、国务院的正确领导下，在国家能源局、中国科学技术协会等有关部委和机构的大力支持帮助下，国家电网公司联合各发电企业、电力科研、设计、建设、制造等单位，积极推进特高压、智能电网、信息网络、清洁能源发展，在特高压和智能电网理论、技术、装备、标准等方面取得全面突破，为构建全球能源互联网奠定了基础。战略规划上，推进“一特四大”战略（发展特高压电网，促进大煤电、大水电、大核电、大型可再生能源集约开发）和“电能替代”战略（以电代煤、以电代油、电从远方来、来的是清洁电）。

5. 面向未来的坚强智能电网发展规划

到2015年建成“两纵两横”交流电网和7回直流工程，2017年建成“三纵三横”交流电网和13回直流工程，2022年建成“五纵五横”交流电网和27回直流工程。届时，每年可满足5.5亿千瓦清洁能源输送需求，消纳清洁能源1.7万亿千瓦时，替代原煤7亿吨，减排二氧化碳14亿吨、二氧化硫390万吨。

技术标准上，攻克特高压交直流过电压控制、电磁环境、绝缘配置，以及风电、太阳能发电大规模接入和配置、大电网安全运行和协调控制等许多世界性难题，全面掌握了特高压交、直流输电及其关键设备制造技术，特高压流试验示范工程获得国家科技进步特等奖，实现了“中国创造”和“中国引领”。

建成特高压交流、直流、高海拔、工程力学4个试验基地，形成功能齐全、技术领先、世界一流的试验研究体系。发布国际标准22项、国家标准355项、行业标准828项、企业标准1101项，其中特高压国际标准12项、国家标准35项、行业标准58项、企业标准145项。中国特高压交流电压成为国际标准电压。国际电工委员会有4个专委会秘书处设在国家电网公司，显著增强了我国在世界电工标准领域的话语权和影响力。

工程建设上，建成“两交四直”特高压工程，长期安全稳定运行，累计输电2650亿千瓦时，成为中国西南水电，西部和北部煤电、风电、太阳能发电大规模输送的主通道，实践验证了特高压输电的可行性、先进性、安全性、经济性和环境友好性。落实国家大气污染防治行动计划，全面启动包括“四交四直”特高压工程在内的 12 条输电通道和酒泉－湖南特高压直流工程。

2014 年 11 月 4 日已正式开工建设淮南—南京—上海、锡盟—山东、宁东—浙江“两交一直”特高压工程；2015 年 2 月开工建设蒙西—天津南交流、榆横—潍坊交流、酒泉—湖南直流工程；2015 年上半年开工建设锡盟—泰州直流、晋北—江苏直流、上海庙—山东直流工程。在此基础上加紧启动“五交九直”特高压工程，加快构建特高压骨干网架，在全国形成西电东送、北电南供、水火互济、风光互补的能源配置新格局。建成世界首个集风力发电、太阳能发电、储能系统、智能输电于一体的风光储输示范工程；建成电动汽车充换电站 570 余座、充电桩 2.3 万余个，形成多个城际充换电服务网络；建成智能变电站 1100 余座，安装智能电表 2.3 亿只。基于坚强智能电网，国家电网公司经营区域并网水电、风电、太阳能发电装机分别达到 1.95 亿千瓦、7799 万千瓦和 1835 万千瓦，成为世界风电并网规模最大、太阳能发电增长最快的电网。

构建全球能源互联网，符合全人类的共同利益，是世界需要、国家需要、民族需要、社会需要，也是电力行业的需要。从国家电网公司实践看，构建全球能源互联网，技术可行、安全可靠、经济合理。但也要认识到，构建全球能源互联网是能源电力领域的一项根本性革命，将带来能源发展战略、发展路线、结构布局、消费方式以及能源技术等的深刻变革和全方位调整，对电力行业既是难得机遇，也是重大挑战，需要全社会凝聚力量、形成合力、共同推动。

（四）能源互联网的价值与实现架构

1. 互联网思维下的新价值来源

与传统工业经济相比，互联网及其经济业态有两个显著变化：一是从迂回经济向直接经济回归。互联网促进经济活动中供需双方实现信息透明、数据共享，提高了资源配置效率、降低了交易成本。二是从有限的满足人的选择向持续锁定人的需求转变。基于大数据发现用户需求，实现从原有的单一单次服务向持续满足并激发新需求转变，大幅提升满足用户需求的程度。

因此，从用户需求角度看，新的价值将来源于两个方面：一是新业务和商业模式创造的市场价值，源于信息资源促进物理与虚拟融合，提升对人需求的满足程度；二是新的生产、管理和交易方式创造的效率价值，源于智能化提升生产效率、去中介化降低交易成本，本质上是对人需求满足过程的效率的提升。

（1）能源互联网的价值主张

能源是人类生存和经济活动的基础。能源互联网将改变能源系统价值创造方式，形成丰富的价值主张。如表 7–1 所示和表 7–2 所示。

基于人类使用能源的演进历程，从充足性、便捷性、清洁性、选择性、扩展性建立五层次分析维度对用能需求满足程度进行展望，进而提出这一维度下的能源互联网价值主张。

综合表 7–2 和表 7–3，从用户需求出发面向经济社会发展，能源互联网可以提供包括提升能源供应可持续能力、提升民生服务水平、支撑经济转型升级、促进减排环保、推动能源节约型社会建设以及提升能源系统发展质量等众多价值主张，将对我国经济社会转型升级、推动能源革命发挥重要作用。

表 7–2　用能需求满足程度下的能源互联网价值主张

分析维度	价值来源	能源互联网的价值主张
充足性	满足人口增长、经济发展和生活水平提升带来的能源消费需求增长	提升能源可持续供应能力：推动能源供应多元化，提高可再生能源利用程度，释放消费侧可调节能力
便捷性	技术进步下，大量用能和供能新设备和系统出现并广泛应用，需要提供即插即用、安全可靠的交互系统	提高民生服务水平：支持各类智能终端、电动洗车、电源等设备接入，提供定制化、网络化、个性化服务 支撑经济转型升级：满足智能生产、网络制造等相关产业转型对能源供应要求，促进节能设备改造和应用
清洁性	减少能源开发、配置、利用、过程对生态环境的破坏、对气候变化的影响	促进减排环保：促进各类清洁能源高效开发转化利用，支持各类绿色用能设备的推广利用，引导绿色用能行为和习惯
选择性	基于能源属性，多元化主体根据市场机制自主选择能源交易、服务和使用行为	提高民生服务水平：基于信息开放、透明共享的数据服务平台提供专业化、体系化的中介服务 支撑经济转型升级：提供能源资源的优化配置水平，推动经济及产业发展方式转变
扩展性	作业公共基础设施的重要组成部分，与信息、交通、制造、城市管理等系统互联，提供更加灵活、高效、便捷的整体服务方案	提高民生服务水平：基于开放共享的大数据平台提供跨行业服务，支持智慧城市建设和城镇化发展 支撑经济转型升级：发挥公共基础设施整体效率，整合跨领域资源培育新型服务业及高端产业

表 7-3 满足用能需求过程的效率下能源互联网价值主张

分析维度	价值来源	能源互联网的价值主张
能源利用效率	建立各能源系统之间、能源系统内部网 – 源 – 荷之间有机、高效的互动机制，释放节能和能效提升的价值空间	推动能源节约型社会建设提升能源可持续供应能力
资产利用效率	利用信息通信技术提升对物理系统的可控性和可观性，转变原有以物理系统建设冗余换取运行安全稳定裕度的发展模式	提升能源系统发展质量支撑经济转型升级
市场配置效率	建立反映能源商品属性并考虑外部性成本的能源价格及市场交易机制，释放市场对配置能源优化调节效益	推动能源节约型社会建设支撑经济转型升级

2. 能源互联网的价值实现途径分析

（1）价值实现基本途径

体系架构的变化、互联网理念的渗透使能源互联网具有区别于传统电网的价值实现方式。能源互联网体现了互联网与电网融合发展的趋势，“融合”将在价值实现过程中发挥关键作用，实现多种能源的融合、实现信息与能源的融合、实现多元业务的融合三个层面进行分析。

（2）实现多种能源融合

实现多种能源融合，即利用能源互联网的高效性和可控性，促进多种清洁能源及化石能源以电力为介质的有机融合，实现能源的集中与分散并存的高效开发、优化配置和有效利用，更好地满足人们对能源供应充足性、清洁性的基本需求，应对气候变化和能源资源危机等问题。

①风能、太阳能等可再生能源 90% 需要转化为电能才能利用，其波动性和随机性成为制约其大范围消纳利用的瓶颈。能源互联网在智能电网的基础上将网络范畴扩展至各类能源发电装置、各类能源使用装置以及分布式能源系统，本质上是将网 – 源 – 荷视为系统的整体进行总体效率优化和运行控制，通过提高系统的控制自由度和可控性，实现供应与需求的精确匹配，提升对可再生能源的转化利用能力。

②分布式能源系统作为能源互联网的重要组成部分，将在系统局部为用户提供一套能源品位与用户用能需求相匹配的整体解决方案，满足用户用能便捷性的同时提高能源利用效率，并在一定程度上增加了能源互联网的调可控性。

以分布式电源为例，能源融合视角下，其将不再是单纯的电网服务对象，而作为能源互联网中的基本元件，可以从规划、运行、市场交易等环节与网、源、荷进行一体化融合：

通过建立完善的数据交换和协作框架，将分布式电源纳入到配电网的规划和运行框架；

建立配电能量管理系统，使分布式电源可以即插即用，并与输电系统进行互联，具备电压、频率支撑和需求响应功能。

基于安全、高速的信息处理及广泛的传感网络，规范的并网规则，实现电网以电压支撑、频率控制等角度调度和管理分布式电源。

设计市场机制，清楚界定容量成本、服务成本，反映输配电网对分布式电源的支撑作用。

（3）实现信息与能源融合

实现信息与能源融合，即充分利用先进的信息通信技术、信息物理融合技术以及电力电子控制技术，大幅提高电力系统的可控性和可观性。通过将电力系统物理实体数字化，一方面可以利用信息系统、计算资源的高效率和低成本来提高物理系统的运行效率，产生“以软代硬”效益；另一方面可以建立实时反映电力成本和供需关系的交互媒介，产生“市场配置”效益，从而推动发展方式从原有计划、粗放、保守向市场、集约、高效方向转变。

信息与能源融合的实现途径是形成具有广域感知、在线辨识、超实时仿真、滚动闭环控制功能的物理信息融合层，它并不以独立的物理形态存在，而是从功能上实现信息系统与物理系统的无缝衔接，控制单元之间的协同互动。包括 4 个关键环节：

①系统范围内装设海量信息采集和传感设备，采集基于同步时标、包括电压、电流、设备状态等在内的节点信息，具备全状态观测电网运行状态和设备运行工况的物理量信息，最大程度上降低系统状态和参数的不可观性和随机性。

②经由电力专网、互联网和工业控制网络，按照信息的不同内容和属性将信息传输至分布在全网各处的控制单元和控制中心，通信信息系统具有高可靠性和安全性，并对传输延时和数据丢失具有量化预测和建模能力。

③控制单元，如能源路由器，是能源互联网中进行能量控制的智能装置，兼具局部智能决策和闭环控制功能，通过大功率电力电子控制技术对功率方向、容量、质量进行实时控制，通过软件密集型嵌入式系统对控制策略进行实时更新和智能决策，软件系统和控制策略的灵活性将使控制单元对不同运行工况和需求场景具有自适应性。

④控制中心与控制单元共同构成分层式智能决策体系，控制中心以海量数据存储、云计算为基础，通过扩展状态估计、多尺度负荷—发电预测、扰动识别、超实时仿真、在线参数辨识等功能实现物理系统在数字环境下的同步镜像运行和控制决策生成。控制

中心从全系统最优运行的角度为控制单元提供模型、参数和辅助决策依据。

信息与物理融合所带来“市场配置”效益还需与商业模式创新相结合。智能电网在广域观测控制、电力电子、信息物理系统、超实时仿真技术、信息通信网络建设等方面提供了发展基础。

美国 ONCOR 输电公司利用动态增容技术大幅提高已有线路输电能力，监测线路在 83.5% ~ 90.5% 的输送时间内都能达到 6% ~ 14% 的增容效果，对重要输电阻塞线路可额外增加 5% ~ 10% 的缓解效果。灵活交流输电（FACTS）大量应用带来减少电网投资成本、提高安全稳定运行水平的双重效益，电气距离较远电源送出工程通过加装可控串联补偿装置可直接减少输电线路建设规模；受端系统通过加装动态无功控制装置可明显提高系统安全稳定性。

当前，信息与能源融合的价值初现但规模和潜力还远待发掘。从现有的元件级、环节内、局部融合向系统级、跨环节、全局协调优化的发展过程将对电力系统存量资产及增量方式带来巨大的效率递增价值。

（4）实现多元业务融合

能源互联网已不是传统意义上生产电能、传输和分配给用户使用的单向物理网络，在互联网理念渗透下将在信息与物理融合的实体之上，形成连接消费者、生产者、制造商、运维商等各方，通过业务融合和商业模式创新持续满足用户需求、不断创造新需求的服务平台层。源于用户选择性和扩展性的价值诉求将在这里实现，从根本上实现网 - 源 - 荷的深度互动、推动产业链发展、实现与交通、制造、信息、城市管理等领域的协同发展。

能源互联网可以提供的业务服务众多，从服务平台层的形成和运作有 3 个显著特征：

①在传统供电服务入口处出现面向用户不同需求的新型业务，如电动汽车充放电、家庭能效管理、工业系统节能、电网资产管理、分布式电源并网、多网融合、虚拟电厂等。各业务是由多个模块化、专业化子服务构成，如用户行为分析、资源运行预测、融资服务、大数据分析等，各子服务之间可以面向用户需求按照不同的商业模式进行动态组合和优化协同，由此形成了具有网络化聚合效应的平台服务层。

②大量出现以用户需求为导向、以创新服务为盈利中心的中间服务商，服务商之间、服务商为用户提供服务的商业模式将更加灵活多样。服务商的出现使原有分散的用户资源集中化，形成具有一定规模、互动调节和博弈能力的市场参与主体。

③用户侧可调资源通过服务商汇集参与电力市场交易，既降低了用户的用电成本，又提升了能源互联网的调节能力。通过精准、便捷、经济的满足用户需求，用户黏性和

需求满足度提升的过程将进一步催生新的用户需求、增加用户规模。由此形成了通过业务融合和商业模式创新实现资源整合和产业培育的正向循环，创造巨大的市场发展空间。

（五）能源互联网技术内涵

1. 互联网技术特征

互联网是全球互联网，是由本地局域网、接入网、骨干通信网构成的全球无所不在的互联网络。1969 年互联网（Internet）始于美国，又称因特网。互联网将计算机网络互相连接在一起的方法可称作“网络互联”，在这基础上发展出覆盖全世界的全球性互联网络称互联网，即是互相连接一起的网络结构。经过 40 多年的发展，互联网已经成为集信息采集、传输、存储、处理与传播、服务于一体的信息社会的重要基础设施。

（1）互联网技术特征

1）互联网是全球互联的

互联网的结构是按照数据包交换的方式连接的分布式计算机网络，只要存在互联网接入端口用户即可访问互联网。

2）互联网是开放的

在技术层面，互联网是基于开放互联协议 TCP/IP 协议簇形成的，原则上只要遵循协议用户即可无歧视接入互联网。

3）互联网按照公开规则运行

互联网存在所有主机都必须遵守的交往规则（协议）和维护机构，不受集中控制，但是负责互联网命名的机构除了命名之外，并不能做更多的事情。

4）互联网服务平等多样

互联网是一种信息通信基础设施，公共的通信平台，互联网用户可任何时间、任何地点获得公共的或经授权的信息和服务。

（2）能源互联网技术特征

能源互联网的技术特征是泛在互联、对等开放、低碳高效、多源协同、安全可靠。

1）泛在互联

泛在互联是能源互联网的基本特征。能源互联网支持一个国家范围内各种发电资源、微能源网及分布式能源、电动汽车、负荷通过输配电网络实现互联；也支持超过国家范围内能源基地的广域能源网络实现互联；既可以是大型水电厂、风电场、光伏电站能源生产，也可以是园区、楼宇、用户本身的能源生产，实现能源生产商、网络运营商及分散发电与用户即时协作；未来还可通过无线供电技术实现移动互联，提供无所不在的能源服务。

2）对等开放

对等开放是能源互联网的基本特征。能源互联网构成各层级、多维度的开放平台。各种清洁能源，特别是可再生清洁能源，可无歧视接入能源互联网；能源互联网用户无歧视接入获取所需要的能源及服务；能源生产者也可以是能源使用者，用户的参与度大大提升；用户侧光伏发电、冷热电联合发电、需求响应等用户侧资源参与双向互动；可任何时间、任何地点支持各种能源服务，支持需求响应、辅助服务、电能购销服务，降低能源互联网峰谷差，提高其运营效益。

3）低碳高效

低碳高效是能源互联网的基本特征。能源互联网是现代社会的基础设施，既包括大规模集中式电网，也包括分布式微能源网，可接纳大规模清洁能源发电和消纳分布式电源上网电能、即插即用；大规模传送二次清洁能源——电能、氢能到用户，有条件的地方传送天然气；并为城市、乡村或广域电气化交通提供安全可靠的动力；高渗透率可再生能源发电和储能设备规模应用，高效用电设备广泛应用，提高能源利用效率。

4）多源协同

多源协同是能源互联网的基本特征。多源协同既包括大型能源生产基地规划运行方面的协同，也包括能源传输和终端能源利用方面的协同。在有条件的智慧城市或社区一级，热电冷多能源联合优化运行；电生成天然气技术（Power to Gas，P2G）在源端、用户端应用，将在多能源融合和电网调峰中起到革命性推动作用；包括电生成氢在内的多种制氢技术将逐渐实用化，氢能源在智慧城市、智慧社区规模化应用。

5）安全可靠

安全可靠是能源互联网的必要特征。能源互联网是关键公共基础设施，如电力、交通、天然气等管网，均是生命线工程，与城乡人民生产生活、国防等息息相关，网络基础设施的安全性是第一位的；能源互联网覆盖区域广、气象环境差异大、可靠性要求高，如电气网络运行复杂、发生故障反应极快速，需确保能源互联网安全可靠运行；能源互联网具有高标准的信息安全和隐私保护。

（3）能源互联网内涵

能源互联网是以电力网为基础，利用可再生能源技术、智能电网技术及互联网技术，融合电力网、天然气网、氢能源网等多能源网及电气化交通网，形成多种能源高效利用和多元主体参与的能源互联共享网络，消纳高渗透率可再生清洁能源，并激活新的商业模式。可再生清洁能源既包括集中开发的大型能源基地的可再生能源，也包括用户侧就地开发、用户自身消纳为主的分布式能源。能源互联网实现多能源的清洁生产、传输、利用和服务，是“可再生能源 + 智能电网 + 互联网”，而不是“互联网 + 可再生能源”。互联网在用户域及市场域发挥更多的作用，特别是在提供能源交易及服务便利性方面。

总体上看，能源互联网是智能电网的拓展。一是从电力网拓展到更大的能源系统范畴，电力网是其核心基础网络设施；二是由纯物理电网拓展到包括多类用户的信息互联网络，即各类市场主体也是能源互联网的活跃要素；三是分布式电源拓展到分布式能源；四是纯电动汽车拓展到氢能源等新能源汽车；五是氢能源或 P2G 技术，从单纯的储电拓展到储能，拓展了电能大规模存储以及在智慧城市或社区中应用；六是从电力交易拓展到新能源配额交易、用户侧资源虚拟调度等新型互动业务。

从能量流来看，能源互联网包括从电力生产、传输、配送、电能使用全过程，向外拓展到一次能源生产、智慧城市或社区多能源转换过程和用户使用过程，即包含了风力发电、光伏发电等能源部分。从信息流来看，能源互联网中的信息一是包含电力系统的运行控制、经营管理、运维服务、市场交易信息；二是包括风机、光伏板及光照、风力等状态监测、预测控制及环境信息；三是包含各类主动负荷，包括用户用电、发电、购电、辅助服务等复合特性的用户信息；四是电动汽车和储能充放电运行及运营信息；五是新能源配额交易信息。

从业务流来看，能源互联网支持电能交易服务、新能源配额交易、分布式电源与电动汽车充放电、需求响应等互动业务。

2. 能源互联网技术形态

能源互联网构成要素能源互联网构成要素包括跨国或跨洲大型能源基地之间的广域能源互联网、国家级骨干能源互联网、智慧城市能源互联网、用户域能源互联网及市场域能源互联网。在信息通信网和技术标准及法规的支撑保障之下，实现各级能源互联网络的能量、信息、资金传送及交换、运营及交易等活动。

能源互联网传输的有一次能源，也有二次能源；能源互联网市场主体包括发电商、网络运营商，也包括售电商、三方服务商和终端用户。

信息通信网由跨国广域能源互联网、国家骨干能源互联网、智慧城市能源互联网等运行控制、管理服务直接相关的信息通信网络构成，这些信息通信网支持物理网络的运行控制，同时支持能源或能量的交易及服务；用户域能源互联网及市场域互联网以公共通信方式为主。信息通信网承载多种信息通信服务，其安全性应满足遵守国家法规。

（1）能源互联网概念架构

能源互联网概念架构包括多能源层、能源路由器、主动负荷和多能源市场部分。多能源层在跨国广域能源互联网、国家级骨干能源互联网、智慧城市能源互联网、用户域能源互联网、市场域能源互联网等不同层次的能源互联网中耦合程度不同。能源路由器实现电力、天然气、冷/热气等多能源连接、转换、存储，是一种全新的能源转换和存储装置，其规划设计、能量协调与优化、运行控制等技术还有待进一步研究。主动负荷既包括冷、热、电负荷，也包括分布式发电、电动汽车和储能装置。

多能源市场部分在开放平台支持下，实现电能交易、新能源配额交易、分布式电源及电动汽车充电设施监测与运维等多种新型业务，其中跨国或跨洲大型能源基地之间的能源互联网涉及新能源发电和常规发电的远距离传输，也涉及天然气的远距离传输，这两种能源应是独立规划和传输的，在战略规划层面可能会有一定相关性。

国家级骨干能源互联网涉及 3 种网络，即电力传输网、电气化交通网、天然气网，电力传输网直接为电气化交通网提供动力来源，需要统一规划协调，但是在运行控制、管理运营等层面是独立的；电力传输网和电气化交通网在规划层面存在一定的协调，运行控制、管理运营等层面是独立的；这一层面，三网的耦合度较低。智慧城市能源互联网包括电力传输网、电气化交通网、天然气网，未来还有氢能源网，在市政设施规划层面需要高度协调、统一规划，在运行控制层面独立运行，经营管理、市场交易层面可联合优化运行；根据需要，电力传输网、天然气网、热/冷气网、氢能源网实现一定程度的能源转化和耦合，并随着相关技术发展而增强耦合度。

用户域能源互联网包括电力传输网、电气化交通网、天然气网以及氢能源网，在城乡社区、园区规划层面需要高度协调、统一规划，在运行控制层面独立运行，经营管理、市场交易层面可联合优化运行；根据需要，电力传输网、天然气网、热/冷气网、氢能源网实现能源的相互转化和深度耦合。信息通信网贯穿能源生产、传输、配送、使用全过程，可能会有光纤、无线等多种通信方式，即支持能源企业内部的生产、传输、配送过程的调度和控制，也支持包含用户域、市场域的信息集成和服务；在不同的断面，出于安全和经济上的考虑，信息通信网物理层应是分开的。

（2）跨国广域能源互联网

跨国广域能源互联网实现跨国、跨洲大型能源基地可再生能源生产、传输及交易，以输送大规模可再生能源为主导。跨国广域能源互联网具有广域资源配置、需求调节能力，是解决可持续能源供应的重要手段之一。世界多国提出了跨国广域能源互联网的构想，研究了其可行性。

根据欧洲“SuperGrid2050”计划，北海超级电网将与德国 2009 年 10 月在撒哈拉沙漠启动建设的大型太阳能项目“沙漠科技”组成一个有机整体，从而形成跨越欧洲、中东、北非的跨洲超级电网，届时将覆盖 50 个国家、11 亿用户、约 4 万亿 kWh 的电力需求。超级电网是欧洲第一个专门用于传输可再生能源的电力网络，利用空间扩张平滑和减小可再生能源发电随时间变化而产生的波动，提高可再生能源的信用度和经济性，不仅可以平衡整个欧洲大陆的电力需求，而且能够及时把所产生的能源以电力形式传输到邻近国家。

根据“全球能源互联网”设想，预计到 2050 年，“一极一道”大型可再生能源基地电力送出能力，通过北极通道可送出的电量可达 3 万亿 kWh/a，赤道地区外送电量可达 9 万亿 kWh/a。分析表明，全球三大区域电网北美、欧洲、中国三大区域电网互联电力负荷曲线峰谷具有互补性，跨国、跨洲广域能源互联网可在全球范围内实现移峰填谷，提高能源使用效率。

（3）国家骨干能源互联网

国家骨干能源互联网是实现我国可再生能源生产、传输、配送、消纳的核心网络，是能源互联网的基石，是下一代可持续能源供应体系最重要的基础设施之一。这种形态的能源物联网由大容量输配电系统、通信网络、配用电侧各种发用电资源组成，适应高渗透率可再生电源并网。

国家电网公司规划到 2020 年建成华北、华中、华东同步电网和 19 回特高压直流工程，形成西电东送、北电南送格局，输电能力达 3.8 亿 kW。直流电网技术是解决我国能源资源分布不均带来的电能大容量远距离传输问题、大规模陆上及海上新能源消纳及广域并网问题以及区域交流电网互联带来的安全稳定运行问题最有效的技术手段之一。

利用电压源换流器型直流输电技术将西南地区丰富的水能、三北地区丰富的太阳能和风能、东部沿海地区丰富的风能汇集并连接成多个区域直流电网，减小新能源发电的间歇性及不稳定性；再进一步利用电网换相换流器高压直流输电技术及 DC/DC 直流电压变换技术将区域直流电网输出的大规模电力送往中东部负荷中心区域，实现全国范围内的资源优化配置；同时将各大区电网通过特高压交直流输电线路互联，从而形成覆盖全国的交直流输电骨干网架。

这种形态的能源互联网是先进电力电子器件技术的应用，大容量直流断路器、模块式变压器变换器（modular transformer converter，MTC）等智能高效电能变换、转换装置的研发和应用，大力提升输配电系统接纳清洁能源发电、传输能力为主要特征。在市场域，能源互联网应支持常规发电、清洁能源发电、天然气等多元市场主体的批发交易、转送及服务。

（4）智慧城市能源互联网

智慧城市能源互联网通过现有电网的智能化改造，消纳大规模清洁能源和分布式清洁能源发电；利用各种信息化技术手段提升传统电网基础设施，构建适应竞争性市场的能源互联网开放平台，实现可再生能源与互联网的融合，支持能源提供者、网络及服务运营商、用户平等交易。

从技术的角度看，这种形态的能源互联网即是利用可再生能源技术＋智能电网技术＋互联网技术，当前实现电力网＋电气化交通网＋信息通信网等的融合，未来实现电力网＋电气化交通网＋氢能源网＋信息通信网等的融合，消纳高渗透率的波动性可再生能源发电；传送和分配电能以及电能相关的购售电业务；为电气化交通网络提供清洁能源，新型充—换电设施纳入能源互联网开放平台管理；由于我国天然气资源禀赋、价格、法规等多种原因，天然气局部富裕地区可根据需要发展冷热电联产和独立发电；随着人工合成天然气技术的突破和价格的下降，天然气未来也可作为大规模清洁能源用于储能、发电及终端消费。

从国内外技术能力来看，还存在两方面需要解决的问题，一是能源路由器等关键部件的转换效率、耐受非正常运行条件能力、使用寿命等需要提升；二是可大规模商业应用的储能技术有待突破、成本有待降低，以期适应波动性随机电源广泛应用。

在市场域，这种形态的能源互联网应支持常规发电、清洁能源发电、热电冷资源、天然气、氢能源等多元市场主体的批发及有条件的大中用户市场交易、转送及服务。对我国来讲，这种形态能源互联网可充分利用智能电网成果，适应我国电力市场改革需求，较快速激活售电市场，同时提高我国可再生能源消纳能力，是电能消纳和激活市场的主体。

（5）社区能源互联网

社区能源互联网是由供电电源、分布式能源、储能元件、负荷等构成的微能源网，是能源互联网的重要组成形式，具有高效、安全、可控的特点。

通过应用先进工业级电力电子技术，研发高效率能源路由器，其变换效率优于传统变压器并可灵活接入各种交直流电源或负载；用户侧热电冷联产、蓄冰蓄冷、分散储能元件广泛应用；用户侧负荷资源参与需求响应、响应实时电价，各种负荷灵活可控。社区能源互联网包括工厂、大型楼宇、城市和农村集中居住区微能源网。

这种形态的能源互联网由电力网、电气化交通网、天然气网、信息通信网等紧密耦合构成，以高度融合的电能和多种能源相互转换等物理层面实现耦合为主要特征，电力网作为各种能源相互转化的枢纽，是能源互联网的基础支撑。

电力网与电气化交通网的电动汽车及其充电、放电、换电设施交互。电力和天然气两种能源之间可双向转换。

这种形态的能源互联网核心思想是多能源的转换、存储、交易和高效利用；在市场域，能源互联网应支持常规发电、清洁能源发电、热电冷资源、天然气、氢能源等多元市场主体的零售交易、转送及服务并激活新能源服务、分布式电源监测及运维、充电桩建设与运维、需求响应、节能服务等多种新型业务。混合能源路由器实现电、气、信息通信网的高度耦合，物理形态可应用到工厂、大型楼宇、城市和农村集中居住区。对原来独立的供电、供气网络组合在一起以后混合供能系统的可靠性、遇到异常工况的安全性、多能源之间高转换效率等还需要进一步研究。

（六）能源互联网关键技术

1. 新能源发电技术

能源互联网关键技术是指可再生能源的生产、转换、输送、利用、服务环节中的核心技术，包括新能源发电技术、大容量远距离输电技术、先进电力电子技术、先进储能技术、先进信息技术、需求响应技术、微能源网技术，也包括关键装备技术和标准化技术。其中先进电力电子技术、先进信息技术是关键技术中的共性技术。

新能源不仅包括风能、太阳能和生物质能等传统可再生能源，还包括页岩气和小堆核电等新型能源或资源。

新能源发电技术包括各种高效发电技术、运行控制技术、能量转换技术等。在新能源发电技术方面，研究规模光伏发电技术和太阳能集热发电技术、变速恒频风力发电系统的商业化开发，微型燃气轮机分布式电源技术，以及燃料电池功率调节技术、谐波抑制技术、高精度新能源发电预测技术、新能源电力系统保护技术；研究动力与能源转换设备、资源深度利用技术、智能控制与群控优化技术和综合优化技术。

2. 大容量远距离输电技术

大容量远距离输电是我国及世界能源革命的基础技术，是解决大型能源基地可再生能源发电外送的支撑手段。我国可以发展建设以特高压骨干网为基础，利用高压直流互联可再生能源基地，实现覆盖全国范围的交直流混合超级电网，提高我国供电的灵活性、互补性、安全性与可靠性。

大容量远距离输电技术包括：灵活可控的多端直流输电技术、柔性直流输电技术、直流电网技术、海底电缆技术、运行控制技术等。直流电网技术是解决我国能源资源分布不均带来的电能大容量远距离传输问题、大规模陆上及海上新能源消纳及广域并网问题以及区域交流电网互联带来的安全稳定运行问题最有效的技术手段之一。

3. 先进电力电子技术

先进电力电子技术包括高电压、大容量或小容量、低损耗电力电子器件技术、控制技术及新型装备技术。以 SiC、GaN 为代表的宽禁带半导体材料的发现，使得人类为取得反向截止电压超过 20kV 的限度成为可能。新型半导体材料制成的新器件（如 SiC 功率器件），与 Si 半导体器件相比，具有开关损耗低、耐高温、反向截止电压高的特点，在未来的输电和配电系统中有可能成为新一代高电压、低损耗、大功率电力电子装置的主要组成器件。

在控制策略方面，由于数字信号处理器性能的升级，使得系统控制策略灵活多样。多种非传统控制策略，如模糊控制、神经网络控制、预测控制等控制技术，可以适应电网暂态过程的复杂控制策略，一系列软开关控制方法、系统级并联控制方法，重复控制，故障检测等复杂算法被整合在 DSP 内实现，极大地增强了新型电力电子设备的灵活性与系统的可靠性。

4. 先进储能技术

先进储能技术包括压缩空气储能、飞轮储能、电池储能、超导储能、超级电容器储能、冰蓄冷热、氢存储、P2G 等储能技术；从物理形态上讲，包括可用于大电网调峰、调频辅助服务的储能装备，也包括用于家庭、楼宇、园区级的储能模块。

风电、光伏等可再生能源发电设备的输出功率会随环境因素变化，储能装置可以及时地进行能量的储存和释放，保证供电的持续性和可靠性。超导储能和超级电容储能系统能有效改善风电输出功率及系统的频率波动；通过对飞轮储能系统的充放电控制，实现平滑风电输出功率、参与电网频率控制的双重目标；压缩空气储能是一项能够实现大规模和长时间电能存储的储能技术之一。储能技术及新型节能材料在电力系统中的广泛应用将在发、输、配、用电的各个环节给传统电力系统带来根本性的影响，是电工技术研发的重点方向。

5. 先进信息技术

先进信息技术由智能感知、云计算和大数据分析技术等构成，代表能源领域信息技术的发展方向。能源互联网开放平台是利用云计算和大数据分析技术构建的开放式管理及服务软件平台，实现能源互联网的数据采集、管理、分析及互动服务功能，支持电能交易、新能源配额交易、分布式电源及电动汽车充电设施监测与运维、节能服务、互动用电、需求响应等多种新型业务。

（1）智能感知技术

智能感知技术包括数据感知、采集、传输、处理、服务等技术。智能传感器获取能源互联网中输配电网、电气化交通网、信息通信网、天然气网运行状态数据及用户侧各类联网用能设备、分布式电源及微电网的运行状态参数，传感器数据经过处理、聚集、分析并提供改进的控制策略。IEC61850、IEEE1888 等标准可作为数据采集、传输标准的参考借鉴。利用基于 IPV6 的开放式多服务网络体系，支持端到端的业务，实现用户与电网之间的互动，而且可实现各种智能设备的即插即用，除了智能电能表以外，还支持其他各种非电表设备的无缝接入。

（2）云计算技术

云计算（cloud computing）是一种能够通过网络随时随地、按需方式、便捷地获取计算资源（包括网络、服务器、存储、应用和服务等）并提高其可用性的模式，实现随时、随地、随身的高性能计算。互联网营销技术包括实现互联网营销的电子商务平台技术和相应的营销模式；能源互联网将支持 B2B（business to business）、B2C（business to consumer）、C2C（customer to consumer）等，利用互联网强大的互联互通能力，支持发电商（含分布式电源与微网经营者）、网络运营商、用户、批发或零售型售电公司等多种市场主体任何时间、任何地点的交易活动。

（3）大数据分析技术

大数据是指无法在一定时间内用传统数据库软件工具对其内容进行提取、管理和处理的数据集合。能源互联网中管网安全监控、经济运行、能源交易和用户电能计量、燃气计量及分布式电源、电动汽车等新型负荷数据的接入，其数据量将较智能电能表数据量大得多。从大数据的处理过程来看，大数据关键技术包括：大数据采集、大数据预处理、大数据存储及管理、大数据分析、大数据展现和应用（大数据检索、大数据可视化、大数据应用、大数据安全等）。

6. 需求响应技术

需求响应是指用户对电价或其他激励做出响应改变用电方式。通过实施需求响应，既可减少短时间内的负荷需求，也能调整未来一定时间内的负荷实现移峰填谷。这种技术除需要相应的技术支撑外，还需要制定相应的电价政策和市场机制。一般来说，需要建立需求响应系统，包括主站系统、通信网络、智能终端，依照开放互联协议，实现电价激励信号、用户选择及执行信息等双向交互，达到用户负荷自主可控的目的。在能源互联网中，多种用户侧需求响应资源的优化调度将提高能源综合利用效率。

7. 微能源网技术

微能源网是指一个城乡社区或园区、工厂、学校等可与公共能源网络连接，又可独立运行的微型能源网络。微能源网实现园区内工业、商业、居民用户主要或全部使用可再生清洁能源发电，灵活便利的充电设施，太阳能、生物质发电或氢能等可再生能源通过能源路由器接入微能源网。各种可再生能源发电可由个人、企业以多种方式建设、运营，当然，节能服务方式建设、运维微能源网应是可重点探索的方式，微能源网主体实现了用电、发电、售电等业务的融合。微能源网将可能为绿色城镇化和美丽乡村建设树立典范。

微能源网主要技术包括多能源协调规划、多能源转换、优化协调控制与管理、分布式发电预测等技术。

8. 标准化技术

能源互联网标准体系可由规划设计、建设运行、运维管理、交易服务等标准构成。能源互联网需要首先构建标准体系，分步骤推进标准体系建设。能源互联网涉及众多设备、系统和接口，第一位的是能源互联网开放平台标准，包括接口标准。

能源互联网在多环节涉及多种能源的转换、交易、服务及多元市场主体，相应的技术标准规范、能源贸易法规，须配套跟进，确保能源互联网正常运行（见图 7–1、图 7–2）。

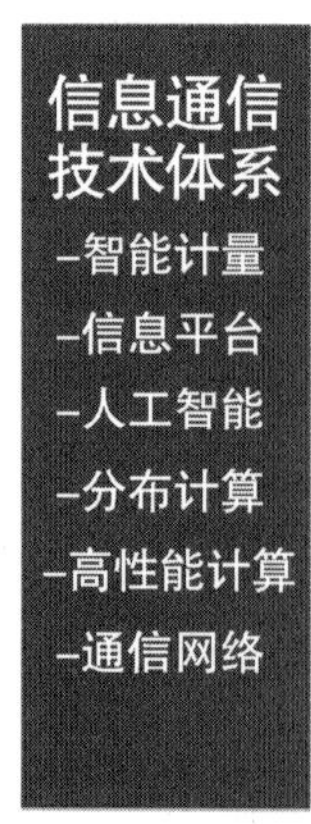

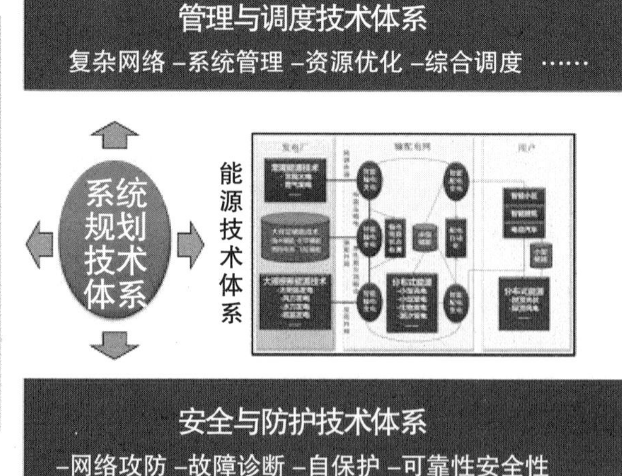

图 7–1　能源互联网技术体系

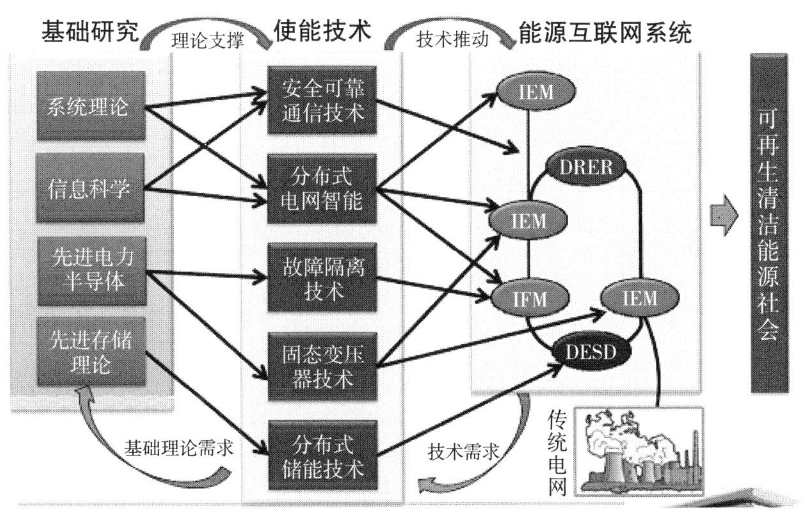

图 7-2 实现能源互联网关键技术